21 世纪高等院校教材

文科类·数学基础课教材系列

大 学 数 学

王崇祜 编

科 学 出 版 社

北 京

内 容 简 介

本书主要包括微积分、概率统计、线性代数中的基础内容，其中有数列的极限、一元函数的连续性和极限、导数及其应用、不定积分与定积分、二元函数的偏导数与极值问题、随机事件与概率、随机变量的数学期望与方差、线性方程组与矩阵等内容. 附录中还简单介绍了 Fuzzy 集论的基本概念.

本书可作为高等院校人文社会科学（非经济类）学生的教材或参考书，也适合作为经济类、理工科类学生学习高等数学的入门参考书.

图书在版编目(CIP)数据

大学数学/王崇祜 编 .—北京：科学出版社，2004
(21 世纪高等院校教材（文科类·数学基础课教材系列）)
ISBN 978-7-03-012983-3

Ⅰ. 大…　Ⅱ. 王…　Ⅲ. 高等数学-高等学校-教材　Ⅳ. O13

中国版本图书馆 CIP 数据核字（2004）第 020045 号

策划编辑：杨　波　姚莉丽/文案编辑：贾瑞娜/责任校对：鲁　素
责任印制：张克忠/封面设计：陈　敬

科学出版社出版
北京东黄城根北街 16 号
邮政编码：100717
http://www.sciencep.com
源海印刷有限责任公司 印刷
科学出版社发行　各地新华书店经销
*
2004 年 5 月第 一 版　开本：B5 (720 × 1000)
2015 年 8 月第九次印刷　印张：15 1/2
字数：293 000
定价：32.00 元
（如有印装质量问题，我社负责调换）

前　　言

本教材是根据南京大学人文社会科学（非经济类）学生一个学期的大学数学课程的教学需要而编写的．我们认为，作为一个学期的课程，大学数学（文科）的设计目标应当是：通过给文科的学生介绍最有用的基本数学概念与方法，在一定程度上提高学生的数学素养，主要指抽象思维与逻辑推理能力、运算能力，以及分析问题与解决问题的综合能力．因此编写时力求简单易懂，尽量使学生能够较快地掌握基本数学概念与方法，同时注意本质上不损害逻辑上的严格性，并设法用现代数学的一些基本思想贯穿其中，力争在较短的篇幅内自成体系．

按照前面所述的原则，我们精选了微积分、概率统计、线性代数中既有理论意义又有广泛应用的基本概念、定理及方法，在若干重要部分（也即学生学习中的难点部分）的讲法方面与传统讲法相比较，我们做了新的尝试，如函数的连续性与极限、定积分、随机变量的分布函数的引入、线性方程组与矩阵等部分的处理．我们在相当程度上降低了基本内容的学习难度，这样反而促进学生在较短时间内学到更多有用的知识．另外，在大多数基本概念与方法的引入之前我们尽量先讲直观背景，书中还选编了不少具有实际意义的例题，这些对培养学生解决实际问题的能力，促进学生对基本概念的深刻理解非常有益．

本书是2000年9月同名讲义及2002年9月同名讲义的修改稿．本次修改除了文字上的修改以外，与2000年9月的初稿相比，主要变动是：删去了“线性规划简介”一章；把“线性方程组与矩阵”一章安排为最后一章，并在此章中增写了“行列式”一节；在“不定积分与定积分”一章中增写了“不定积分的应用——求解微分方程”以及“关于闭区间上连续函数的原函数存在性的评注”两节；增写了附录A二元函数的可微性与附录C习题参考答案．另外，参考文献新列了5条，其中文献［14］、［15］、［16］、［17］是比较近期的．

从2000年9月起，编者已经在南京大学文科强化班及新闻系、历史系多次试用了本书的初稿讲义，其中微积分部分的讲法编者自1999年秋起在南京大学外国语学院的小语种各系、中文系等做了多次使用．教学实践表明，本教材可作为人文社会科学及相关专业的教材或教学参考书．每周6学时，一学期可授完本书的大部分内容；每周4学时，一学期可授完前4章及第5章的部分内容（使用每章的A组习题）．书中打＊号的内容在理论及方法上一般具有一定的难度与深度，读者可根据自己的需要选择阅读．

本书是南京大学推行本科教学改革项目的成果之一．在此，编者衷心感谢南京大学教务处的有力支持，感谢南京大学基础学科教育学院院长卢德馨教授、基础学科教学强化部主任许望教授的真诚鼓励、帮助与支持. 同时，编者对南京大学数学系副系主任丁南庆教授在本书编写试用过程中自始至终的极大关心与支持，对南京大学数学系姚天行教授、丁德成教授的热情关心，表示由衷的谢意.

最后对于书中不妥之处，请广大读者批评指正.

王崇祜

2003 年 8 月

于南京大学数学系

目　录

第 1 章　现代数学的一些基本概念

这里我们将介绍本教材常用的,或者有助于更深刻理解本教材的主要内容的一些基本概念:集合、实数集、点的邻域、映射与函数、线性空间与线性映射.

1.1　集　　合

集合(set)现已成为现代数学的一个基本概念,最早是由德国数学家康托尔(G. Cantor, 1845～1918)引入的.一段时期中一些数学家对集合的定义颇有争论.后来,20 世纪的数学家发现集合的概念在数学的各个领域都非常有用,能够带来很多方便,因此现在数学的各个分支已经很自然地运用集合与集合之间的运算了.

何为集合?我们可以认为:一个集合是指具有某性质的一些对象的全体,人们能够根据它所具有的性质判定一个已知对象是否属于它.

我们约定用大写英文字母表示集合,小写英文字母表示集合中的元素.因此我们可以记集合 $A=\{x:x$ 具有某性质 $p\}$.

如果集合 A 所含的元素共有有限多个(总数可记为 $n(A)$),则称 A 是有限集.当集合 A 是有限集时,我们也可用列举法表示 A.例如,$A=\{0,1,2,3,\cdots,100\}$.

下面的定义中给出集合运算的一些常用术语及其记号.

定义 1.1.1 (集合运算)　$x\in A$ 表示 x 是集合 A 中的元素,$x\notin A$ 表示 x 不是集合 A 中的元素.不含任何元素的集合称为空集,记为 $\varnothing$.

$A\subset B$ 表示 A 中任一元素是 B 的一元素,此时称 A 是 B 的子集.

$A=B$ 表示 $A\subset B$ 且 $B\subset A$,即 A 与 B 含有全部相同的元素.

$A\cup B=\{x:x\in A$ 或 $x\in B\}$ 称为 A 与 B 的并集.

$A\cap B=\{x:x\in A$ 且 $x\in B\}$ 称为 A 与 B 的交集.

我们可将集合的交并运算推广到许多集合的情形.

例如,$\bigcup\limits_{n=1}^{\infty}A_n=\{x:$ 存在自然数 n,使得 $x\in A_n\}$,$\bigcap\limits_{n=1}^{\infty}A_n=\{x:x\in A_n$ 对一切自然数 n 成立$\}$.

现在我们给出一些关于集合的例子,其中点的邻域属于基本概念,我们写为定义的形式.

例 1.1.1　某班学生共 40 人,现有甲、乙两门课程允许每人选择且每人至少选一门课,已知选甲课程的共 30 人,同时选甲、乙两门课程的有 16 人,问此班选乙课程的学生共有多少人?

解　设 A 表示选甲课程的学生的集合,B 表示选乙课程的学生的集合,则 $n(A)=30$, $n(A\cap B)=16$, $n(A\cup B)=40$. 可作草图帮助解题. 注意,只选甲课程而不选乙课程的人数 $=30-16=14$,故 $n(B)=40-14=26$.

例 1.1.2 (实数集 $\mathbf{R}$)　我们用 $\mathbf{R}$ 表示实数集. 大家知道,每一实数可用数轴上的一个点表示,反之也成立. 因此 $\mathbf{R}$ 可用数轴表示,$\mathbf{R}$ 与数轴可视为同一个集合. $\mathbf{R}$ 也表示为 $(-\infty,+\infty)$.

定义 1.1.2 ($\mathbf{R}$ 中点的邻域)　任取 $a\in\mathbf{R}$, $\varepsilon>0$,则开区间 $(a-\varepsilon,a+\varepsilon)$ 是集合 $\mathbf{R}$ 的包含 a 的子集,记为 $U_\varepsilon(a)$,称 $U_\varepsilon(a)$ 为 a 的 **ε 邻域.**

邻域的直观意义是明显的. 注意 $x\in U_\varepsilon(a)$ 等价于 $x\in\mathbf{R}$ 且 $|x-a|<\varepsilon$. 如 $U_\varepsilon(a)$ 中去掉 a 点,则记为 $U_\varepsilon(a)\setminus\{a\}$,即 $(a-\varepsilon,a)\cup(a,a+\varepsilon)$,称之为 a 的**去心 ε 邻域,或空心 ε 邻域.**

在实数轴上,如果定义点 x 与点 a 的距离 $d(x,a)=|x-a|$,则 a 的 ε 邻域也可表示为 $U_\varepsilon(a)=\{x:d(x,a)<\varepsilon\}$.

这里我们指出,**点的邻域**(neighborhood of a point)是现代数学中最重要的基本概念之一,今后我们将经常用点的邻域来刻画诸如点的附近,任意接近某一点等这些具有丰富实际意义的陈述.

例 1.1.3 (实平面集 $\mathbf{R}^2$)　$\mathbf{R}^2=\{(x,y):x\in\mathbf{R},y\in\mathbf{R}\}$,大家知道 $\mathbf{R}^2$ 中每一元素 (x,y) 可用平面上一个点 P 表示,可令 $P=(x,y)$, x,y 分别是点 P 的 x 坐标,y 坐标. 反之,平面上每一点与 $\mathbf{R}^2$ 中一元素 (x,y) 对应. 因此,$\mathbf{R}^2$ 与平面视为同一个集合.

定义 1.1.3 ($\mathbf{R}^2$ 中点的邻域)　设 $P_1=(x_1,y_1)$, $P_2=(x_2,y_2)$,则由勾股定理,两点 P_1,P_2 的距离

$$d(P_1,P_2)=\sqrt{(x_2-x_1)^2+(y_2-y_1)^2},$$

则以 $P_0=(x_0,y_0)$ 为中心,$\varepsilon>0$ 为半径的圆形区域

$$U_\varepsilon(P_0)=\{P=(x,y):d(P,P_0)<\varepsilon\},$$

即满足 $(x-x_0)^2+(y-y_0)^2<\varepsilon^2$ 的点 (x,y) 的集合,$U_\varepsilon(P_0)$ 称为 P_0 的 ε 邻域,$U_\varepsilon(P_0)\setminus\{P_0\}$ 称为 P_0 的去心 ε 邻域.

例 1.1.4 (实 $\mathbf{R}^n$)　与 $\mathbf{R}^2$ 相类似,我们可以定义

$$\mathbf{R}^n=\{(x_1,x_2,\cdots,x_n):x_i\in\mathbf{R},i=1,2,\cdots,n\}.$$

当 $n=3$ 时,$\mathbf{R}^3$ 可以以图示之. 令 $P_1=(x_1,x_2,\cdots,x_n)$, $P_2=(y_1,y_2,\cdots,y_n)$,与 $\mathbf{R},\mathbf{R}^2$ 中情形类似可以定义 P_1,P_2 之间距离

$$d(P_1,P_2)=\Big(\sum_{i=1}^n(x_i-y_i)^2\Big)^{\frac{1}{2}}.$$

对任 $\varepsilon>0$,也可定义 P_1 的 ε 邻域.

1.2 映射与函数

设某大学某班级的学生集合为 A,每一学生均有一个学号(一个自然数)与之对应,这种对应便是数学中的映射(mapping).映射也是现代数学中最重要的基本概念之一.中学里已经知道的函数是一种特殊的映射.下面给出映射与函数(function)的一般的定义.

定义 1.2.1(映射与函数) 设 A,B 是两非空集合,如果存在某一法则 f,对 A 中每一个元素 x,按照法则 f,B 中有惟一的元素 y 与之对应,记为 $y=f(x)$,则称 f 是从 A 到 B 中的**映射**,一般称 $y=f(x)$ 为 x 的像.

特别地,如果 $B\subset\mathbf{R}$,则称 f 是 A 上的一个**函数**.

如果 $A\subset\mathbf{R},B\subset\mathbf{R}$,则称 f 是一元函数,x 为自变量,y 为因变量,A 称为 f 的定义域,$\{f(x):x\in A\}$ 为 f 的值域,它是 B 的一个子集,有时记为 $f(A)$. $\mathbf{R}^2$ 中子集 $\{(x,f(x)):x\in A\}$ 称为 f 的图形.

如果 $A\subset\mathbf{R}^2,B\subset\mathbf{R}$,则 $f:A\to B$,$y=f(x)$,f 称为二元函数.以后二元函数常表示为 $z=f(P)$ 或 $z=f(x,y)$,式中 $P=(x,y)\in A\subset\mathbf{R}^2$.

类似我们可以定义 n 元函数($n=3,4,\cdots$).

在中学数学课程中,大家已见过以下许多一元函数.

例 1.2.1

$$
\begin{aligned}
&y=ax^2+bx+c,\\
&y=\sin x,\ y=\cos x,\ y=\tan x,\ y=\cot x,\\
&y=\arcsin x,\ y=\arccos x,\ y=\arctan x,\ y=\operatorname{arccot} x,\\
&y=\ln x,\ y=\mathrm{e}^x,\ y=a^x\ (a>0,a\neq 1).
\end{aligned}
$$

分别称为二次多项式函数,三角函数,反三角函数,对数函数,指数函数.

请每个读者指出并熟悉上述每个函数的定义域,值域,每个函数的图形,其中反三角函数的定义域与值域可参见注 2.2.1.

再举一例. 设 $A=\{x:x>0\}$,令 $y=x^{\mu}=\mathrm{e}^{\mu\ln x}$($\mu$ 为常数),称为 A 上的幂函数. $\mu=1,\mu=2$ 时,我们可以画出相应的函数图形.

注 1.2.1(一元函数的表示) 由上述函数的例子可见,一般地,我们要表示一个一元函数 $y=f(x)$,我们要给出 $y=f(x)$ 的一个解析表达式,同时指出其定义域 A.我们约定,当只给出 $y=f(x)$ 的一个解析表达式,而未指明定义域 A 时,则 f 的定义域理解为使得 $y=f(x)$ 的解析表达式有意义的 x 的全体.需要指出,表示一个函数还有其他方法,如列表法和作图法,甚至可用语言描述的方法等.注意,说两个函数相同,是指定义两个函数的法则及其定义域均相同.

注 1.2.2（集合的特征函数）　设 X 是一个基本集合，A 是 X 的任一子集，$\chi_A(x)$是定义在 X 上的一个函数，

$$\chi_A(x)=\begin{cases}1, & x\in A,\\ 0, & x\notin A.\end{cases}$$

$\chi_A(x)$称为集 A 的**特征函数**. 易见，X 上只取值 0 或 1 的函数的全体与 X 的所有子集的全体一一对应. 因此定义 1.1.1 中的集合运算，也可借助集合的特征函数的运算表示出来（参见附录 B）.

自 20 世纪 60 年代起，一些应用科学的专家和数学家（如美国的 A. Zadeh）把上述想法推广，提出了较实用的 Fuzzy 集的概念和理论. 关于 Fuzzy 集的基本概念，可参见附录 B.

*1.3　线性空间与线性映射

由实平面 $\mathbf{R}^2$ 上向量的加法，向量与实数的乘法满足的性质的启发，我们可在 $\mathbf{R}^n(n\geqslant 3)$中引入类似的运算，进而介绍一般的线性空间（linear space）与线性映射（linear mapping）的概念.

首先我们再仔细地考察 $\mathbf{R}^2$，有下面的结论.

定理 1.3.1　任取 $\mathbf{R}^2$ 中的两个元素（也可称向量），$\boldsymbol{x}=(x_1,x_2)$，$\boldsymbol{y}=(y_1,y_2)$. 令 $\boldsymbol{x}+\boldsymbol{y}=(x_1+y_1,x_2+y_2)$，$a\boldsymbol{x}=(ax_1,ax_2)$（$a$ 是任一实数），则 $\boldsymbol{x}+\boldsymbol{y}\in\mathbf{R}^2$，$a\boldsymbol{x}\in\mathbf{R}^2$，且满足下述 8 条性质：

1. $\boldsymbol{x}+\boldsymbol{y}=\boldsymbol{y}+\boldsymbol{x}$；
2. $(\boldsymbol{x}+\boldsymbol{y})+\boldsymbol{z}=\boldsymbol{x}+(\boldsymbol{y}+\boldsymbol{z})$　（这里 $\boldsymbol{z}$ 也是 $\mathbf{R}^2$ 中任意一个元素）；
3. 令 $\boldsymbol{\theta}=(0,0)$，则 $\boldsymbol{\theta}+\boldsymbol{x}=\boldsymbol{x}$；
4. 令 $-\boldsymbol{x}=(-x_1,-x_2)$，则 $\boldsymbol{x}+(-\boldsymbol{x})=\boldsymbol{\theta}$；
5. $a(b\boldsymbol{x})=(ab)\boldsymbol{x}$　$(a,b\in\mathbf{R})$；
6. $1\cdot\boldsymbol{x}=\boldsymbol{x}$；
7. $(a+b)\boldsymbol{x}=a\boldsymbol{x}+b\boldsymbol{x}$　$(a,b\in\mathbf{R})$；
8. $a(\boldsymbol{x}+\boldsymbol{y})=a\boldsymbol{x}+a\boldsymbol{y}$　$(a\in\mathbf{R})$.

证　略.

很显然，这 8 条性质与 $\mathbf{R}$ 中实数的加法运算与数乘运算的性质完全类似. 因此我们可以分别把上述两种运算称为元素与元素的加法，元素与数的数乘.

与 $\mathbf{R}^2$ 中情形完全类似，当 $n=3,4,\cdots$，我们也可以在 $\mathbf{R}^n$ 中定义元素的加法运算以及元素与实数的数乘运算. 从而 $\mathbf{R},\mathbf{R}^2,\mathbf{R}^n(n\geqslant 3)$成为抽象的线性空间的具体模型.

定义 1.3.1（实线性空间）　设 X 是一非空集合，如果对任意 $x\in X,y\in X$，

在 X 中有一称为 x 与 y 的和的元素，记为 $x+y$，与之对应. 对任 $a\in\mathbf{R}, x\in X$，在 X 中有一称为 a 与 x 的积的元素，记为 ax，与之对应. 上述两种运算对应满足下述 8 条性质：

1. $x+y=y+x$；
2. $(x+y)+z=x+(y+z)$　（这里 z 也是 X 中的任意一个元素）；
3. X 中存在“零”元素 θ，使对任意 $x\in X$，有 $\theta+x=x$；
4. 对任意 $x\in X$，存在加法逆元素，记为 $-x$，$x+(-x)=\theta$；
5. $a(bx)=(ab)x$　　$(a,b\in\mathbf{R})$；
6. $\mathbf{1}\cdot x=x$；
7. $(a+b)x=ax+bx$　$(a,b\in\mathbf{R})$；
8. $a(x+y)=ax+ay$　$(a\in\mathbf{R})$.

则上述两种对应的运算 $x+y, ax$ 称为 X 中的加法运算，数乘运算. 集合 X 上定义了加法运算及数乘运算之后称为实线性空间.

$\mathbf{R},\mathbf{R}^2,\mathbf{R}^n(n=3,4,\cdots)$按照通常的向量加法及向量与实数的数乘是实线性空间.

注 1.3.1　在前面的讨论中，$\mathbf{R}^n(n=1,2,\cdots)$的任一元素（或称为点，或称为向量）表示为$(x_1,x_2,\cdots,x_n)$，这是行向量的形式. 我们也可把 $\mathbf{R}^n$ 中的全部元素表示为$\begin{pmatrix}x_1\\x_2\\\vdots\\x_n\end{pmatrix}$，这是列向量的形式，此时，前面所有的讨论依旧成立. 本书今后在应用中，如果说 $\boldsymbol{x}\in\mathbf{R}^n$，一般理解为 $\boldsymbol{x}=(x_1,x_2,\cdots,x_n)$. 当需要理解为列向量时，我们将加以指明.

定义 1.3.2（线性映射，线性性质，线性泛函）　设 X, Y 都是实线性空间，M 是 X 的一个线性子空间（即 X 的子集 M 本身按 X 中的加法与数乘是一线性空间），T 是从 M 到 Y 中的一个映射. 如果对任意的 $x_1,x_2\in M$，有

$$T(x_1+x_2)=Tx_1+Tx_2,$$

则称 T 具有可加性. 如果对任意的数 $a\in\mathbf{R}$ 与任意的 $x\in M$，有

$$T(ax)=aTx,$$

则称 T 具有齐次性. 同时具有可加性与齐次性的映射称为**线性映射**. 可加性与齐次性合在一起称为**线性性质**.

易见，从 M 到 Y 中的线性映射 T 把 M 中零元素映射为 Y 中零元素.

值得注意的是：以后我们将看到**很多数学运算都是映射，很多映射都满足线性性质**.

特别地，设 f 是从实线性空间 X 到 $\mathbf{R}$ 中的一个线性映射，则称 f 是 X 上的一

个线性泛函.换句话说,线性空间 X 上的一个线性泛函就是定义在 X 上的一个具有线性性质的函数.

习　题　1

(A)

1. 设 $y=f(x)=x^2-4x+3$,指出下述集合

(1) $\{x:f(x)=0\}$;　(2) $\{x:f(x)>0\}$;　(3) $\{x:f(x)<0\}$.

2. 设 $y=f(x)=\ln x$,指出下述集合

(1) $\{x:f(x)=0\}$;　(2) $\{x:f(x)>0\}$;　(3) $\{x:f(x)<0\}$;　(4) $\{x:f(x)>1\}$.

3. 指出下述集合

(1) $\{x:\mathrm{e}^x\leqslant 0\}$;　(2) $\{x:\sin x=0\}$;　(3) $\{x:|\ln x|<3\}$.

4. 求下列每小题中所有集合的并集与交集.

(1) 设 $A_n=\left(2+\frac{1}{n},4-\frac{1}{n}\right),n=2,3,\cdots$;

(2) 设 $D_n=\left(3-\frac{1}{n},5\right],n=1,2,\cdots$.

5. (1) 在 $\mathbf{R}$ 中任取一数 a,令 A_n 是 a 的 $\frac{1}{n}$ 邻域,证明 $\bigcap_{n=1}^{\infty}A_n=\{a\}$.

(2) 如 B_n 是 a 的空心 $\frac{1}{n}$ 邻域,则 $\bigcap_{n=1}^{\infty}B_n$ 如何?

6. 下列各题中,函数 $f(x)$ 与 $g(x)$ 是否相同?指明理由.

(1) $f(x)=\frac{x^3-1}{x-1},g(x)=x^2+x+1$;　(2) $f(x)=\ln x^2,g(x)=2\ln x$;

(3) $f(x)=\sin x,g(x)=\sqrt{1-\cos^2 x}$;　(4) $f(x)=x,g(x)=\sqrt{x^2}$.

7. 求下列函数的定义域.

(1) $y=\frac{x^2}{1+x^2}$;　(2) $y=\sqrt{2+x-x^2}$;

(3) $y=\sqrt{3x+2}-\arcsin\frac{x-1}{2}$;　(4) $y=\ln\frac{x}{2x+3}$;

(5) $y=\frac{\sin x}{\sqrt{x}}$;　(6) $y=\frac{\ln(x^2-9)}{\sin x-\cos x}$.

8. 设

$$f(x)=\begin{cases}-x, & x<0,\\ x, & 0\leqslant x<1\ ,\\ (x-2)^2, & 1\leqslant x<4,\end{cases}$$

试求 $f(-1),f(0),f\left(\frac{1}{2}\right),f(1),f(2)$,并指出函数的定义域与值域,作出函数的图形.

9. 一个旅行社为南京一群不超过200人的学生订了一架有200个座位的飞机去广州旅行.每人需交旅行社的费用是900元外加附加费用.附加费用的算法是与空位数成正比,每多空一座位,每人附加费用多加4.5元.

(1) 试写出旅行社的收益函数 $R(x)$(设自变量是空座位数 x,收益函数即毛收入函数);

(2) 指出 $R(x)$的定义域;

(3) 计算 $R(0),R(5),R(10),R(100)$.

(B)

1. 设 A,B 均是有限集,证明 $n(A\cup B)=n(A)+n(B)-n(A\cap B)$.

2. 设某年级学生共 100 人,其中 30 人数学不及格,20 人英语不及格,15 人英语、数学同时不及格.求下列各种情形的人数.

(1) 英语与数学至少有一门不及格者;

(2) 英语不及格而数学及格者;

(3) 数学不及格而英语及格者;

(4) 数学不及格或者是英语及格者;

(5) 英语、数学同时及格者.

3. 集合的概念可以用来分析投票联盟的力量对比.设某委员会由 A,B,C,D,E 五人组成,为了通过一项决议,必须有超过半数的人赞成.因此,按以上规则如果五人组成的委员会的某子集中每人均投赞成票且人数$\geqslant 3$,我们可称这一子集为一获胜联盟.试列出所有可能的获胜联盟,并求出获胜联盟的总数.如委员会由 9 人组成,规则不变,获胜联盟的总数是多少?

4. 设 $\boldsymbol{x}=(x_1,x_2,x_3)\in\mathbf{R}^3$,特别地,记 $\boldsymbol{e}_1=(1,0,0),\boldsymbol{e}_2=(0,1,0),\boldsymbol{e}_3=(0,0,1)$,证明 $\boldsymbol{x}$ 可由 $\boldsymbol{e}_1,\boldsymbol{e}_2,\boldsymbol{e}_3$ 惟一表示为线性形式 $\boldsymbol{x}=x_1\boldsymbol{e}_1+x_2\boldsymbol{e}_2+x_3\boldsymbol{e}_3$(因此我们可以把$\{\boldsymbol{e}_1,\boldsymbol{e}_2,\boldsymbol{e}_3\}$这一子集称为 $\mathbf{R}^3$ 的一个基底).

5. 按中国个人所得税法规定,某年中国境内的公民关于应纳个人所得税计算方法如下:公民全月工资、薪金所得不超过 800 元的部分不必纳税,超过 800 元的部分为全月应纳税所得额,个人所得税按下表分段累进计算

级数	全月应纳税所得额	税率(%)
1	不超过 500 元的	5
2	超过 500 元至 2000 元的部分	10
3	超过 2000 元至 5000 元的部分	15
4	超过 5000 元至 20000 元的部分	20
5	超过 20000 元至 40000 元的部分	25
6	超过 40000 元至 60000 元的部分	30
7	超过 60000 元至 80000 元的部分	35
8	超过 80000 元至 100000 元的部分	40
9	超过 100000 的部分	45

设公民全月工资、薪金所得数为 x,应纳个人所得税为 y,令 $y=f(x)$,试给出 $f(x)$的表达式,并求 $f(4000)$的值.

6. 作出从 A 到 B 中一个映射,使得 $A\subset\mathbf{R},B\subset\mathbf{R}^3$,且该映射有实际意义.

第 2 章　数列的极限和函数的基本性质

本章是微积分学的基础. 牛顿(I. Newton, 1642～1728, 英国人)与莱布尼茨(G. W. Leibniz, 1646～1716, 德国人)两位伟大的数学家可以说是微积分学的发明者, 或者说他们做了微积分的最重要的开始工作, 甚至现在微积分学中普遍使用的一些名称与记号, 名称如"微分学"、"积分学"、"函数"、"坐标", 记号如 $\frac{dy}{dx}$, $\int f(x)dx$ 等都是他们(主要是莱布尼茨)创立的.

任何一门科学的理论都需要不断完善, 微积分学也不例外. 微积分学从一开始很长一段时期, 由于理论上缺少严格性, 不断受到攻击, 这大大促进了后来的数学家的研究工作. 柯西(A. L. Cauchy, 1789～1857, 法国人)是把微积分的基础建立在极限概念之上的奠基人.

对微积分以致所谓"数学分析"理论系统的进一步完善做出重要贡献的另一位伟大的数学家是魏尔斯特拉斯(K. Weierstrass, 1815～1897, 德国人). 例如, 我们现在应用的极限理论中"ε-δ"方法就是他将柯西开创的方法加以完善而得到的.

因为我们这门课程的目的是要在较短的时间中给文科学生介绍最有用的基本数学概念与方法, 在一定程度上提高学生的抽象思维与逻辑推理的能力以及运算能力, 因此做法上要力求简单易懂, 尽量使读者较快地掌握基本数学方法. 从本章开始到第 5 章我们将介绍本课程的核心部分——微积分的基本内容. 所有内容的安排与取舍我们将按照前述"简单、易懂、较快"的原则进行.

下面的数列的极限是微积分学理论基础中最重要的概念. 虽然在我们这门课程后面的内容中较少用到它, 但由于这一概念的地位特殊, 且对某些重要的数学内容如无穷级数理论等(本课程不介绍)是必不可少的, 因此这里我们仍作简单介绍.

2.1　数列的极限

定义 2.1.1 (数列)　1° 实数列(以后简称**数列**)是指定义在正整数集 $\mathbf{N}$ 上的函数 f. 如果对任一 $n\in\mathbf{N}$, 有 $f(n)=a_n$, 则习惯上把数列 f 表示成 $\{a_n\}$, 或直接按 n 递增的次序排成

$$a_1, a_2, a_3, \cdots, a_n, \cdots.$$

2° 从数列 $\{a_n\}$ 中任意去掉若干项, 如剩下无穷多项, 按原来的次序仍可形成

一数列,则称之为$\{a_n\}$的**子数列**,常记为$\{a_{n_k}\}$,即$a_{n_1},a_{n_2},\cdots,a_{n_k},\cdots$.

读者容易举出很多数列的例子.

数列可在实际问题中产生.如1(单位)代表一个长方形面包,n个人平均共享此面包,则需平均切成n片,随着人数n的增多,每人分享的厚度为$a_n=\frac{1}{n}$,将越来越小.

此处,$1,\frac{1}{2},\frac{1}{3},\cdots$就是一个数列,可简单记为$\left\{\frac{1}{n}\right\}$.

我们用圆规直尺不能立即获知一个圆周的长度s,但我们可在圆内依次作内接正多边形,如正四边形,八边形,……其相应的正多边形的周长可记为

$$a_0,a_1,a_2,\cdots,a_n,\cdots$$

式中,a_n是正4×2^n边形的周长,直观上n越大时,a_n越接近真正的圆周长s.

仔细观察上面两个数列,第一个数列的通项$a_n=\frac{1}{n}$,随着n无限增大,$\frac{1}{n}$将随之无限接近常数0.第二个数列中如n无限增大,则通项a_n将随之无限接近常数s.

然而数列$1,-1,1,-1,\cdots,(-1)^{n+1},\cdots$,情形显然不同,不存在一个常数$l$具有$0,s$分别与前两个数列的关系.关于上述三个数列中的前两个数列,数0与数s处于一个共同的地位,即当n无限增大时,数列的通项a_n无限地接近于它,我们称0为数列$\left\{\frac{1}{n}\right\}$的极限,$s$为正多边形周长数列$\{a_n\}$的极限.一般地,**当$n$无限增大时,如果数列$\{a_n\}$的通项$a_n$无限地接近于常数$a$,我们称$a$是$\{a_n\}$的极限**.

下面给出一般数列的极限(limit of a sequence)的严格定义及其等价说法.为了方便起见,我们把一个数列某项之前的所有项都去掉而剩下的部分(依然是一数列)称为原数列的一个**尾部**.

定义 2.1.2 (数列的极限) 设$\{a_n\}$是一数列,a是一固定实数.任取$\varepsilon>0$(无论ε多么小),a的ε邻域$U_\varepsilon(a)$都必包含$\{a_n\}$的一个尾部,则说$\{a_n\}$的**极限存在**,a是$\{a_n\}$的极限,记为

$$\lim_{n\to\infty}a_n=a \quad 或 \quad a_n\to a(当\ n\to\infty).$$

此时,我们也说数列$\{a_n\}$收敛于a,$\{a_n\}$是**收敛数列**.

由定义2.1.2立即可知,一个收敛数列前面添加任意有限多项得到的数列仍收敛,且极限与原来数列的极限相同.

注 2.1.1 (数列的极限的等价定义) $\lim\limits_{n\to\infty}a_n=a$的定义有下述三条等价说法,每一说法均可作为定义.

1° 任取$\varepsilon>0$(无论ε多么小),当n充分大时,$a_n\in U_\varepsilon(a)$.

2° 对a的任意ε邻域$U_\varepsilon(a)$(不管ε多么小),存在N使得当$n\geqslant N$时,都有

$a_n \in U_\varepsilon(a)$.

3° 对任意 $\varepsilon>0$(不管 ε 多么小),存在 N 使得 $n \geqslant N$ 时,$|a_n - a| < \varepsilon$.

注意,由 3°及定义 2.1.2,得 $\lim\limits_{n\to\infty} a_n = a$ 的充要条件是 $\lim\limits_{n\to\infty}(a_n - a) = 0$.

注 2.1.2 1° 利用 $\mathbf{R}^n$ 中的距离,定义 2.1.2 可以推广到 $\mathbf{R}^n$(例如,$n=2$)中点列 P_n 趋向于点 P 的情形.注意此时当 $n\to\infty$,$P_n \to P$,P_n 趋向于 P 可有许多方式,不是沿着某一特定的路径或方向.

2° $\lim\limits_{n\to\infty} a_n = a$ 中记号 ∞ 既不是一个数,也不是数直线中的一个点,它只是表示 $n\to\infty$ 中的一个部分而已.

3° 由定义 2.1.2 知,当 $\{a_n\}$ 有极限 a(有限数)时,称 $\{a_n\}$ 是收敛数列.如数列不是收敛的,常称为是**发散的**.如 $a_n = n^2, b_n = (-1)^n n, c_n = 1 + (-1)^n$ 等.

要求直接用定义来证明 $\lim\limits_{n\to\infty} a_n = a$,很多时候较为困难,经常要用一些特别的技巧.

下面举一较简单的例子,仅仅希望读者对用定义证明 $\lim\limits_{n\to\infty} a_n = a$ 的一般思路有所领会而已.

例 2.1.1 用极限的定义证明 $\lim\limits_{n\to\infty} \dfrac{\sqrt{n^2+3}}{n} = 1$.

证 我们欲证,对任意 $\varepsilon>0$,相应找 N 使得当 $n \geqslant N$ 时,$\left|\dfrac{\sqrt{n^2+3}}{n} - 1\right| < \varepsilon$.

注意,因 $\dfrac{\sqrt{n^2+3}}{n} > 1$,故

$$\left|\frac{\sqrt{n^2+3}}{n} - 1\right| = \frac{\sqrt{n^2+3}}{n} - 1 = \frac{\sqrt{n^2+3} - n}{n}$$

$$= \frac{n^2+3-n^2}{n(\sqrt{n^2+3}+n)} = \frac{3}{n(\sqrt{n^2+3}+n)}.$$

在 $\dfrac{3}{n(\sqrt{n^2+3}+n)}$ 中,分子分母均是正数,保持分子 3 不变,分母缩小为 n,从而 $\dfrac{3}{n(\sqrt{n^2+3}+n)}$ 放大为 $\dfrac{3}{n}$,于是得

$$\frac{3}{n(\sqrt{n^2+3}+n)} < \frac{3}{n}.$$

由不等式 $\dfrac{3}{n} < \varepsilon$,立即得 $n > \dfrac{3}{\varepsilon}$.令 N 为大于 $\dfrac{3}{\varepsilon}$ 的一个正整数,则当 $n \geqslant N$ 时

$$\left|\frac{\sqrt{n^2+3}}{n} - 1\right| < \varepsilon,$$

故 $\lim\limits_{n\to\infty}\dfrac{\sqrt{n^2+3}}{n}=1$.

读者可自行参照上述例子写出 $\lim\limits_{n\to\infty}\dfrac{1}{n}=0$ 的证明.

如何对一个已知数列进行定性讨论呢？一般地不必每次一定要用定义证明.我们应该遵循常用的思考问题的思路，设法把一个比较复杂的问题尽量化为较简单的问题,或简单的几个问题的组合,然后利用简单问题的已有结论,按照已有的规则,进而解决比较复杂的问题.

为此,我们下面给出**收敛数列的重要性质**,今后可用作为规则帮助讨论某给定数列的性质或计算数列的极限.

定理 2.1.1（极限的惟一性） 任一收敛数列的极限必惟一.

证 用反证法再结合定义 2.1.2 可证.

定理 2.1.2（收敛数列的子列） 如果数列 $\{a_n\}$ 收敛于 a,则其任一子列 $\{a_{n_k}\}$ 也收敛于 a.

证 由定义 2.1.2 立即可得.

注 2.1.3 如果数列 $\{a_n\}$ 有两个子列收敛于不同的极限,则 $\{a_n\}$ 必不收敛.

例如,1,-1,1,-1,…有两个子列 $\{a_{2n-1}\}$,$\{a_{2n}\}$ 分别有极限 1,-1,故原数列无极限.

定理 2.1.3（收敛数列的有界性） 任一收敛数列 $\{a_n\}$ 必有界.即存在 $M>0$,使得 $|a_n|\leqslant M$, $n=1,2,\cdots$.

证 由定义 2.1.2 可得.

注 2.1.4 如果 $\lim\limits_{n\to\infty}a_n=a>0$,则 $\{a_n\}$ 必有一尾部,其中每项均 $\geqslant\dfrac{a}{2}>0$.即存在 N,使得当 $n\geqslant N$ 时,$a_n\geqslant\dfrac{a}{2}>0$.(如果 $\lim\limits_{n\to\infty}a_n=a<0$,结论如何?)

证 在极限的定义或等价条件中令 $\varepsilon=\dfrac{1}{3}a$,即可证得.

推论 如果 $a_n\geqslant 0$, $a_n\to a$,则 $a\geqslant 0$;如果 $a_n\leqslant 0$, $a_n\to a$,则 $a\leqslant 0$.

定理 2.1.4（收敛数列极限的四则运算性质） 设 $\lim\limits_{n\to\infty}a_n=a$, $\lim\limits_{n\to\infty}b_n=b$,则

1° $\lim\limits_{n\to\infty}(a_n+b_n)=\lim\limits_{n\to\infty}a_n+\lim\limits_{n\to\infty}b_n=a+b$;

2° $\lim\limits_{n\to\infty}(a_nb_n)=(\lim\limits_{n\to\infty}a_n)(\lim\limits_{n\to\infty}b_n)=ab$;

3° 如 $b\neq 0$, $b_n\neq 0$,则 $\lim\limits_{n\to\infty}\dfrac{a_n}{b_n}=\dfrac{a}{b}$.

证 我们用极限定义的等价说法(注 2.1.1 中 3°),证明此定理.

1° 因 $\lim\limits_{n\to\infty}a_n=a$, $\lim\limits_{n\to\infty}b_n=b$,故对任意 $\varepsilon>0$,存在同一个 N 使得当 $n\geqslant N$ 时

$$|a_n-a|<\frac{\varepsilon}{2},\ |b_n-b|<\frac{\varepsilon}{2}.$$

因此

$$\begin{aligned}|a_n+b_n-(a+b)|&=|a_n-a+b_n-b|\\&\leqslant|a_n-a|+|b_n-b|<\frac{\varepsilon}{2}+\frac{\varepsilon}{2}=\varepsilon.\end{aligned}$$

故$\lim\limits_{n\to\infty}(a_n+b_n)=a+b$.

2° 先证下面的结论:如果$\lim\limits_{n\to\infty}a_n=0$,$\{b_n\}$有界,则$\lim\limits_{n\to\infty}a_nb_n=0$.

事实上,因$\{b_n\}$有界,故存在$M>0$使得$|b_n|\leqslant M$, $n=1,2,\cdots$.

因$\lim\limits_{n\to\infty}a_n=0$,故对任意$\varepsilon>0$,存在$N$,使得当$n\geqslant N$时,$|a_n|<\dfrac{\varepsilon}{M}$.从而

$$|a_nb_n|\leqslant M|a_n|<M\cdot\frac{\varepsilon}{M}=\varepsilon(\text{当 }n\geqslant N),$$

故$\lim\limits_{n\to\infty}a_nb_n=0$. 由上面的结论,立即可证:对任意常数$c$,当$\lim\limits_{n\to\infty}a_n=a$,必有$\lim\limits_{n\to\infty}ca_n=ca$.进而由$a_nb_n=(a_n-a)b_n+ab_n$,再用$\lim\limits_{n\to\infty}(a_n-a)=0$,$\{b_n\}$的有界性及该定理中1°及$\lim\limits_{n\to\infty}ab_n=ab$,我们证得

$$\lim_{n\to\infty}(a_nb_n)=ab=(\lim_{n\to\infty}a_n)(\lim_{n\to\infty}b_n).$$

3° 易证:如果$\lim\limits_{n\to\infty}b_n=b$,则$\lim\limits_{n\to\infty}|b_n|=|b|$.然后由注 2.1.4,如果$b_n\neq0$, $b\neq0$,则存在N,使得$n\geqslant N$时,

$$|b_n|>\frac{|b|}{2},$$

从而$\dfrac{1}{|b_n|}<\dfrac{2}{|b|}$.进而由此可证

$$\lim_{n\to\infty}\frac{1}{b_n}=\frac{1}{b},\quad \lim_{n\to\infty}\frac{a_n}{b_n}=\frac{a}{b}(b_n\neq0,b\neq0).$$

细节请读者自行补上.

注 2.1.5　由定理 2.1.4 中 1°,2°可知,所有收敛的数列可形成一个实线性空间.

有了收敛数列的上面这些重要性质,特别是四则运算性质(定理 2.1.4),我们可以比较容易地求出许多数列的极限.

例 2.1.2　求下列数列的极限.

1° $a_n=\dfrac{n}{n+1}$.

解　$$\lim_{n\to\infty}a_n=\lim_{n\to\infty}\left(\frac{1}{1+\dfrac{1}{n}}\right)=\frac{1}{\lim\limits_{n\to\infty}\left(1+\dfrac{1}{n}\right)}=\frac{1}{1+\lim\limits_{n\to\infty}\dfrac{1}{n}}=\frac{1}{1+0}=1.$$

2° $a_n=\dfrac{n+1}{n^2+1}$.

解 $a_n=\dfrac{\dfrac{n+1}{n^2}}{\dfrac{n^2+1}{n^2}}=\dfrac{\dfrac{1}{n}+\dfrac{1}{n^2}}{1+\dfrac{1}{n^2}}\to\dfrac{0+0}{1+0}=0$，即 $\lim\limits_{n\to\infty}a_n=0$.

3° $a_n=\dfrac{an^2+bn+c}{dn^2+en+f}\ (d\neq0)$.

解 将 a_n 的分子分母同除以 n^2，得 $a_n=\dfrac{a+\dfrac{b}{n}+\dfrac{c}{n^2}}{d+\dfrac{e}{n}+\dfrac{f}{n^2}}$，所以 $\lim\limits_{n\to\infty}a_n=\dfrac{a}{d}$（注意理由）.

4° $a_n=1+\dfrac{1}{2}+\cdots+\left(\dfrac{1}{2}\right)^n$.

解 注意 $a_n=\dfrac{1-\left(\dfrac{1}{2}\right)^{n+1}}{1-\dfrac{1}{2}}$. 因为 $\left\{\dfrac{1}{2^{n+1}}\right\}$ 是 $\left\{\dfrac{1}{n}\right\}$ 的一个子数列，从而由 $\lim\limits_{n\to\infty}\dfrac{1}{n}=0$ 及定理 2.1.2，立即得到

$$\lim_{n\to\infty}\frac{1}{2^{n+1}}=0.$$

于是 $a_n\to2$.

现再介绍另外两个判定数列极限存在的重要方法（定理 2.1.5 与定理 2.1.6）. 因为比较重要，故常称为判定数列极限存在的**两个准则**.

定理 2.1.5（夹逼定理） 设 $\{a_n\}$，$\{b_n\}$，$\{c_n\}$ 是三个数列，如果 $\lim\limits_{n\to\infty}a_n=\lim\limits_{n\to\infty}b_n=a$，且对一切 n，有 $a_n\leqslant c_n\leqslant b_n$，则 $\lim\limits_{n\to\infty}c_n=a$.

证 由定义 2.1.2 或注 2.1.1 中 1°或 2°立即可得.

下面我们要对一类具有特殊性质的数列进行讨论.

如果数列 $\{a_n\}$ 满足 $a_n\leqslant a_{n+1}\ (n=1,2,\cdots)$，则说 $\{a_n\}$ 是单调上升的（或说递增的）；如果满足 $a_n\geqslant a_{n+1}\ (n=1,2,\cdots)$，则说 $\{a_n\}$ 是单调下降的（或说是递减的）. 上述两类数列统称为**单调数列**.

如上面定义中把"$\leqslant$"改为"$<$"，或"$\geqslant$"改为"$>$"，则称 $\{a_n\}$ 是严格上升的或严格下降的，统称为严格单调的.

定理 2.1.6 单调有界数列必有极限.

此定理在微积分学中具有基本重要性，可以作为公理使用，由之建立微积分学的理论体系，故它是实数系的一个基本性质.

例 2.1.3 1° 试求 $\lim\limits_{n\to\infty}\left(\dfrac{1}{n^3+1}+\dfrac{2}{n^3+2}+\cdots+\dfrac{n}{n^3+n}\right)$.

解　令 $c_n=\frac{1}{n^3+1}+\cdots+\frac{n}{n^3+n}$，显然 $c_n\geqslant 0, n=1,2,\cdots$. 又 $c_n\leqslant\frac{n^2}{n^3+1}$，此式右端记为 b_n，则 $0\leqslant c_n\leqslant b_n$，易见 $b_n\to 0$，从而由夹逼定理知 $\lim\limits_{n\to\infty}c_n=0$.

2° $\lim\limits_{n\to\infty}\left(1+\frac{1}{n}\right)^n=\mathrm{e}$（其中 $\mathrm{e}=2.71828\cdots$，无理数，是自然对数的底）.

解　极限 $\lim\limits_{n\to\infty}\left(1+\frac{1}{n}\right)^n$ 的存在性可用定理 2.1.6 证明，我们把此极限记为 e，可以证明 $2<\mathrm{e}<3$. 至于 e 是一个无理数且 $\mathrm{e}=2.71828\cdots$ 的证明较难，有兴趣的同学可做一些探索.

3° 试求极限 $\lim\limits_{n\to\infty}\frac{2^n}{n!}$.

解　令 $x_n=\frac{2^n}{n!}$，则 $x_{n+1}=\frac{2^{n+1}}{(n+1)!}=\frac{2}{n+1}x_n$. 因 $\frac{2}{n+1}\leqslant 1$，故 $x_{n+1}\leqslant x_n$. 即 $\{x_n\}$ 是单调下降的.

又由 $0<x_n\leqslant x_1=2, n=2,3,\cdots$，知 $\{x_n\}$ 又是有界的.

因此，据定理 2.1.6，$\lim\limits_{n\to\infty}x_n$ 存在，设为 A，显然也有 $\lim\limits_{n\to\infty}x_{n+1}=A$.

在 $x_{n+1}=\frac{2}{n+1}x_n$ 中，两端令 $n\to\infty$，立即得 $\lim\limits_{n\to\infty}x_{n+1}=\lim\limits_{n\to\infty}\frac{2}{n+1}\cdot\lim\limits_{n\to\infty}x_n$.

故 $A=0\cdot A=0$，即 $\lim\limits_{n\to\infty}\frac{2^n}{n!}=0$.

读者试利用与 3°类似的证法，证明：如果 a 是 $(0,1)$ 中任一常数，则 $\lim\limits_{n\to\infty}a^n=0$.

4° 证明下面的数列 $\{x_n\}$ 是无界的，$x_1=1, x_{n+1}=x_n+\frac{1}{x_n}(n\geqslant 1)$.

证　显然 $x_n\leqslant x_{n+1}(n\geqslant 1)$，即 $\{x_n\}$ 是单调上升的. 如果 $\{x_n\}$ 又是有界数列，则据定理 2.1.6，$\lim\limits_{n\to\infty}x_n$ 存在且有限，记为 A，A 必大于 0.

在 $x_{n+1}=x_n+\frac{1}{x_n}$ 中令 $n\to\infty$，得 $A=A+\frac{1}{A}$，这是不可能的. 于是 $\{x_n\}$ 必是无界的.

数列概念不仅在微积分学的理论体系中起重要作用，且在实际问题中也有许多应用. 例如，社会经济统计学中求某一社会经济现象的几何平均发展速度问题常常化为求解一个一元高次方程的问题，利用本课程后面的部分内容，我们可以证明，其解就是某一数列 $\{x_n\}$ 的极限，当 n 较大时，我们就把 x_n 作为近似解（参见例 2.3.3，例 3.8.4）.

下面再举一例.

例 2.1.4　试求图 2.1 中阴影部分的面积 S.

解　直观上，面积 S 是存在的. 这相当于按图形剪下一块相同的布料，其面积存在我们完全可以相信. 为求 S，我们把区间 $[0,1]$ 等分为 n 段，分点为

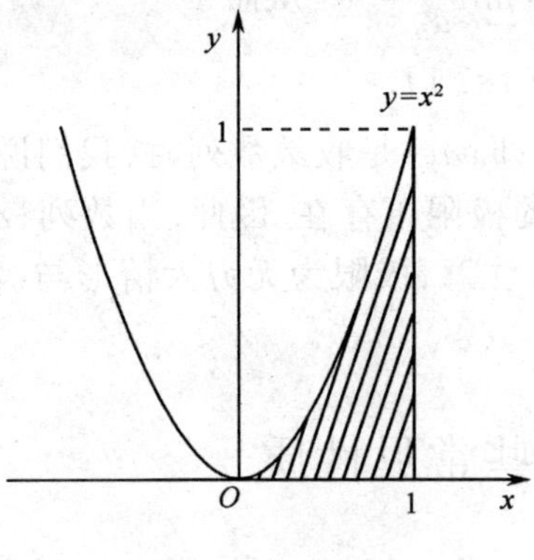

图 2.1

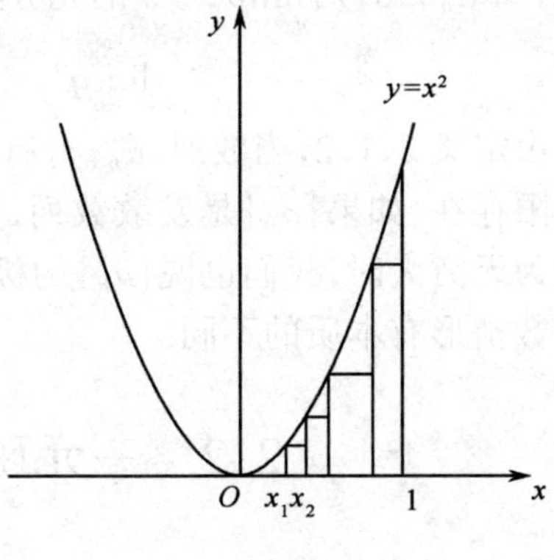

图 2.2

$$0 = x_0 < x_1 < x_2 < \cdots < x_{n-1} < x_n = 1.$$

共 n 段,记为$[x_{k-1}, x_k]$, $k=1,\cdots,n$,每段长均为$\frac{1}{n}$.

现以每一小段$[x_{k-1}, x_k]$为底,以 x_{k-1}^2 为高作矩形,如图 2.2. 这些矩形面积之和记为 S_n,则

$$S_n = \sum_{k=1}^{n} \frac{1}{n}\left(\frac{k-1}{n}\right)^2 = \frac{1}{n^3}\sum_{k=1}^{n}(k-1)^2$$

$$= \frac{1}{n^3}\sum_{k=1}^{n-1}k^2 = \frac{1}{6n^3}(n-1)n(2n-1).$$

易见,$\lim\limits_{n\to\infty} S_n = \frac{2}{6} = \frac{1}{3}$. 因此,我们有理由相信 $S = \frac{1}{3}$.

下面我们讨论发散数列的几种特殊情况.

定义 2.1.3 (极限为无穷大) 设$\{a_n\}$为一数列,如对任 $M>0$,存在 N,使得当 $n \geqslant N$ 时,$a_n > M$,则说$\{a_n\}$的极限为$+\infty$,或说$\{a_n\}$发散到$+\infty$,也记为

$$\lim_{n\to\infty} a_n = +\infty.$$

等价地,如对任 $M>0$,$(M, +\infty)$均包含$\{a_n\}$的一个尾部,则说$\lim\limits_{n\to\infty} a_n = +\infty$.

类似可定义$\lim\limits_{n\to\infty} a_n = -\infty$.

另外,如果$\lim\limits_{n\to\infty}|a_n| = +\infty$,则说$\{a_n\}$的极限为$\infty$,记为$\lim\limits_{n\to\infty} a_n = \infty$.

易见

$$\lim_{n\to\infty} q^n = +\infty \qquad (q > 1),$$

$$\lim_{n\to\infty} q^{2n+1} = -\infty \qquad (q < -1),$$

$$\lim_{n\to\infty} q^n = \infty \qquad (|q| > 1).$$

注意,如 $a_n \neq 0$,则 $\lim\limits_{n\to\infty} a_n = 0$ 的充分必要条件是 $\lim\limits_{n\to\infty}\frac{1}{a_n} = \infty$. 从而

$$\lim_{n\to\infty} q^n = 0 \qquad (|q| < 1).$$

由定义 2.1.2,当数列 $\{a_n\}$ 有有限极限时,即 $\{a_n\}$ 是收敛数列时,我们说 $\{a_n\}$ 的极限存在. 如果 $\{a_n\}$ 是发散数列,则说 $\{a_n\}$ 的极限不存在. 因此,当数列 $\{a_n\}$ 的**极限为无穷大时**,我们也说 $\{a_n\}$ 的**极限不存在**. 注意,极限为无穷大情形与极限为有限数情形有本质的不同.

2.2　一元函数的某些常见性质

首先,我们看一下,如何由一些已知函数形成新的函数.

定义 2.2.1 (函数的四则运算)　设 $f(x), g(x)$ 的定义域分别为 D_1, D_2,且 $D_1 \cap D_2 \neq \varnothing$,则可定义 $f(x)+g(x)$, $f(x)\cdot g(x)$,二者的定义域均为 $D_1\cap D_2$.

当 $g(x)\neq 0$ 时,可定义 $\frac{f(x)}{g(x)}$,定义域为 $(D_1\cap D_2)\setminus\{x : g(x)=0\}$.

我们容易举出函数四则运算的例子.

定义 2.2.2 (反函数)　设 $y=f(x): X\to Y$,其中 X 是 f 的定义域,Y 是 f 的值域.

若对任意的 $x_1, x_2\in X$,且 $x_1\neq x_2$,有 $f(x_1)\neq f(x_2)$,则说 f 是一一对应的. 如果 $y=f(x): X\to Y$ 是一一对应的,则对 Y 中每个数 y,有惟一的数 $x\in X$ 与之对应,使得 $y=f(x)$,这时我们可记这种对应为

$$x = f^{-1}(y), \qquad y\in Y.$$

这个函数 $x=f^{-1}(y)(y\in Y)$ 称为 $y=f(x)(x\in X)$ 的**反函数**. 因为习惯上把自变量写为 x,故常把 $x=f^{-1}(y)$, $y\in Y$,改写为

$$y = f^{-1}(x), \quad x\in Y.$$

这个定义也给出了求一个已知函数的反函数的过程.

例 2.2.1　1° $y=f(x)=\begin{cases}2x, & 0\leqslant x<1\\ -2x+6, & 1\leqslant x\leqslant 2\end{cases}$,这是一个分段函数. 容易看出,$f$ 是一一对应的,因此 $y=f(x)$ 存在反函数. 易见

$$x = f^{-1}(y) = \begin{cases}\dfrac{y}{2}, & 0\leqslant y<2,\\[2ex] \dfrac{y-6}{-2}, & 2\leqslant y\leqslant 4,\end{cases}$$

通常记为

$$y=f^{-1}(x)=\begin{cases}\dfrac{x}{2}, & 0\leqslant x<2,\\ \dfrac{x-6}{-2}, & 2\leqslant x\leqslant 4.\end{cases}$$

下面我们在同一个坐标平面上画出 $y=f(x)$ 与它的反函数的图形，则 $y=f(x)$ 的图形与 $x=f^{-1}(y)$ 的图形相同，见图 2.3 中实线部分. 而反函数 $y=f^{-1}(x)$ 的图形是虚线部分，它与 $y=f(x)$ 的图形关于直线 $y=x$ 对称.

其实，可以证明，对任一函数 $y=f(x):X\to Y$，如果存在反函数

$$y=f^{-1}(x):\ Y\to X,$$

则两者的图形关于直线 $y=x$ 对称.

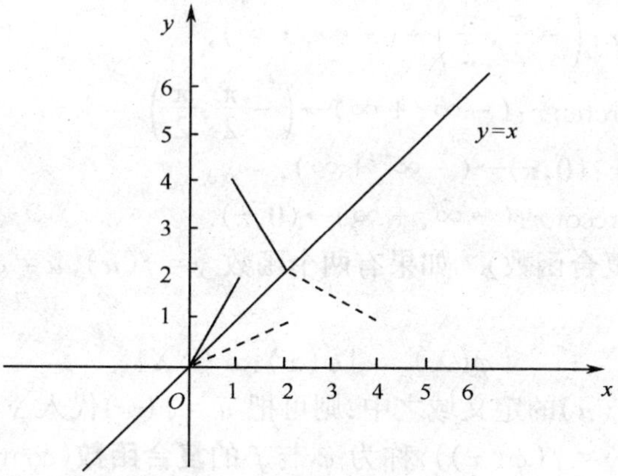

图 2.3

2° 经济学中的需求函数

消费者对某商品的市场需求是个人需求的总和，是全体消费者在某商品的各个价格水平上愿意且能够购买的各个可能的数量的总和，一定时期内，通常可用价格 P 的一个函数表示，称为需求函数，记为

$$Q_{\mathrm{d}}=f(P),$$

P 表示此商品的价格. Q_{d} 表示市场对此商品的相应的需求量.

常用的需求函数有

$Q_{\mathrm{d}}=b-aP$，其中常数 $a,b>0$，

$Q_{\mathrm{d}}=kP^{-\alpha}$，其中常数 $k>0,\alpha>0$，

$Q_{\mathrm{d}}=a\mathrm{e}^{-bP}$，其中常数 $a>0,b>0$.

一般地，需求函数 $Q_{\mathrm{d}}=f(P)$ 是一一对应的. 因此存在反函数 $P=f^{-1}(Q_{\mathrm{d}})$，通常也称为需求函数.

读者试给出上述常用的需求函数的反函数.

注 2.2.1 如果 $y=f(x):X\to Y$,从 X 到 Y 不是一一对应,而 $y=f(x)$从 X 的一个子集 D 到 $f(D)\subset Y$ 上一一对应,则可根据需要把 f 限制在 D 上讨论其反函数.例如,我们可对 $y=x^2$ 及三角函数进行这种讨论.

现举三角函数例如下.

1° $f(x)=\sin x:\left[-\frac{\pi}{2},\frac{\pi}{2}\right]\to[-1,1]$,

$f^{-1}(x)=\arcsin x:[-1,1]\to\left[-\frac{\pi}{2},\frac{\pi}{2}\right]$.

2° $f(x)=\cos x:[0,\pi]\to[-1,1]$,

$f^{-1}(x)=\arccos x:[-1,1]\to[0,\pi]$.

3° $f(x)=\tan x:\left(-\frac{\pi}{2},\frac{\pi}{2}\right)\to(-\infty,+\infty)$,

$f^{-1}(x)=\arctan x:(-\infty,+\infty)\to\left(-\frac{\pi}{2},\frac{\pi}{2}\right)$.

4° $f(x)=\cot x:(0,\pi)\to(-\infty,+\infty)$,

$f^{-1}(x)=\operatorname{arccot} x:(-\infty,+\infty)\to(0,\pi)$.

定义 2.2.3(复合函数) 如果有两个函数 $y=f(u),u=\varphi(x)$,设 $u=\varphi(x)$ 把非空集 X 映为

$$\varphi(X)=\{\varphi(x):x\in X\},$$

$\varphi(X)$包含于 $y=f(u)$的定义域之中,则可把 $u=\varphi(x)$代入 $y=f(u)$之中得到一个新的函数,记为 $y=f(\varphi(x))$,称为 φ 与 f 的**复合函数**(composition),有时也简单地记为 $f\circ\varphi$.

例如 $y=\cos u,u=x^2$,则我们可说 $y=\cos x^2$ 由 $y=\cos u$ 与 $u=x^2$ 复合而成.

注意两个函数组成复合函数的次序.另外,因为函数概念中的要素是对应法则 f 以及定义域(相应有值域),而自变量和因变量采用什么记号不是很重要的.因此,如果函数 $\varphi(x)$的值域包含于 $f(x)$的定义域之中,我们也可以讨论复合函数 $f(\varphi(x))$.此时,把 $f(x)$改记为 $f(u)$,然后把

$$u=\varphi(x)$$

代入 $f(u)$得到 $f(\varphi(x))$.

定义 2.2.4(初等函数) 常数函数、幂函数、指数函数、对数函数、三角函数和反三角函数这六种函数称为基本初等函数.

基本初等函数经有限次加、减、乘、除、复合等运算所得到的函数称为**初等函数**.

初等函数是微积分学的主要研究对象.一般认为,分段函数不是初等函数,例如,当 $X=[a,b]$,A 是 X 的真子集时,A 的特征函数不是初等函数.

下面我们介绍一元函数的一些常见性质.

定义 2.2.5 (奇偶性) 设 $f(x)$的定义域 D 关于原点对称,即当 $x\in D$ 时,必有 $-x\in D$.若 $f(x)$满足

$$f(-x)=-f(x),\quad \forall x\in D,$$

则称 $f(x)$是**奇函数**(odd function).若 $f(x)$满足

$$f(-x)=f(x),\qquad \forall x\in D,$$

则称 $f(x)$是**偶函数**(even function).

易见,奇函数的图形关于原点对称,偶函数的图形关于 y 轴对称.

当 $0\in D$, $f(x)$是奇函数时,必 $f(0)=0$.

例如, $y=\sin x$, $y=\tan x$, $y=x^3$ 是奇函数; $y=\cos x$, $y=x^2$, $y=\sin^2 x$ 是偶函数.

注意有的函数,尽管定义域 D 关于原点对称,但既不是奇函数也不是偶函数, $y=\sin x+\cos x$ 就是一例.

定义 2.2.6 (单调性) 设函数 $f(x)$在区间 I 上定义,如果对任意的 $x_1,x_2\in I$,且当 $x_1<x_2$ 时,有

$$f(x_1)\leqslant f(x_2)\qquad (f(x_1)\geqslant f(x_2)),$$

则称 $f(x)$在此区间上是单调上升或单调递增的(单调下降或单调递减的).

如果 $x_1<x_2$ 时,有

$$f(x_1)<f(x_2)\quad (f(x_1)>f(x_2)),$$

则称 $f(x)$在此区间上是严格单调上升或严格单调递增的(严格单调下降或严格单调递减的).

上述函数统称为**单调函数**(monotone function).

例如, $y=x^2$ 在$[0,+\infty)$上是严格单调上升的,在$(-\infty,0]$上是严格单调下降的.

$y=x^3$ 在$(-\infty,\infty)$上严格单调上升.

$y=[x]$($[x]$表示不大于 x 的最大整数)在$(-\infty,\infty)$上是单调上升但不是严格单调上升的.

$y=\operatorname{sgn}x=\begin{cases}-1, & x<0,\\ 0, & x=0,\\ 1, & x>0,\end{cases}$ 在$(-\infty,\infty)$上也是单调上升但不是严格单调上升的.

注意在 I 上严格单调的函数必是一一对应的,因此存在反函数.

关于单调性的判别,在下一章,对具有适当性质的函数,我们将介绍一个更为适用的方法.

定义 2.2.7 (有界性) 设函数在集合 S 上有定义,如果存在 $M>0$,使得对任意 $x\in S$,有

$$|f(x)| \leqslant M$$

或说 $f(S)$ 包含于某一有限区间内，则说 **$f(x)$ 在 S 上是有界的**(bounded). 在 S 上不是有界的函数 $f(x)$ 称为在 S 上是无界的.

定理 2.2.1 (判别有界性)　1° 有限个在 S 上有界的函数之和或积必在 S 上有界.

2° 如果在 S 上，$|f(x)| \geqslant m > 0$，则 $\frac{1}{|f(x)|} \leqslant \frac{1}{m}$，即 $\frac{1}{f(x)}$ 在 S 上有界.

3° 如果 f 在 X 上有界，则 f 在 X 的任一子集上有界. 如果 f 在 X 的一子集上无界，则 f 必在 X 上无界.

4° 如果 $f(x)$ 在集 S_1, S_2 上都是有界的，则 $f(x)$ 在 $S_1 \cup S_2$ 上必有界.

证　易，略去.

例如，$f(x) = \frac{1}{x}$ 在 $\left(0, \frac{1}{2}\right)$ 上是无界的.

事实上，对任 $M > 0$，可取自然数 N 足够大，使 $0 < x = \frac{1}{NM} < \frac{1}{2}$，而 $f\left(\frac{1}{NM}\right) = NM > M$，故 $f(x) = \frac{1}{x}$ 在 $\left(0, \frac{1}{2}\right)$ 上无界.

定义 2.2.8 (周期性)　设函数 $f(x)$ 在 D 上定义，如果存在 $T > 0$，对任意的 $x \in D$，$x \pm T \in D$，且使得

$$f(x + T) = f(x),$$

则称 $f(x)$ 是**周期函数**(periodic function)，T 是 $f(x)$ 的周期.

显然，周期函数有无穷多个周期，如果 T 是其周期，则对任意的自然数 n，nT 也是周期. 如果在无穷个周期中，有一个最小的正数，则称之为最小周期，简称为周期.

2.3　连　续　性

函数的连续性(continuity)概念有其强烈的直观背景.

例如，南京地区某 24 小时的气温 T 在深夜 3 点钟时是 22℃，到 15 点即下午 3 点时气温是 34℃，则在 3 点到 15 点之间，必有某一时刻的温度是 26℃. 事实上，温度计的水银柱的高度必然是连续不断地变化的，即使它或许有一阵子会上下波动，甚至低于 22℃ 或高于 34℃. 因此，如果令 $T = f(t)$，t 代表时间，则其图形，即温度曲线是连续不断的.

直观上，如果 $f(t_0) = 26$，则在 t_0 时刻的很小的邻域内，$f(t)$ 与 $f(t_0)$ 应相差很小，更准确地说，**当 t 无限地接近 t_0 时，$f(t)$ 将无限地接近 $f(t_0)$**. 即对任给的 $\varepsilon > 0$，我们可以找到 $\delta > 0$，使得当 $t \in U_\delta(t_0)$ 时

$$|f(t)-f(t_0)|<\varepsilon,$$

或记为 $f(t)\in U_\varepsilon(f(t_0))$.

下面我们给出 $y=f(x)$ 在 x_0 连续的较为一般的定义，其中 1°也适用于多元函数.

定义 2.3.1 (连续性) 1° 设函数 f 的定义域为集合 D，任意取定 $P_0\in D$，如果对任意的 $\varepsilon>0$，存在 P_0 的一个邻域 $U(P_0)$，使得当 $P\in U(P_0)\cap D$ 时有

$$|f(P)-f(P_0)|<\varepsilon.$$

则说 f 在 P_0 是连续的. 如果 f 在 D 上每点均是连续的，则说 f 是 D 上的连续函数.

2° 特别地，如果 f 是一元函数 $f(x)$，定义域 $D=[a,b]$，则上述定义等价于以下说法.

设 $a<x_0<b$，如果对任意 $\varepsilon>0$，存在 x_0 的一个邻域 $U_\delta(x_0)\subset(a,b)$ 使得当 $x\in U_\delta(x_0)$ 即 $|x-x_0|<\delta$ 时，有 $|f(x)-f(x_0)|<\varepsilon$，则说 **$f(x)$ 在 x_0 是连续的.** 对任意 $\varepsilon>0$，如果存在 $\delta>0$，使得当 $x\in[a,a+\delta)\subset[a,b]$ 时，

$$|f(x)-f(a)|<\varepsilon,$$

则说 f 在 a 是连续的. 这种情况下我们常说 f 在 a 是**右连续**的.

读者试自己定义 f 在 b 点的**左连续性**.

如果 $x_0\in(a,b)$，我们可以类似定义 f 在 x_0 的左、右连续性. 易见，当 $x_0\in(a,b)$ 时，$f(x)$ 在 x_0 连续的充要条件是，$f(x)$ 在 x_0 既是左连续又是右连续的.

注意，在 2°情形下，讨论 $f(x)$ 在 x_0 的连续性的前提只需 $f(x)$ 在 x_0 的一个邻域上有定义，或者在 x_0 的一个右半邻域或一个左半邻域上有定义，而不必牵涉其整个的定义域.

不难证明，$f(x)$ 在 x_0 的连续性用邻域的 ε-δ 方式来定义等价于下面的用数列的收敛方式的说法.

定理 2.3.1 (连续性的数列说法) 设 $f(x)$ 的定义域为 D，任意取定 $x_0\in D$，如果 f 在 x_0 是连续的，则对 D 中任一收敛于 x_0 的数列 $\{x_n\}$，都有 $\lim\limits_{n\to\infty}f(x_n)=f(x_0)$. 反之，如果对 D 中任一收敛于 x_0 的数列 $\{x_n\}$，都有

$$\lim_{n\to\infty}f(x_n)=f(x_0),$$

则 $f(x)$ 在 x_0 必是连续的.

证 略.

由此定理很易举出函数在一点不连续的例子. 例如

$$f(x)=\begin{cases}1, & x>0,\\ -1, & x\leqslant 0,\end{cases}$$

易见 $f(x)$ 在 $x=0$ 不连续.

利用定理2.3.1及定理2.1.4我们可以证明连续函数的运算性质.

定理2.3.2（连续函数的四则运算）　设 $f(x)$，$g(x)$ 在 x_0 的某一邻域 U 上有定义，且在 x_0 都连续，则

1° $f(x)\pm g(x)$ 在 x_0 连续；

2° $f(x)\cdot g(x)$ 在 x_0 连续；

3° 如 $g(x)$ 在 U 上不等于0，则 $\dfrac{f(x)}{g(x)}$ 在 x_0 连续.

证　我们以证1°为例，其他证明类似.

任取 U 中收敛于 x_0 的数列 $\{x_n\}$，因为 $f(x)$，$g(x)$ 在 x_0 连续，由定理2.3.1的前半部分，有 $f(x_n)\to f(x_0)$，$g(x_n)\to g(x_0)$.

据定理2.1.4，$f(x_n)\pm g(x_n)\to f(x_0)\pm g(x_0)$. 再由定理2.3.1的后半部分立即得知 $f(x)\pm g(x)$ 在 x_0 是连续的.

注2.3.1（$C[a,b]$）　设 $f(x)$，$g(x)$ 都是 $[a,b]$ 上的连续函数，则 $f(x)+g(x)$ 及 $cf(x)$（c 为任一常数）都是 $[a,b]$ 上的连续函数. 如果记 $C[a,b]$ 是 $[a,b]$ 上所有连续函数组成的集合，且定义

$$(f+g)(x)=f(x)+g(x),(cf)(x)=cf(x),\forall x\in[a,b],$$

则 $C[a,b]$ 是一实线性空间.

上述结论用定理2.3.2立即可得证明.

类似于定理2.3.2的证明思想，可以证明复合函数的连续性定理.

定理2.3.3（连续函数的复合）　设有两个函数 $y=f(u)$，$u=\varphi(x)$. 如果 $u=\varphi(x)$ 在 x_0 连续，记 $u_0=\varphi(x_0)$，$y=f(u)$ 在 u_0 连续，则复合函数 $y=f(\varphi(x))$ 在 x_0 也连续. 因此，连续函数的复合函数也是连续的.

例2.3.1（多项式的连续性）　$f(x)=x$ 是连续函数，因此由定理2.3.2，多项式 $P_n(x)=a_0x^n+a_1x^{n-1}+\cdots+a_n$ 是连续函数.

在此我们可以指出下述重要的结论.

定理2.3.4（初等函数的连续性）　任一初等函数在其自然定义域上都是连续函数.

关于有界闭区间 $[a,b]$ 上的连续函数，数学家早已进行了充分的研究，得到 $[a,b]$ 上的连续函数的若干非常重要的性质. 下面述而不证. 然而，读者自己可以画出一些具体函数的图形，直观上看出闭区间上连续函数具有下述性质.

定理2.3.5（闭区间上连续函数的有界性，最大值，最小值）　闭区间 $[a,b]$ 上的连续函数 $f(x)$ 总是有界的，且在 $[a,b]$ 上 $f(x)$ 有最大值与最小值，即存在 ξ，$\eta\in[a,b]$，使得

$$f(\xi)\geqslant f(x),\qquad\forall x\in[a,b],$$
$$f(\eta)\leqslant f(x),\qquad\forall x\in[a,b],$$

于是 $f(\xi)$，$f(\eta)$分别为 $f(x)$在$[a,b]$上的最大值与最小值.

注意，开区间上连续函数不一定是有界的，也不一定有最大值或最小值. 例如，定理 2.2.1 后的例子 $f(x)=\dfrac{1}{x}$在$\left(0,\dfrac{1}{2}\right)$上是无界的，且无最大值，也无最小值.

定理 2.3.6 (中间值定理[①]) 设 $f(x)$是$[a,b]$上的连续函数，如 $x_1,x_2\in[a,b]$，$f(x_1)<f(x_2)$，则对位于$(f(x_1),f(x_2))$中的任一数 μ，必存在 x_0 位于以 x_1,x_2 为端点的开区间中，使得 $f(x_0)=\mu$.

特别地，如果有 $x_1,x_2\in[a,b]$，$f(x_1)$与 $f(x_2)$异号，则必存在 $x_0\in(a,b)$使得 $f(x_0)=0$(此结论常称为**零点存在定理**). 显然，当 $f(x)$是开区间(a,b)上的连续函数时，只需把上述定理中的$[a,b]$全部改为(a,b)，定理仍成立.

例 2.3.2 证明方程 $e^x+x=2$ 在$(0,1)$内恰有一个根.

证 令 $f(x)=e^x+x-2$，则 $f(x)$是$(-\infty,+\infty)$上的连续函数. 注意，$f(0)=1-2=-1<0$，$f(1)=e-1>0$，由连续函数的零点存在定理可知，必存在 x_0，$0<x_0<1$，使得 $f(x_0)=0$，即 x_0 为 $e^x+x=2$ 的根.

显然 $f(x)$在$(-\infty,+\infty)$上是严格单调上升的，故不可能存在 $x_1\neq x_0$ 使得 $f(x_1)=0$. 因此 $e^x+x=2$ 在$(0,1)$内恰有一根 x_0.

***例 2.3.3** 由下列数据(见表 2.1)，试估计我国第五个五年计划基本建设投资额平均发展速度(资料来源《中国统计年鉴——1984》).

表 2.1 我国第五个五年计划基本建设投资额(单位:亿元)

年份	基本建设投资额(发展水平)
1975	409.32
1976	376.44
1977	382.37
1978	500.99
1979	523.48
1980	558.89

解 取 1975 年为基期，发展水平 409.32 记为 a_0，然后五年的发展水平分别记为 a_1,a_2,a_3,a_4,a_5，具体数据如表 2.1.

设平均发展速度为 x，显然 $x\geqslant 0$. 上述平均发展速度各期的计算水平为

第一个时期：a_0x，第二个时期：a_0x^2，…，第五个时期：a_0x^5.

则我们可得方程式

① 中间值定理也称为介值定理.

$$a_0x + a_0x^2 + \cdots + a_0x^5 = a_1 + a_2 + \cdots + a_5,$$

即

$$409.32(x + x^2 + \cdots + x^5) = 376.44 + \cdots + 558.89 = 2342.17.$$

化简得

$$x + x^2 + \cdots + x^5 - 5.7221 = 0.$$

令

$$f(x) = x + x^2 + \cdots + x^5 - 5.7221, \qquad x \geqslant 0,$$

则

$$f(0) = -5.7221,\ f(1) = -0.7221 < 0,\ f(1.1) = 0.9935 > 0.$$

因 $f(x)$为$[0,+\infty)$上的连续函数,又

$$f(1) < 0, \qquad f(1.1) > 0,$$

据定理 2.3.6,必存在 x_0,$1<x_0<1.1$,$f(x_0)=0$. 显然 $f(x)$为$[0,+\infty)$上的严格上升函数,故 $f(x)$在$[0,+\infty)$上不能再有第二个零点,即 x_0 为惟一零点. 由 $1<x_0<1.1$,我们给出了平均发展速度 x_0 的一个估计. 如果我们进一步计算 $f(1.05)=0.0798>0$,可知 $1<x_0<1.05$.

本节最后指出一个有用的结论:$[a,b]$上**严格单调的连续函数 $f(x)$ 必存在反函数,且反函数也是连续的.**

2.4 一元函数的极限

前面我们通过比较函数 $f(x)$在 x_0 的值与 $f(x)$在 x_0 的任意小邻域上的函数值引进了函数 $f(x)$在 x_0 点的连续性的概念. 在这一节,我们将考察隐含在连续性的定义中的当自变量 x 趋近于x_0 时函数 $f(x)$的收敛情形,它与数列的收敛情形相似,进而给出函数的极限的定义. 当 $f(x)$在 x_0 处未定义,或 $f(x)$在 x_0 不连续时,$f(x)$在 x_0 的极限的概念特别重要.

定义 2.4.1 (函数的极限) 1° 设 $f(x)$在 x_0 的一个空心邻域$\{x:0<|x-x_0|<r\}$上有定义($f(x)$在 $x=x_0$ 是否有定义无关紧要),A 为一常数. 如果对任意 $\varepsilon>0$,$\exists\,\delta>0(\delta<r)$,使得当 $0<|x-x_0|<\delta$ 时,有

$$|f(x) - A| < \varepsilon,$$

则称 x 趋近于x_0 时,**函数 $f(x)$的极限存在,极限值为 A.** 记为

$$\lim_{x\to x_0} f(x) = A \quad (\text{或当 } x \to x_0 \text{ 时}, f(x) \to A).$$

2° 1°有下述等价的几何直观的说法:设 $f(x)$与 A 同上. 对任意 $\varepsilon>0$,如果对 A 的ε 邻域 $U_\varepsilon(A)$,存在 x_0 的一个空心 δ 邻域 $V=\{x:0<|x-x_0|<\delta\}$(可设 $\delta<r$),使得当 $x\in V$ 时,$f(x)\in U_\varepsilon(A)$,则称 x 趋近于x_0 时,$f(x)$的极限存在,

极限值为 A. **此时，直观上，当自变量 x 在 x_0 的一空心邻域上无限地接近 x_0 时，相应的函数值 $f(x)$ 无限地接近常数 A**. 这句话可作为函数极限的直观描述性定义.

注 2.4.1 1° 比较定义 2.4.1 中函数 $f(x)$ 在 x_0 的极限定义与定义 2.3.1 的 2°中 $f(x)$ 在 x_0 的连续性的定义，二者的叙述方式十分相近. 在定义 2.3.1 中的 $f(x_0)$ 的位置现在定义 2.4.1 中代之以数 A. 在定义 2.3.1 中的 x_0 的邻域现在定义 2.4.1 中代之以 x_0 的空心邻域. 特别地，在定义 2.3.1 中，$f(x)$ 在 $x=x_0$ 必须有定义，而在定义 2.4.1 中 $f(x)$ 在 $x=x_0$ 可以有定义，也可以未定义.

2° 函数在 x_0 的极限记号 $\lim\limits_{x\to x_0} f(x)$ 中"$x\to x_0$"与数列的极限记号 $\lim\limits_{n\to\infty} x_n$ 中"$n\to\infty$"也很类似，特别地，前式中 $x\neq x_0$，后式中 ∞ 不是一个数. 当以后考虑以 $+\infty$ 代替 x_0 即 $x\to+\infty$ 时 $f(x)$ 的极限，情形就更加类似了.

定理 2.4.1（连续性的等价说法） 设 $f(x)$ 在 x_0 的一个邻域上有定义，则 $f(x)$ 在 x_0 连续的充分必要条件是

$$\lim_{x\to x_0} f(x)=f(x_0).$$

证 由极限的定义与连续性定义立即得到.

由定理 2.4.1 可知，当 $f(x)$ 在 x_0 连续时，要求出 $\lim\limits_{x\to x_0} f(x)$ 就是算出函数 $f(x)$ 在 x_0 的值 $f(x_0)$. 另外，读者也容易写出 $f(x)$ 在 x_0 连续的直观描述性定义.

定理 2.4.2（求函数极限的一个方法） 设 $f(x)$ 在 x_0 的一空心邻域 V 上有定义，如果 $g(x)$ 在 x_0 的一邻域 U 上有定义，且 $g(x)$ 在 x_0 连续. 如果在 $U\cap V$ 上 $f(x)=g(x)$，则 $\lim\limits_{x\to x_0} f(x)$ 存在，且等于 $g(x_0)$.

证 由函数极限的定义与连续性定义立即可得.

例 2.4.1（求函数的极限） 1° 设 $f(x)=\dfrac{x^3-1}{x-1}$，试求 $\lim\limits_{x\to 1} f(x)$.

因为当 $x\neq 1$ 时，$\dfrac{x^3-1}{x-1}=x^2+x+1$，$f(x)$ 与 x^2+x+1 除 $x=1$ 以外，处处取值相同，而 x^2+x+1 处处连续，故由定理 2.4.2，$\lim\limits_{x\to 1} f(x)=\lim\limits_{x\to 1}(x^2+x+1)=1+1+1=3$.

2° 求 $\lim\limits_{x\to 0} a^x\ (a>0)$. 因 $a>0$ 时，a^x 的定义域为 $(-\infty,+\infty)$，是初等函数，故 a^x 在定义域上处处连续. 故 $\lim\limits_{x\to 0} a^x=a^0=1$.

注 2.4.2 在纯数学的训练中，有时题目本身要求用函数的极限的 ε-δ 定义来证明极限 $\lim\limits_{x\to x_0} f(x)=A$. 即对任意 $\varepsilon>0$，要求一个相应的 δ，正如用 ε-N 定义证明数列的极限为某数一样，一般较为费事. 读者如有兴趣，可做一些简单的题目领会精神.

类似于定理 2.3.1 函数在一点连续的叙述方式，关于函数在一点的极限也有

类似的定理. 证明从略.

定理 2.4.3　设函数 $f(x)$ 在 x_0 的空心邻域 V 上有定义, 则 $\lim\limits_{x\to x_0}f(x)=A$ 成立的充要条件是: 对于 V 内任一数列 $\{x_n\}$, 当 $\lim\limits_{n\to\infty}x_n=x_0$ 时, 都有 $\lim\limits_{n\to\infty}f(x_n)=A$.

由此定理及例 2.4.1 中 2°, 立即可得, 当 $a>0$ 时, $\lim\limits_{n\to\infty}\sqrt[n]{a}=1$.

根据函数的极限的定义与其等价条件定理 2.4.3, 我们可获知, 函数的极限有下列一些重要性质, 与已有的数列极限的性质完全类似, 其证明的思路与数列极限的情形也很相似, 因此述而不证, 读者可以选择一些作为习题, 给出证明.

定理 2.4.4 (极限的惟一性)　如果 $\lim\limits_{x\to x_0}f(x)$ 存在, 则必惟一.

定理 2.4.5 ($f(x)$ 的局部有界性)　如果 $\lim\limits_{x\to x_0}f(x)$ 存在, 则必存在 x_0 的一个空心邻域 V, 使得 $f(x)$ 在 V 上是有界的 (有时说 $f(x)$ 在 x_0 是局部有界的).

注 2.4.3　1° 如果 $\lim\limits_{x\to x_0}f(x)=A>0$, 则 $\exists\,\delta>0$ 使得当 $0<|x-x_0|<\delta$ 时, $f(x)>\dfrac{A}{2}>0$.

2° 如果 $\lim\limits_{x\to x_0}f(x)=A<0$, 则 $\exists\,\delta>0$ 使得当 $0<|x-x_0|<\delta$ 时, $f(x)<\dfrac{A}{2}<0$.

注 2.4.4　1° 如果 $f(x)$ 在 x_0 的一空心邻域上 $\geqslant 0$, 且 $\lim\limits_{x\to x_0}f(x)=A$, 则 $A\geqslant 0$.

2° 如果 $f(x)$ 在 x_0 的一空心邻域上 $\leqslant 0$, 且 $\lim\limits_{x\to x_0}f(x)=A$, 则 $A\leqslant 0$.

定理 2.4.6 (函数极限的四则运算法则)　如果 $\lim\limits_{x\to x_0}f(x)=A$, $\lim\limits_{x\to x_0}g(x)=B$, 则

1° $\lim\limits_{x\to x_0}(f(x)\pm g(x))$ 存在, 且等于 $A\pm B$;

2° $\lim\limits_{x\to x_0}(f(x)g(x))$ 存在, 且等于 AB;

3° $\lim\limits_{x\to x_0}(kf(x))=k\lim\limits_{x\to x_0}f(x)=kA$;

4° $\lim\limits_{x\to x_0}\left[\dfrac{f(x)}{g(x)}\right]$ 存在, 且为 $\dfrac{A}{B}$ (如 $B\neq 0$).

定理 2.4.7 (夹逼定理)　如果存在 $r>0$, 对一切满足 $0<|x-x_0|<r$ 的 x, 有

$$f(x)\leqslant h(x)\leqslant g(x)\quad 且\quad \lim_{x\to x_0}f(x)=A=\lim_{x\to x_0}g(x),$$

则 $\lim\limits_{x\to x_0}h(x)$ 存在, 也为 A.

注意, 利用函数极限的上述性质, 可以很方便地计算许多极限, 读者可以自行

设计一些例子.

我们现在对 $\lim\limits_{x\to x_0}f(x)=A$ 中"$x\to x_0$"进行较为细致的分析.注意,x 趋近于 x_0 有各种各样的方式,其中有两种方式很重要.第一,限制 x 小于 x_0 而趋近于 x_0;第二,限制 x 大于 x_0 而趋近于 x_0.相应的 $f(x)$ 的变化状态的研究将引出单侧极限的概念.

定义 2.4.2 (单侧极限) 1° 设 $f(x)$ 在 x_0 的一空心 r 邻域的左半部分上(可简称为空心左邻域)有定义,A 为常数.如果对任意 $\varepsilon>0$,$\exists\,\delta>0(\delta<r)$,使得当 $0<x_0-x<\delta$ 时,有

$$|f(x)-A|<\varepsilon,$$

则说 **$f(x)$ 在 x_0 的左极限存在**,记为

$$\lim_{x\to x_0-0}f(x)=A,$$

有时 A 直接记为 $f(x_0-0)$.

2° 设 $f(x)$ 在 x_0 的空心 r 邻域的右半部分(可简称为空心右邻域)上有定义,B 为一常数.如果对任意 $\varepsilon>0$,$\exists\,\delta>0(\delta<r)$,使得当 $0<x-x_0<\delta$ 时,有

$$|f(x)-B|<\varepsilon,$$

则说 **$f(x)$ 在 x_0 的右极限存在**,记为

$$\lim_{x\to x_0+0}f(x)=B,$$

有时 B 直接记为 $f(x_0+0)$.

容易举出 $f(x)$ 在 x_0 的左、右极限分别存在而在 x_0 的极限不存在的例子.

结合 $f(x)$ 在 x_0 的极限,左、右极限的定义,我们立即可得下述结论.

定理 2.4.8 (函数极限存在的一个充要条件) 设 $f(x)$ 在 x_0 的一空心邻域上有定义,则 $\lim\limits_{x\to x_0}f(x)=A$ 的充要条件是,$\lim\limits_{x\to x_0-0}f(x)$ 与 $\lim\limits_{x\to x_0+0}f(x)$ 均存在且相等,均等于 A.

关于如何求单侧极限,我们有与定理 2.4.1、定理 2.4.2 类似的定理.例如,设 $f(x)$ 与例 2.2.1 中 1°相同,则

$$\lim_{x\to 0+0}f(x)=2\times 0=0,\quad \lim_{x\to 1-0}f(x)=\lim_{x\to 1-0}2x=2,$$

$$\lim_{x\to 1+0}f(x)=\lim_{x\to 1+0}(-2x+6)=4.$$

注 2.4.5 单侧极限的引进大大丰富了我们对函数性质的研究,例如,在下一节函数的间断性讨论就要以此为工具.另外,从读者学习的角度来看,与函数的极限有关的习题将变得更加丰富多彩,单侧极限往往也是考察学生学习情况的一个重要知识点,希望读者注意.

***定理 2.4.9** 设 $f(x)$ 在 x_0 的空心左邻域上有定义,且在此邻域上 $f(x)$ 单调上升(下降)且有界,则 $\lim\limits_{x\to x_0-0}f(x)$ 必存在且有限.

证　略.

读者试类似讨论 $\lim\limits_{x\to x_0+0} f(x)$ 存在的条件.

关于函数的极限 $\lim\limits_{x\to x_0} f(x)=A$ 有下列若干推广情形. 见定义 2.4.3 及注 2.4.6.

在上式中可以用∞, $+\infty$, $-\infty$分别代替 x_0 或 A 进行讨论,其中以 $+\infty$ 代替 x_0 的情形与 $\lim\limits_{n\to\infty} x_n=A$ 完全类似.

以下定义中的 r 是某一正数.

定义 2.4.3 ($x\to+\infty$, $x\to-\infty$, $x\to\infty$时, $f(x)$的极限)

1° 设 $f(x)$在 $V=\{x: r<x<+\infty\}$上有定义, A 是一常数. 如果对任 $\varepsilon>0$, 存在数 $M\in V$, 使得当 $x>M$ 时,有

$$|f(x)-A|<\varepsilon,$$

则说 **$x\to+\infty$时, $f(x)$的极限存在,极限值为 A** ,记为

$$\lim_{x\to+\infty} f(x)=A \quad 或 \quad f(x)\to A \ (当\ x\to+\infty\ 时).$$

2° 设 $f(x)$在 $V=\{x: -\infty<x<-r\}$上有定义, A 为一常数. 如果对任 $\varepsilon>0$, 存在 $M\in V$, 使得当 $x<M$ 时,有

$$|f(x)-A|<\varepsilon,$$

则称 **$x\to-\infty$时, $f(x)$的极限存在,极限值为 A** ,记为

$$\lim_{x\to-\infty} f(x)=A \quad 或 \quad f(x)\to A \ (当\ x\to-\infty\ 时).$$

3° $\lim\limits_{x\to\infty} f(x)=A$ 类似定义为:设 $f(x)$在 $V=\{x: |x|>r\}$上有定义, A 为一常数. 如果对任 $\varepsilon>0$, 存在 $M>0$, 使得当$|x|>M$ 且$x\in V$ 时

$$|f(x)-A|<\varepsilon,$$

则称**$x\to\infty$时, $f(x)$的极限存在,极限值为 A** ,记为

$$\lim_{x\to\infty} f(x)=A \quad 或 \quad f(x)\to A \ (当\ x\to\infty\ 时).$$

对于定义 2.4.3 中的这类极限,从定理 2.4.3 至定理 2.4.7 的所有定理及注也都成立,但在文字上要以$+\infty$, $-\infty$或∞代替那里的 x_0.

注 2.4.6 (极限为无穷大)　类似于定义 2.1.3 中 $\lim\limits_{n\to\infty} a_n=+\infty$ 等情形,我们对函数的情形也可定义

$$\lim_{x\to x_0} f(x)=+\infty$$

等,不过种类更多,也可以$+\infty$, $-\infty$, ∞等代替 x_0. 但是,这类极限(指极限为无穷大)的性质与以前的极限为有限值的情形将有不少差别. 另外也约定,**极限为无穷大时,我们说极限不存在**.

例 2.4.2　1° 易证 $\lim\limits_{x\to\infty}\dfrac{1}{x}=0$, $\lim\limits_{x\to 0}\dfrac{1}{x}=\infty$(以后可作公式使用).

2° 求$\lim\limits_{x\to\infty}\dfrac{4x^2+3x+2}{7x^2+5x+6}$.

解 原极限式$=\lim\limits_{x\to\infty}\dfrac{4+\dfrac{3}{x}+\dfrac{2}{x^2}}{7+\dfrac{5}{x}+\dfrac{6}{x^2}}=\dfrac{4}{7}$(注意理由).

现指出复合函数求极限的定理,有了它,我们可在求极限的过程中,使用适当的变量代换把函数化为一个新的自变量的函数,再运用已知的极限,方便地求出需要求的极限.证明从略.

定理 2.4.10 (复合函数求极限,变量代换法) 设 $f(u)$在 u_0 的一个空心邻域 U 上有定义,且$\lim\limits_{u\to u_0}f(u)=A$.又 $u=\varphi(x)$在 x_0 的一个空心邻域 V 上有定义,且当 $x\in V$ 时,$u=\varphi(x)\in U$,$\lim\limits_{x\to x_0}\varphi(x)=u_0$,则

$$\lim_{x\to x_0}f(\varphi(x))=\lim_{u\to u_0}f(u)=A.$$

注意 x_0,u_0 以$+\infty$,$-\infty$或∞代替时定理也成立.

使用这条定理时需注意条件"当 $x\in V$ 时,$\varphi(x)\in U$"意味着当 $x\in V$ 时,$\varphi(x)\neq u_0$而 $\varphi(x)\in U$.此条件不满足时,定理不一定成立.

例如,$f(u)=\begin{cases}1 & u\neq 0,\\ 0, & u=0,\end{cases}$ $u=\varphi(x)=0$ 就是一例.

下面的两个极限非常重要,通常称为两个重要极限,证明略去.

定理 2.4.11 (两个重要极限,以后作公式用)

1° $\lim\limits_{x\to 0}\dfrac{\sin x}{x}=1$(注意 x 以弧度制表示,微积分中一般均如此).

2° $\lim\limits_{x\to\infty}\left(1+\dfrac{1}{x}\right)^x=\mathrm{e}\left(\text{此时,自然有}\lim\limits_{x\to+\infty}\left(1+\dfrac{1}{x}\right)^x=\lim\limits_{x\to-\infty}\left(1+\dfrac{1}{x}\right)^x=\mathrm{e}\right)$.

例 2.4.3 求$\lim\limits_{x\to\infty}\left(1+\dfrac{1}{x}\right)^{x+1}$.

解 原极限式$=\lim\limits_{x\to\infty}\left(1+\dfrac{1}{x}\right)^x\cdot\left(1+\dfrac{1}{x}\right)=\mathrm{e}\cdot 1=\mathrm{e}$.

例 2.4.4 证明下列极限.

1° $\lim\limits_{y\to 0}(1+y)^{\frac{1}{y}}=\mathrm{e}$(以后可作公式用).

证 令$\dfrac{1}{y}=x$, 则$\lim\limits_{y\to 0}(1+y)^{\frac{1}{y}}=\lim\limits_{x\to\infty}\left(1+\dfrac{1}{x}\right)^x=\mathrm{e}$.

2° $\lim\limits_{x\to 0}\dfrac{\ln(1+x)}{x}=1$(以后可作公式用).

证 $\lim\limits_{x\to 0}\dfrac{\ln(1+x)}{x}=\lim\limits_{x\to 0}\ln(1+x)^{\frac{1}{x}}$,令 $y=(1+x)^{\frac{1}{x}}$,则$\lim\limits_{x\to 0}\dfrac{\ln(1+x)}{x}=\lim\limits_{y\to\mathrm{e}}\ln y$.

因为对数函数是连续函数,故$\lim\limits_{x\to 0}\dfrac{\ln(1+x)}{x}=\ln\mathrm{e}=1$.

3° $\lim\limits_{x\to 0}\dfrac{e^x-1}{x}=1$(以后可作公式用).

证　令 $e^x-1=u$, $x\to 0$ 时,则 $u\to 0$. $e^x=1+u$, $x=\ln(1+u)$. 于是

$$\lim_{x\to 0}\frac{e^x-1}{x}=\lim_{u\to 0}\frac{u}{\ln(1+u)}=1.$$

4° $\lim\limits_{x\to 0}\dfrac{\sin 3x}{\sin 4x}=\dfrac{3}{4}$.

证　原式 $=\lim\limits_{x\to 0}\left(\dfrac{\sin 3x}{3x}\dfrac{4x}{\sin 4x}\cdot\dfrac{3x}{4x}\right)=\lim\limits_{x\to 0}\dfrac{\sin 3x}{3x}\lim\limits_{x\to 0}\dfrac{4x}{\sin 4x}\cdot\dfrac{3}{4}=1\cdot 1\cdot\dfrac{3}{4}=\dfrac{3}{4}$.

5° $\lim\limits_{x\to +\infty}a^{\frac{1}{x}}=1(a>0)$.

证　令 $\dfrac{1}{x}=y$,则 $x\to\infty$, $y\to 0$,故 $\lim\limits_{x\to +\infty}a^{\frac{1}{x}}=\lim\limits_{y\to 0}a^y=1$.

注意由 $\lim\limits_{x\to +\infty}a^{\frac{1}{x}}=1$,也可得 $\lim\limits_{n\to\infty}a^{\frac{1}{n}}=1(a>0)$.

利用下面的定理及其证法,容易得到求幂指函数极限的一些有用的技巧.

定理 2.4.12　设 $F(x)=[f(x)]^{g(x)}$ $(f(x)>0)$. 如果 $\lim\limits_{x\to x_0}f(x)$ 存在, $\lim\limits_{x\to x_0}f(x)>0$, $\lim\limits_{x\to x_0}g(x)$ 存在,则 $\lim\limits_{x\to x_0}F(x)=(\lim\limits_{x\to x_0}f(x))^{(\lim\limits_{x\to x_0}g(x))}$.

(请读者思考为什么在求极限 $\lim\limits_{x\to 0}(1+x)^{\frac{1}{x}}=e$ 时不能用定理 2.4.12 的方法?)

例 2.4.5　求下列极限.

1° $\lim\limits_{x\to 1}\left(\dfrac{x}{2+x}\right)^{\frac{1-\sqrt{x}}{1-x}}$.

解　因 $\lim\limits_{x\to 1}\dfrac{x}{2+x}=\dfrac{1}{3}$, $\lim\limits_{x\to 1}\dfrac{1-\sqrt{x}}{1-x}=\lim\limits_{x\to 1}\dfrac{1}{1+\sqrt{x}}=\dfrac{1}{2}$,故由定理 2.4.12 知

$$\lim_{x\to 1}\left(\frac{x}{2+x}\right)^{\frac{1-\sqrt{x}}{1-x}}=\sqrt{\frac{1}{3}}=\frac{\sqrt{3}}{3}.$$

2° $\lim\limits_{x\to\infty}\left(1-\dfrac{1}{x}\right)^{2x}$.

解　令 $y=-\dfrac{1}{x}$,则 $x=-\dfrac{1}{y}$,且当 $x\to\infty$ 时 $y\to 0$.

$$\lim_{x\to\infty}\left(1-\frac{1}{x}\right)^{2x}\xlongequal{\text{由定理 2.4.10}}\lim_{y\to 0}(1+y)^{-\frac{2}{y}}=\lim_{y\to 0}[(1+y)^{\frac{1}{y}}]^{-2}\xlongequal{\text{由定理 2.4.12}}e^{-2}.$$

下面我们对数列的极限以及函数的极限当极限为 0 时的情形给予一点特别的关注.

定义 2.4.4 (无穷小量)

1° 如果 $\lim\limits_{n\to\infty}x_n=0$,则称数列 $\{x_n\}$ 是一**无穷小量**(变量).

2° 如果 $\lim\limits_{x\to x_0} f(x)=0$，则类似 1°，我们也称 $f(x)$ 为一**无穷小量**（变量）（也可把"$x\to x_0$"中 x_0 改为 $+\infty,-\infty$ 或 ∞）.

试对照数列极限或函数极限的性质，写出无穷小量的类似性质，并找出是否有不同之处？

为了记号简便起见，我们在以下的讨论中有时把无穷小量记为 α,β 等，而不明显区分数列和函数. 例如，把无穷小量 $\{x_n\}$ 或无穷小量 $f(x)$ 记为 α,β 等. 如果 α,β 同为数列，或同为函数，$\dfrac{\beta}{\alpha}$ 的极限存在，我们简单地记为 $\lim\dfrac{\beta}{\alpha}$.

下面我们对同类无穷小进行比较. 令 $x_n=\dfrac{1}{n}$，$y_n=\dfrac{1}{n^2}$，显然当 $n\to\infty$ 时，$x_n\to 0$，$y_n\to 0$，故 $\{x_n\}$，$\{y_n\}$ 均是无穷小，但 $|y_n|\leqslant|x_n|$ $(n=1,2,\cdots)$，甚至 $\left|\dfrac{y_n}{x_n}\right|\to 0$，直观上，当 $n\to\infty$ 时，$|y_n|$ 比 $|x_n|$ 更小. 再看函数的情形，

令 $f_1(x)=x$，$f_2(x)=x^2$，当 $x\to 0$ 时，$f_1(x)$ 与 $f_2(x)$ 之间的关系与上面两个数列的情形类似.

令 $g_1(x)=x$，$g_2(x)=\sin x$，则当 $x\to 0$ 时，二者均是无穷小，但 $\lim\limits_{x\to 0}\dfrac{g_2(x)}{g_1(x)}=\lim\limits_{x\to 0}\dfrac{\sin x}{x}=1$.

以上说明同类无穷小（指同为数列，或同为函数）之间的比较关系情形有很多不同，甚至不能比较. 我们下面指出主要的情况.

定义 2.4.5（同类无穷小量的比较） 设 α,β 都是无穷小量，即 $\alpha\to 0,\beta\to 0$.

1° 如果 $\dfrac{\beta}{\alpha}\to 0$，则称 β 是比 α 高阶的无穷小量. 常记为 $\beta=o(\alpha)$.

2° 如果 $\dfrac{\beta}{\alpha}\to c\neq 0$（$c$ 为常数），则称 α,β 为同阶无穷小量. 当 $c=1$ 时，称 α,β 为等价无穷小量，常记为 $\alpha\sim\beta$（或 $\beta\sim\alpha$）.

例如，当 $n\to\infty$ 时，$\dfrac{1}{n^2}$ 是比 $\dfrac{1}{n}$ 高阶的无穷小量；当 $x\to 0$ 时，x^2 是比 x 高阶的无穷小量；由 $\lim\limits_{x\to 0}\dfrac{x-\sin x}{x}=0$，知 $x-\sin x=o(x)$ $(x\to 0)$.

另外，由 $\lim\limits_{x\to 0}\dfrac{\sin x}{x}=1$，知 $\sin x\sim x$ $(x\to 0)$.

由 $\lim\limits_{x\to 0}\dfrac{\ln(1+x)}{x}=1$，知 $\ln(1+x)\sim x$ $(x\to 0)$.

由 $\lim\limits_{x\to 0}\dfrac{e^x-1}{x}=1$，知 $e^x-1\sim x$ $(x\to 0)$.

读者试证，当 $x\to 0$ 时，$x\sim\tan x\sim\arcsin x\sim\arctan x$.

定理 2.4.13　1° 如果 $\alpha \sim \beta$，则当除法容许时，$\frac{\alpha-\beta}{\alpha} \to 0$，$\frac{\alpha-\beta}{\beta} \to 0$，即 $\alpha-\beta=o(\alpha)$，且 $\alpha-\beta=o(\beta)$.

2° 如果 $\alpha \sim \alpha_1$，$\beta \sim \beta_1$，且 $\lim \frac{\beta}{\alpha}$ 存在(或为无穷大)，则 $\lim \frac{\beta_1}{\alpha_1}$ 也存在(或为无穷大)，且 $\lim \frac{\beta_1}{\alpha_1}=\lim \frac{\beta}{\alpha}$(设除法均容许).

证　1° 显然.

2° 因 $\frac{\beta_1}{\alpha_1}=\frac{\beta_1}{\beta}\cdot\frac{\beta}{\alpha}\cdot\frac{\alpha}{\alpha_1} \to 1\cdot\lim \frac{\beta}{\alpha}\cdot 1$. 故 2° 结论成立.

注 2.4.7　由定理 2.4.13 中 2°，我们可知，求两个无穷小量之比的极限时，"整个"的分子与"整个的"分母可同时或其中之一用等价无穷小量替代，如果替代后的式子极限易求出，则原式的极限就求得了. 由定理 2.4.13 中 2°的证明可见，无穷小量替代求极限的方法本质上是用了极限的乘法法则.

例如，$\lim\limits_{x \to 0} \frac{e^x-1}{\sin x}=\lim\limits_{x \to 0} \frac{e^x-1}{x}=1$.

在无穷小量的定义 2.4.4 中，如以 ∞ 及 $+\infty$ 或 $-\infty$ 代替极限 0，则 $\{x_n\}$ 或 $f(x)$(当 $x \to x_0$)称为**无穷大量**. 无穷大量与无穷小量有下述关系.

定理 2.4.14(无穷小量与无穷大量关系)　如果变量不取零值，则变量为无穷大量的充要条件是，它的倒数是无穷小量.

注意区别无穷大量和无界变量.

2.5　间　断　性

此节中我们将讨论一元函数 $f(x)$ 在不连续的那些点(间断点)附近的状态. 为了确定起见，我们设 $f(x)$ 在点 x_0 的某空心邻域 V 上或在某半个空心邻域上有定义. 如果 $f(x)$ 在 x_0 不是连续的，则我们称 $f(x)$ 在 x_0 是间断的. 由 $f(x)$ 的连续性的等价定义 $\lim\limits_{x \to x_0} f(x)=f(x_0)$ 立即知道，当 $f(x)$ 在 x_0 点间断时，有下列几种可能：

1° $f(x)$ 在 x_0 点未定义；

2° $f(x)$ 在 x_0 有定义，$\lim\limits_{x \to x_0} f(x)$ 存在，但 $\lim\limits_{x \to x_0} f(x) \neq f(x_0)$；

3° $f(x)$ 在 x_0 有定义，但 $\lim\limits_{x \to x_0} f(x)$ 不存在.

如果 $\lim\limits_{x \to x_0} f(x)$ 存在，则第一种情形是非本质的，因为即使 $f(x)$ 在 x_0 未定义，我们可令 $f(x_0)=\lim\limits_{x \to x_0} f(x)$ 作为补充定义，第二种情形也是非本质的，我们可以改变 $f(x_0)$ 的定义，使得 $\lim\limits_{x \to x_0} f(x)=f(x_0)$. 因此，如果 $f(x)$ 在 x_0 不连续，但

$\lim\limits_{x\to x_0}f(x)$存在，这时我们称 x_0 是 $f(x)$的**可去间断点**. 下面我们将主要依据第三种情况，即$\lim\limits_{x\to x_0}f(x)$不存在时的种种可能对间断点进行分类. 注意，由定理 2.4.8，$\lim\limits_{x\to x_0}f(x)$存在的充要条件是，$\lim\limits_{x\to x_0+0}f(x)$与$\lim\limits_{x\to x_0-0}f(x)$存在且相等.

现在我们以 $f(x)$的左右极限为工具对其间断点进行分类.

定义 2.5.1（间断点的分类） 设 x_0 是 $f(x)$的间断点.

1° 如果 $\lim\limits_{x\to x_0+0}f(x)$与$\lim\limits_{x\to x_0-0}f(x)$均存在，但不相等，我们称 x_0 为 $f(x)$的**跳跃间断点**. 可去间断点与跳跃间断点合称**第一类间断点**.

2° 如果 x_0 不是第一类的间断点，则 x_0 称为**第二类间断点**. 因此，如果 x_0 是 $f(x)$的第二类间断点，则 $f(x)$在 x_0 的左、右极限至少有一个不存在.

例 2.5.1 求下列函数的间断点.

1° $y=\dfrac{x^2-1}{x-1}$.

解 因函数在 $x=1$ 未定义，故 $x=1$ 是函数的间断点. 但 $\lim\limits_{x\to 1}\dfrac{x^2-1}{x-1}=\lim\limits_{x\to 1}(x+1)=2$存在，故 $x=1$ 是第一类间断点，且是函数的可去间断点.

2° 符号函数 $f(x)=\operatorname{sgn}x=\begin{cases}1, & x>0,\\ 0, & x=0,\\ -1, & x<0.\end{cases}$

解 因 $\lim\limits_{x\to 0+0}f(x)=1$，$\lim\limits_{x\to 0-0}f(x)=-1$，$f(x)$在 $x=0$ 的左右极限存在而不相等，故 $x=0$ 是 $f(x)$的第一类间断点，且是跳跃间断点.

3° $f(x)=\dfrac{x}{\tan x}$.

解 因 $x=n\pi(n=0,\pm 1,\cdots)$时，$\tan x=0$，故 $f(x)$在 $x=n\pi$ 时未定义. $n=0$ 时 $x=0$，$\lim\limits_{x\to 0}\dfrac{x}{\tan x}=1$，故 $x=0$ 是可去间断点（第一类间断点）. $n\neq 0$ 时，因 $\lim\limits_{x\to n\pi}\left|\dfrac{x}{\tan x}\right|=\infty$，故 $x=n\pi(n=\pm 1,\pm 2,\cdots)$是 $f(x)$的第二类间断点.

当 $x=n\pi+\dfrac{\pi}{2}(n=0,\pm 1,\cdots)$时，$\tan x$ 无定义，故 $f(x)$在 $x=n\pi+\dfrac{\pi}{2}(n=0,\pm 1,\cdots)$无定义，但 $\lim\limits_{x\to n\pi+\frac{\pi}{2}}|f(x)|=0$，故 $\lim\limits_{x\to n\pi+\frac{\pi}{2}}f(x)=0$. 因此 $x=n\pi+\dfrac{\pi}{2}(n=0,\pm 1,\cdots)$是 $f(x)$的可去间断点（第一类间断点）.

4° $f(x)=\dfrac{1}{\sqrt{x}}$.

解 $f(x)$的定义域是$(0,+\infty)$. 虽然 $x=0$ 是 $f(x)$的定义域区间的端点，我们仍可用定义 2.5.1 中的分类方法. 因为 $\lim\limits_{x\to 0+0}f(x)=+\infty$，故 $x=0$ 是 $f(x)$的第

二类间断点.

习　题　2

(A)

1. 求下列极限.

(1) $\lim\limits_{n\to\infty}\left(\frac{1}{1\cdot 2}+\frac{1}{2\cdot 3}+\cdots+\frac{1}{n(n+1)}\right)$;　(2) $\lim\limits_{n\to\infty}\frac{3n+4}{2n^2+n+5}$;

(3) $\lim\limits_{n\to\infty}\frac{5n^3+5}{4n^3+2n^2+7n+1}$;　(4) $\lim\limits_{n\to\infty}\frac{2n+\sin n}{5n-\cos n}$;

(5) $\lim\limits_{n\to\infty}\frac{4n^3+3n^2+7}{3n^2+4}$;　(6) $\lim\limits_{n\to\infty}\frac{-3n^2+2n+4}{5n+6}$;

(7) $\lim\limits_{n\to\infty}\frac{a^n}{1+3a^n}\quad(a>0)$;　(8) $\lim\limits_{n\to\infty}\frac{(-3)^n+4^n}{(-3)^{n+1}+4^{n+1}}$.

2. 利用极限的存在准则,求下列极限.

(1) $\lim\limits_{n\to\infty}\left(\frac{1}{\sqrt{n^2+1}}+\frac{1}{\sqrt{n^2+2}}+\cdots+\frac{1}{\sqrt{n^2+n}}\right)$;

(2) $\lim\limits_{n\to\infty}(\sqrt{n+1}-\sqrt{n})$;

(3) $\lim\limits_{n\to\infty}\frac{a^n}{n!}\quad(a>0)$.

3. 求函数 $y=f(x)$ 的表达式及定义域,已知

(1) $f(x+2)=x^3+1$;　(2) $f(\sin x)=\cos x,\quad |x|\leqslant\frac{\pi}{4}$;

(3) $f\left(x+\frac{1}{x}\right)=x^2+\frac{1}{x^2}$;　(4) $f\left(\sin\frac{x}{2}\right)=1+\cos x$;

(5) $f(x^2+1)=x^4+1$;　(6) $f(x+1)=x^2+3x+5$.

4. 求下列函数的反函数的表达式及定义域.

(1) $y=\frac{3x+4}{4x-5}$;　(2) $y=3^x+1$;

(3) $y=\begin{cases}x^2, & 0\leqslant x\leqslant 1,\\ \sqrt{x}, & x>1.\end{cases}$

5. 用几个基本初等函数及四则运算表示下列函数的复合过程.

(1) $y=\sin\sqrt{1+x^2}$;　(2) $y=\ln\sin\sqrt{x}$;

(3) $y=(2+3x)^{20}$;　(4) $y=\cos^3(x^2)$.

6. 求下列各对函数的复合函数 $g(f(x)),f(g(x))$.

(1) $f(x)=x^2,g(x)=\sqrt{x+1}$;　(2) $f(x)=g(x)=\sqrt{1+x}$.

7. 指出下列函数的定义域,并判断奇偶性与有界性.

(1) $f(x)=\ln\frac{1+x}{1-x}$;　(2) $f(x)=e^x-e^{-x}$;

(3) $f(x)=1+2\sin x$;　(4) $f(x)=e^x+e^{-x}$;

(5) $f(x)=x\operatorname{sgn}x$;　(6) $f(x)=\frac{x}{1+x^2}$.

8. 判断下列函数的单调性.

(1) $f(x)=\sin x \quad \left(-\frac{\pi}{2}\leqslant x\leqslant\frac{\pi}{2}\right)$;

(2) $f(x)=x+x^3$; (3) $f(x)=x-x^2$.

9. 试求下列函数的一个周期、最小周期(如存在).

(1) $f(x)=\cos 2x$; (2) $\cos\pi(x+3)$;

(3) $f(x)=x-[x]$; (4) $\cos\frac{x}{4}+\sin\frac{x}{5}$.

10. 摄氏温度与华氏温度之间的函数关系为 $C(F)=\frac{5}{9}(F-32)$,其中 F 表示华氏温度数,求出 $C(0)$,$C(32)$,$C(98.6)$. 试问人体正常体温时华氏温度是多少度?上述函数是否是单调的?

11. 某化肥厂生产尿素能力为15000吨,固定成本为30万元,产量在5000吨以内时每吨可变成本为450元,超过5000吨部分每吨可变成本为400元,试将总成本表为产量的函数.

12. 设生产与销售某产品的总收益 R 是产量 x 的二次函数,已知当 x 分别为1,2,4时,R 分别为0,6,8,试确定 R 与 x 的函数关系,并分析此函数,能得到其他什么结论?

13. 某国家的某股市的指数 D 变化与最优惠贷款利率 I 密切相关,有下述公式 $D=\frac{a}{I+b}$,当 $I=0.08$ 时,$D=1320$;当 $I=0.20$ 时,$D=600$. 试确定 D 与 I 的函数关系,并据此关系预测当利率下降至0.04时,股市指数应为多少?

14. 设某产品的利润函数 $P(x)=0.1x^3-x^2-28x-300$(x 表示产品的产量). 证明 $P(x)$ 必有零点,试分析零点的意义.

15. 证明函数 $f(x)=x^4-3x+1$ 在(1,2)必有界,且必有一零点.

16. 计算下列极限.

(1) $\lim\limits_{x\to 1}(a_0x^3+a_1x^2+a_2x+a_3)$; (2) $\lim\limits_{x\to x_0}\sin 5x$;

(3) $\lim\limits_{x\to 2}\frac{(e^x+3)\sin x}{x}$; (4) $\lim\limits_{x\to 3}e^{x\cos x}$.

17. 设下列函数处处连续,试求函数在定义域的相邻两段的接头处的极限值,且求出每题中的待定常数.

(1) $f(x)=\begin{cases}e^x(\cos x+\sin x), & x\leqslant 0,\\ 2x+a, & x>0;\end{cases}$

(2) $f(x)=\begin{cases}\frac{\sin x}{x}+a, & x>0,\\ 1, & x=0,\\ x\sin\frac{1}{x}+b, & x<0;\end{cases}$

(3) $f(x)=\begin{cases}a+x^2, & x<-1,\\ 1, & x=-1,\\ \ln(b+x+x^2), & x>-1.\end{cases}$

18. 求下列极限.

(1) $\lim\limits_{x\to 1}\frac{\sqrt{x+3}-2}{x-1}$; (2) $\lim\limits_{x\to -\infty}\frac{(2x)^{20}}{(x-1)^{10}(2x+1)^{10}}$;

(3) $\lim\limits_{x\to1}\dfrac{x^5-1}{x^4-1}$；　　(4) $\lim\limits_{x\to\infty}\dfrac{x-\sin x}{x}$；

(5) $\lim\limits_{x\to1}\left(\dfrac{1}{1-x}-\dfrac{2}{1-x^2}\right)$；　　(6) $\lim\limits_{x\to-\infty}(\sqrt{1+x+x^2}-\sqrt{1-x+x^2})$.

19. 求下列极限.

(1) $\lim\limits_{x\to0}\dfrac{\sin px}{\sin qx}$　$(p,q\neq0)$；　　(2) $\lim\limits_{x\to0}\dfrac{\sin(x^3)}{\sin^3 x}$；

(3) $\lim\limits_{x\to0}\dfrac{\sqrt{1+x\sin x}-\sqrt{\cos x}}{x^2}$；　　(4) $\lim\limits_{x\to0}\dfrac{\tan x}{x}$；

(5) $\lim\limits_{x\to\frac{\pi}{2}}\dfrac{1-\sin x}{\left(x-\dfrac{\pi}{2}\right)^2}$；　　(6) $\lim\limits_{x\to x_0}\dfrac{\sin x-\sin x_0}{x-x_0}$；

(7) $\lim\limits_{x\to0}(1+\tan x)^{\cot x}$；　　(8) $\lim\limits_{x\to\infty}\left(\dfrac{3x+2}{3x-1}\right)^{2x-1}$；

(9) $\lim\limits_{x\to\infty}\left(\dfrac{x^2+1}{x^2-1}\right)^{x^2}$；　　(10) $\lim\limits_{x\to0}(\cos x)^{\cot^2 x}$；

(11) $\lim\limits_{x\to1}x^{\frac{1}{1-x}}$；　　(12) $\lim\limits_{x\to0}\dfrac{\tan 3x}{2x+x^2}$；

(13) $\lim\limits_{x\to0}\dfrac{1-\cos x}{x\sin x}$；　　(14) $\lim\limits_{x\to0}\dfrac{\tan 2x-\sin 2x}{x^2}$；

(15) $\lim\limits_{x\to0}(\cos x)^{\frac{1}{\cos x-1}}$；　　(16) $\lim\limits_{x\to0}\dfrac{e^x-e^{\sin x}}{x-\sin x}$；

(17) $\lim\limits_{x\to2}(1+x)^{\frac{x^2-4}{x-2}}$；　　(18) $\lim\limits_{x\to+\infty}x(\ln(x+2)-\ln x)$.

20. 求极限 $\lim\limits_{n\to\infty}n[\ln(n+3)-\ln n]$.

21. 下述各小题中，哪些是无穷小量？哪些是无穷大量？

(1) $x_n=(-1)^n,n\to\infty$；　　(2) $f(x)=x\sin\dfrac{1}{x},x\to0$；

(3) $f(x)=e^x\sin x,x\to0$；　　(4) $f(x)=x(2+\sin x),x\to+\infty$.

22. (1) 当 $x\to1$ 时，$1-x$，$1-\sqrt[3]{x}$，$1-\sqrt{x}$ 中哪些是同阶无穷小，哪些是等价无穷小？

(2) 当 $x\to0$ 时，无穷小 x 与 (1) x^3+x^2；(2) $x\sin x$，哪一个是高阶的？

23. 求出下面各小题中的常数 a,b.

(1) 由条件 $\lim\limits_{x\to\infty}\left(\dfrac{x^2+1}{x+1}-ax-b\right)=0$；

(2) 由条件 $\lim\limits_{x\to1}\dfrac{x^2+ax+b}{x^2+x-2}=2$.

24. 求下列函数的间断点，并说明是哪种间断点.

(1) $f(x)=\dfrac{1}{x^2-2x-3}$；　　(2) $f(x)=\dfrac{2}{2-\dfrac{1}{x}}$；

(3) $f(x)=\dfrac{x}{\sin x}$；　　(4) $f(x)=\dfrac{1}{1+2^{\frac{1}{x}}}$；

(5) $f(x)=\begin{cases}x\sin\dfrac{1}{x}, & x\neq0,\\ 1, & x=0.\end{cases}$

25. 设 $f(x)=\begin{cases}(1-2x)^{\frac{1}{x}}, & x<0\\ e^x+a, & x>0\end{cases}$ 且 $\lim\limits_{x\to 0}f(x)$ 存在. 求出 a 的值,并补充定义 $f(0)$ 使 $f(x)$ 在 $x=0$ 连续.

26. 设某商品的需求函数为 $Q_d=f(P)=\frac{50-5P}{4}$,求 $f(0)$,$f(4)$,$f(10)$,并画出 $Q_d=f(P)$ 的图形,分析 $f(0)$ 与 $f(10)$ 的经济意义(注意,经济学中需求函数 $Q_d=f(P)$ 的图形,即 $P=f^{-1}(Q_d)$ 的图形,常以纵坐标轴表示 P 坐标).

(B)

1. 用极限定义证明.

(1) $\lim\limits_{n\to\infty}\frac{\cos n}{\sqrt{n}}=0$;　　(2) $\lim\limits_{n\to\infty}\ln\left(1+\frac{1}{n}\right)=0$;

(3) $\lim\limits_{n\to\infty}\frac{n^2+2n+3}{3n^2+n+4}=\frac{1}{3}$;　　(4) $\lim\limits_{n\to\infty}\frac{1}{\sqrt{n}}=0$.

2. 求下列各对函数的复合函数 $g(f(x))$, $f(g(x))$.

(1) $f(x)=\begin{cases}2x, & 0\leqslant x\leqslant 1,\\ 1, & \text{其他},\end{cases}$　　$g(x)=\begin{cases}x^2, & 0\leqslant x\leqslant 1,\\ 0, & \text{其他};\end{cases}$

(2) 设函数 f 与 g 定义如下,

x	2	0	−3	4	1
$f(x)$	−1	4	2	0	−3

x	4	1	0	−1	2	−3
$g(x)$	−3	2	0	2	1	4

3. 判断下列函数的有界性.

(1) $f(x)=\frac{2x^2}{1+x^2}$;　　(2) $f(x)=\frac{x}{x^2+x-2}$ $(0<x<1)$;

(3) $f(x)=[x]$;　　(4) $f(x)=x^2-4x+5$ $(0\leqslant x\leqslant 3)$;

(5) $f(x)=\begin{cases}0, & x\text{ 为无理数},\\ 1, & x\text{ 为有理数}.\end{cases}$

4. 用极限的定义证明

(1) $\lim\limits_{x\to 3}x^3=27$;　　(2) $\lim\limits_{x\to 2}\frac{x-2}{x}=0$.

5. 求下列极限.

(1) $\lim\limits_{x\to+\infty}\frac{\sqrt{x+\sqrt{x+\sqrt{x}}}}{\sqrt{x+1}}$;　　(2) $\lim\limits_{x\to 9}\frac{\sqrt[3]{x-1}-2}{\sqrt{x}-3}$;

(3) $\lim\limits_{n\to\infty}\sqrt[n]{1+x^n}\,(0\leqslant x\leqslant 1)$;　　(4) $\lim\limits_{x\to 0}(x+e^x)^{\frac{1}{x}}$.

6. $f(x)=\begin{cases}1, & x\text{ 为有理数},\\ 0, & x\text{ 为无理数},\end{cases}$ 讨论 $f(x)$ 的周期性与间断性.

7. 设某商品的需求函数为 $Q_d=\frac{50-5P}{4}$,供给函数为 $Q_s=f(P)=\frac{5}{6}P$,求出 $f(3)$, $f(9)$,

画出 $P=\frac{6}{5}Q_s$ 的图形. 由 $Q_s=Q_d$ 求出均衡价格以及对应的均衡供求数量.

8. 利用某大学的一些专家根据调查资料得到的结论,我们可以把武汉市 1981 年 2 月份猪肉需求函数近似表示如下

$$Q_d = 14.0129 + 0.2581M - 10.6184P,$$

式中,Q_d 表示 1981 年 2 月份猪肉人均需要量(斤);P 表示 1981 年 2 月份猪肉每斤平均价格(元);M 表示 1981 年 2 月份人均收入(元);M 是一常数. 试分别就 $M=15$, $M=20$ 对市场需求函数作出一些有意义的分析,考虑能得到哪些结论.

第3章　导数及其应用

在这一章中,我们将以上一章的函数的极限为工具定义一元函数 $f(x)$ 在一点的导数.设 $f(x)$ 在区间 (a,b) 上有定义,任意取定 $x_0\in(a,b)$,然后考虑一个新的函数,差商 $\frac{f(x)-f(x_0)}{x-x_0}$.注意差商函数在 $x=x_0$ 未定义,但在 x_0 的一空心邻域上有定义,因此我们可以考虑

$$\lim_{x\to x_0}\frac{f(x)-f(x_0)}{x-x_0}$$

是否存在?

如果又假设 $f(x)$ 在 x_0 连续,则当 $x\to x_0$ 时,差商 $\frac{f(x)-f(x_0)}{x-x_0}$ 中的分母 $x-x_0$ 与分子 $f(x)-f(x_0)$ 均是无穷小量.一般地,两个无穷小量可以比较.因此,考虑 $\lim\limits_{x\to x_0}\frac{f(x)-f(x_0)}{x-x_0}$ 存在与否也是很自然的.如果存在,则我们把这个数称为 $f(x)$ 在 x_0 的导数(即导出的数之意).

因为实际问题诸如物理现象、社会现象、经济现象等常可用函数表示,而定义函数在一点的导数用到的差商明显具有"平均"的含义,故可以推测函数在一点的导数一般有其实际意义.事实上,导数概念的经典物理模型就是物体运动的瞬时速度.

首先我们看一个关于自由落体运动的瞬时速度的例子.

设 $S(t)$ 表示一物体从高度 h 处自由下落的路程,则

$$S(t)=\frac{1}{2}gt^2\quad\left(0\leqslant t\leqslant\sqrt{\frac{2h}{g}}\right).$$

式中,g 是重力加速度,t 是下落的时间.取定 $t_0\left(0<t_0<\sqrt{\frac{2h}{g}}\right)$,对任意 $t\left(0\leqslant t\leqslant\sqrt{\frac{2h}{g}}\right)$,不妨设 $t>t_0$,$S(t)-S(t_0)$ 表示由时刻 t_0 到 t 物体经过的路程,于是

$$\frac{S(t)-S(t_0)}{t-t_0}$$

表示时间段 $[t_0,t]$ 上物体下落的平均速度.令 $t\to t_0$,经过求极限,得

$$\lim_{t \to t_0} \frac{S(t) - S(t_0)}{t - t_0} = \lim_{t \to t_0} \frac{\frac{1}{2}gt^2 - \frac{1}{2}gt_0^2}{t - t_0} = \lim_{t \to t_0} \frac{1}{2}g(t + t_0) = gt_0.$$

由极限的定义，t 越接近 t_0，平均速度越接近 gt_0. 因此我们称 $\lim\limits_{t \to t_0} \dfrac{S(t) - S(t_0)}{t - t_0}$ 为自由落体在 t_0 时刻的瞬时速度.

我们再看一个关于经济学中的边际函数的例子.

设 $y = C(q)$ 是一产品产量 q 的函数，表示生产该产品总产量为 q 时花去的总成本，故平均成本为 $\dfrac{C(q)}{q}$. 现产量已达到 q_0，我们可求间隔 $[q_0, q]$ 内的平均成本为 $\dfrac{C(q) - C(q_0)}{q - q_0}$. 如果

$$\lim_{q \to q_0} \frac{C(q) - C(q_0)}{q - q_0}$$

存在，则经济学中称之为该产品在产量 q_0 时的边际成本. 当 q_0 较大时边际成本差不多可以认为是产量达到 q_0 时再多生产一个单位产品成本的增加量.

类似于边际成本，经济中还有其他许多边际的概念，如边际收益、边际利润等.

3.1　导数的定义与求导数的基本法则

下面我们给出导数(derivative)的定义.

定义 3.1.1 (导数)　设 $y = f(x)$ 在 x_0 的某邻域 U 上有定义，如果

$$\lim_{x \to x_0} \frac{f(x) - f(x_0)}{x - x_0}$$

存在，则说 $f(x)$ 在 x_0 可导，极限值称为 $f(x)$ 在 x_0 的**导数**(或微商). 记为

$$f'(x_0) \text{或} \left.\frac{\mathrm{d}y}{\mathrm{d}x}\right|_{x = x_0}, \left.\frac{\mathrm{d}f}{\mathrm{d}x}\right|_{x = x_0}, y'\big|_{x = x_0} \text{等}.$$

注意，如果记 $x - x_0$ 为 Δx，则

$$f'(x_0) = \lim_{\Delta x \to 0} \frac{f(x_0 + \Delta x) - f(x_0)}{\Delta x},$$

如果记

$$\Delta y = f(x_0 + \Delta x) - f(x_0),$$

则

$$f'(x_0) = \lim_{\Delta x \to 0} \frac{\Delta y}{\Delta x}.$$

例 3.1.1 (用导数的定义求导)　设 $f(x) = x^2$，求 $f'(2)$.

解

$$f'(2)=\lim_{x\to 2}\frac{f(x)-f(2)}{x-2}=\lim_{x\to 2}\frac{x^2-2^2}{x-2}$$
$$=\lim_{x\to 2}(x+2)=4.$$

在 $f(x)$ 于 x_0 的导数的定义中虽未牵涉到 $f(x)$ 在 x_0 是否连续的问题,但我们很容易证明下面的结论.

定理 3.1.1 (可导与连续的关系) 如果 $f(x)$ 在 x_0 可导,则 $f(x)$ 在 x_0 必连续.

证 $\lim\limits_{x\to x_0}(f(x)-f(x_0))=\lim\limits_{x\to x_0}\dfrac{f(x)-f(x_0)}{x-x_0}\cdot(x-x_0)=f'(x_0)\cdot 0=0$,故 $f(x)$ 在 x_0 是连续的.

由定理 3.1.1 立即可知,如果 $f(x)$ 在 x_0 间断,则 $f(x)$ 在 x_0 必不可导.

由导数的定义可知,求导问题本质上就是求函数(差商)的极限问题.我们在上一章已经掌握了许多求极限的技巧,特别有用的是关于函数极限的四则运算性质、复合函数求极限的定理等,使得我们可以利用这些性质以及已经知道的一些极限,例如

$$\lim_{x\to\infty}\frac{1}{x}=0,\quad \lim_{x\to 0}\frac{\sin x}{x}=1,\quad \lim_{x\to 0}(1+x)^{\frac{1}{x}}=\mathrm{e},\quad \lim_{x\to 0}\frac{\mathrm{e}^x-1}{x}=1$$

等,比较方便地求出很多初等函数的极限而不必每次都要用极限的定义来做.显然这一思路可以用到求函数的导数的研究上来.

首先,我们利用函数极限的性质得到求函数的导数的几个基本法则.

定理 3.1.2 (导数的四则运算法则) 设函数 $f(x),g(x)$ 在 x 点可导,则

1° $(f(x)\pm g(x))'=f'(x)\pm g'(x)$;

2° $(f(x)g(x))'=f'(x)g(x)+f(x)g'(x)$;

3° $\left[\dfrac{f(x)}{g(x)}\right]'=\dfrac{f'(x)g(x)-f(x)g'(x)}{g^2(x)}\quad (g(x)\neq 0)$.

证 1° 令 $y(x)=f(x)+g(x)$,则

$$\frac{\Delta y}{\Delta x}=\frac{f(x+\Delta x)+g(x+\Delta x)-(f(x)+g(x))}{\Delta x}$$
$$=\frac{f(x+\Delta x)-f(x)}{\Delta x}+\frac{g(x+\Delta x)-g(x)}{\Delta x}.$$

令 $\Delta x\to 0$,因上式右端的两项极限都存在,故由函数极限的运算性质及导数的定义,得

$$(f(x)+g(x))'=f'(x)+g'(x).$$

2° 令 $y(x)=f(x)g(x)$,则

$$\frac{\Delta y}{\Delta x}=\frac{(f(x+\Delta x)g(x+\Delta x))-f(x)g(x)}{\Delta x}$$
$$=\frac{f(x+\Delta x)-f(x)}{\Delta x}g(x+\Delta x)+f(x)\frac{g(x+\Delta x)-g(x)}{\Delta x}.$$

注意,函数在一点可导必在此点连续,故 $\lim\limits_{\Delta x\to 0}g(x+\Delta x)=g(x)$. 在上一式中,令 $\Delta x\to 0$,得

$$(f(x)g(x))'=f'(x)g(x)+f(x)g'(x).$$

3° 先证 $\left(\frac{1}{g(x)}\right)'=\frac{-g'(x)}{g^2(x)}$,再利用 2°证 3°.

注 3.1.1

1° $(f_1(x)+f_2(x)+\cdots+f_n(x))'=f_1'(x)+f_2'(x)+\cdots+f_n'(x)$.

2° $(cf(x))'=cf'(x)$(注意常数 c 的导数显然为 0).

3° $(f_1(x)f_2(x)\cdots f_n(x))'=f_1'(x)f_2(x)\cdots f_n(x)+f_1(x)f_2'(x)\cdots f_n(x)$
$+\cdots+f_1(x)f_2(x)\cdots f_n'(x)$.

定理 3.1.3 (求导链式法则,chain rule)　设 $y=f(u)$, $u=\varphi(x)$ 满足函数复合的条件,又均可导,则

$$\frac{\mathrm{d}f(\varphi(x))}{\mathrm{d}x}=f'(u)\mid_{u=\varphi(x)}\varphi'(x)=\left.\frac{\mathrm{d}y}{\mathrm{d}u}\right|_{u=\varphi(x)}\cdot\frac{\mathrm{d}u}{\mathrm{d}x}.$$

为帮助记忆和理解,首先粗看一下:

我们考虑函数在 x_0 的导数,令 $u_0=\varphi(x_0)$

$$\left.\frac{\mathrm{d}f(\varphi(x))}{\mathrm{d}x}\right|_{x=x_0}=\lim_{x\to x_0}\frac{f(\varphi(x))-f(\varphi(x_0))}{x-x_0}$$
$$=\lim_{x\to x_0}\frac{f(u)-f(u_0)}{u-u_0}\cdot\frac{u-u_0}{x-x_0}\quad(u\neq u_0\text{ 时})$$
$$=\lim_{u\to u_0}\frac{f(u)-f(u_0)}{u-u_0}\cdot\lim_{x\to x_0}\frac{u-u_0}{x-x_0}.$$

但是,因为当 $x\to x_0$ 的过程中可能会出现 $u=u_0$ 的情况,故严格证明需做点技术性的修改.

***证**　作一辅助函数 $\alpha(u)$

$$\alpha(u)=\begin{cases}\dfrac{f(u)-f(u_0)}{u-u_0}-f'(u_0), & u\neq u_0,\\ 0, & u=u_0,\end{cases}$$

则 $\alpha(u)$在 u_0 连续,且

$$f(u)-f(u_0)=f'(u_0)(u-u_0)+\alpha(u)(u-u_0), \quad (1)$$

因 $u=\varphi(x)$在 x_0 可导,故 $u=\varphi(x)$在 x_0 连续,由定理 2.3.3 知 $\alpha(\varphi(x))$在 x_0 连续,故 $\lim\limits_{x\to x_0}\alpha(\varphi(x))=\lim\limits_{u\to u_0}\alpha(u)=\alpha(u_0)=0$.

令 $F(x)=f(\varphi(x))$,则

$$\begin{aligned}F(x)-F(x_0)&=f(\varphi(x))-f(\varphi(x_0))\\&=f(u)-f(u_0)\overset{(1)}{=\!=}f'(u_0)(u-u_0)+\alpha(u)(u-u_0).\end{aligned}$$

两边同除以 $x-x_0$,令 $x\to x_0$,得

$$\lim_{x\to x_0}\frac{F(x)-F(x_0)}{x-x_0}=f'(u_0)\frac{\mathrm{d}u}{\mathrm{d}x}\bigg|_{x=x_0},$$

即

$$\frac{\mathrm{d}f(\varphi(x))}{\mathrm{d}x}\bigg|_{x=x_0}=\frac{\mathrm{d}y}{\mathrm{d}u}\bigg|_{u=\varphi(x_0)}\cdot\frac{\mathrm{d}u}{\mathrm{d}x}\bigg|_{x=x_0}.$$

我们还有反函数的求导法则.

定理 3.1.4 (反函数求导法则) 设 $y=f(x)$为区间(c,d)上的连续的严格单调函数,$x_0\in(c,d)$.如 $f(x)$在 $x=x_0$ 处存在非零导数 $f'(x_0)$,则 $y=f(x)$的反函数 $x=f^{-1}(y)$在 $y_0=f(x_0)$处也可导,且

$$\frac{\mathrm{d}x}{\mathrm{d}y}\bigg|_{y=y_0}=\frac{1}{f'(x_0)}.$$

证明略.

现在我们已有了求导数的几个基本法则:四则运算法则、复合函数求导数的链式法则、反函数的求导法则.因此,为了求出任一初等函数的导数,我们只需先用导数的定义,求出基本初等函数的导数就够了.为了使用方便,我们下面给出一个稍微扩大一点也是常见的求导的基本公式表,读者必须熟记.

定理 3.1.5 (求导基本公式)

1° $y=c$(c 为常数), $y'=0$;

2° $y=x^{\mu}$(μ 为常数), $y'=\mu x^{\mu-1}$;

3° $y=a^x(a>0,a\neq1)$, $y'=a^x\ln a$;

4° $y=\mathrm{e}^x$, $y'=\mathrm{e}^x$;

5° $y=\log_a x(a>0,a\neq1)$, $y'=\dfrac{1}{x\ln a}$;

6° $y=\ln|x|$, $y'=\dfrac{1}{x}$;

7° $y=\sin x$, $y'=\cos x$;

8° $y=\cos x$, $y'=-\sin x$;

9° $y=\tan x$, $y'=\sec^2 x$;

10° $y=\cot x$, $y'=-\csc^2 x$;

11° $y=\arcsin x$, $y'=\dfrac{1}{\sqrt{1-x^2}}$;

12° $y=\arccos x$, $y'=-\dfrac{1}{\sqrt{1-x^2}}$;

13° $y=\arctan x$, $y'=\dfrac{1}{1+x^2}$;

14° $y=\operatorname{arccot} x$, $y'=-\dfrac{1}{1+x^2}$.

证 1°显然.

3° $(a^x)'=\lim\limits_{\Delta x\to 0}\dfrac{a^{x+\Delta x}-a^x}{\Delta x}=\lim\limits_{\Delta x\to 0}\dfrac{a^x(a^{\Delta x}-1)}{\Delta x}=a^x\ln a$.

4° 由 3°立即可得.

5° 由 $y=\log_a x$,则 $x=a^y$. 据 3°,$\dfrac{dx}{dy}=a^y\ln a$. 据定理 3.1.4,$\dfrac{dy}{dx}=(\log_a x)'=\dfrac{1}{a^y\ln a}=\dfrac{1}{x\ln a}$.

6° 由 5°可得.

2° 因为 $y=x^\mu=e^{\mu\ln x}$,故据 4°及链式法则,$(x^\mu)'=e^{\mu\ln x}(\mu\ln x)'$. 因此,$\dfrac{dy}{dx}=e^{\mu\ln x}\cdot\dfrac{\mu}{x}=x^\mu\cdot\dfrac{\mu}{x}=\mu x^{\mu-1}$.

7° $(\sin x)'=\lim\limits_{\Delta x\to 0}\dfrac{\sin(x+\Delta x)-\sin x}{\Delta x}=\lim\limits_{\Delta x\to 0}\dfrac{2\sin\dfrac{\Delta x}{2}\cos\left(x+\dfrac{\Delta x}{2}\right)}{\Delta x}$

$$=\lim_{\Delta x\to 0}\frac{\sin\dfrac{\Delta x}{2}}{\dfrac{\Delta x}{2}}\cos\left(x+\frac{\Delta x}{2}\right)=1\cdot\cos x=\cos x.$$

8° $(\cos x)'=\left(\sin\left(\dfrac{\pi}{2}-x\right)\right)'=\cos\left(\dfrac{\pi}{2}-x\right)(-1)=-\sin x$(根据 7°及链式法则).

9°及 10°的证明由定理 3.1.2 之 3°及上面 7°,8°公式可得.

11° 由 $y=\arcsin x$,得 $x=\sin y$,$\dfrac{dx}{dy}=\cos y$. 由定理 3.1.4,$(\arcsin x)'=\dfrac{1}{\cos y}=\dfrac{1}{\sqrt{1-x^2}}$(注意 $|x|<1$,$|y|<\dfrac{\pi}{2}$).

从 12°到 14°几个公式用已证有关公式及定理 3.1.4 也可证明. 读者自己可以

作为练习.

下面举若干例子.

例 3.1.2　一医生给一病人施药 x 毫克,1 小时后记录其血压,医生发现收缩压(单位:毫米汞柱)可近似地表为 $p(x)=138+12x-6x^2(0\leqslant x\leqslant 4)$,试求病人对此药的灵敏度 $p'(x)$及 $p'(2)$.

解　$p'(x)=12-12x, p'(2)=-12$.

例 3.1.3(四则运算法则,链式法则,取对数求导法)

1° 设 $f(x)=a_0x^n+a_1x^{n-1}+\cdots+a_n$,求 $f'(x)$.

解　由求导的四则运算法则

$$\begin{aligned}f'(x)&=(a_0x^n)'+(a_1x^{n-1})'+\cdots+(a_{n-1}x)'+(a_n)'\\&=a_0(x^n)'+a_1(x^{n-1})'+\cdots+a_{n-1}(x)'+(a_n)'\\&=a_0nx^{n-1}+a_1(n-1)x^{n-2}+\cdots+a_{n-1}\end{aligned}$$

(最后一步用定理 3.1.5 中 1°与 2°).

2° $f(x)=\sin(x^2)+\mathrm{e}^{3x}$,求 $f'(x)$.

解　由求导加法法则,得 $f'(x)=(\sin(x^2))'+(\mathrm{e}^{3x})'$.

为求$(\sin(x^2))'$,视 $\sin(x^2)$为 $\sin u$ 与 $u=x^2$ 的复合函数.由链式法则,得

$$(\sin(x^2))'=(\sin u)'_{u=x^2}\cdot(x^2)'=\cos(x^2)\cdot 2x.$$

为求$(\mathrm{e}^{3x})'$,视 e^{3x}为 e^u 与 $u=3x$ 的复合函数.由链式法则,得

$$(\mathrm{e}^{3x})'=(\mathrm{e}^u)'_{u=3x}\cdot(3x)'=\mathrm{e}^{3x}\cdot 3,$$

故 $f'(x)=2x\cos(x^2)+3\mathrm{e}^{3x}$.

3° $f(x)=\sqrt[3]{1-x^2}$,求 $f'(x)$.

解　$$\begin{aligned}f'(x)&=\frac{1}{3}(1-x^2)^{\frac{1}{3}-1}(1-x^2)'\\&=\frac{1}{3}(1-x^2)^{-\frac{2}{3}}(-2x)=-\frac{2}{3}x(1-x^2)^{-\frac{2}{3}}.\end{aligned}$$

4° 令 $y=\left[\frac{(x-1)(x-2)}{x(x+1)}\right]^{\frac{1}{3}}$,求$\frac{\mathrm{d}y}{\mathrm{d}x}$.

解

$$\begin{aligned}\frac{\mathrm{d}y}{\mathrm{d}x}&=\frac{1}{3}\left[\frac{(x-1)(x-2)}{x(x+1)}\right]^{-\frac{2}{3}}\left[\frac{(x-1)(x-2)}{x(x+1)}\right]'\\&=\frac{1}{3}\left[\frac{(x-1)(x-2)}{x(x+1)}\right]^{-\frac{2}{3}}\\&\quad\cdot\frac{[(x-1)(x-2)]'x(x+1)-[x(x+1)]'(x-1)(x-2)}{x^2(x+1)^2}\end{aligned}$$

$$= \frac{1}{3}\left[\frac{(x-1)(x-2)}{x(x+1)}\right]^{-\frac{2}{3}}$$

$$\cdot \frac{[(x-2)+(x-1)](x+1)x-[x+1+x](x-1)(x-2)}{x^2(x+1)^2}.$$

这里用了求导数的乘法法则,除法法则等,显得很复杂.对于这种由若干个因式乘除的函数利用所谓**取对数求导法**要简便得多.

不失一般性,我们不妨对 $y=\left[\frac{(x-1)(x-2)}{x(x+1)}\right]^{\frac{1}{3}}$ 两边取对数得

$$\begin{aligned}\ln y &= \frac{1}{3}[\ln((x-1)(x-2))-\ln(x(x+1))]\\ &= \frac{1}{3}[\ln(x-1)+\ln(x-2)-\ln x-\ln(x+1)].\end{aligned}$$

两边对 x 求导数,注意左端中 y 是 x 的函数,故

$$\frac{1}{y}\frac{\mathrm{d}y}{\mathrm{d}x} = \frac{1}{3}\left(\frac{1}{x-1}+\frac{1}{x-2}-\frac{1}{x}-\frac{1}{x+1}\right),$$

所以

$$\frac{\mathrm{d}y}{\mathrm{d}x} = \frac{y}{3}\left(\frac{1}{x-1}+\frac{1}{x-2}-\frac{1}{x}-\frac{1}{x+1}\right).$$

式中, $y=\left[\frac{(x-1)(x-2)}{x(x+1)}\right]^{\frac{1}{3}}$. 至此,我们已求得 $\frac{\mathrm{d}y}{\mathrm{d}x}$ 的一个用 x 表示的一个表达式,解题已完成.一般不必把表达式化简.

5° 令 $y=x^x(x>0)$,求 $\frac{\mathrm{d}y}{\mathrm{d}x}$.

解 此题不能直接用求导的四则运算法则,链式法则,反函数求导法则以及基本公式表解得,我们可用取对数求导法(本质上用了复合函数求导的链式法则及公式 $(\ln y)'=\frac{1}{y}$).

对 $y=x^x$ 两边取对数,得 $\ln y=x\ln x$. 两边对 x 求导数,得

$$\frac{1}{y}y' = \ln x + x\cdot\frac{1}{x} = \ln x + 1,$$

故

$$\frac{\mathrm{d}y}{\mathrm{d}x} = y(\ln x+1) = x^x(\ln x+1).$$

6° 设 $y=(f(x))^{g(x)}$, $f(x)>0$ 且 $f(x)$, $g(x)$ 均可导,求 $\frac{\mathrm{d}y}{\mathrm{d}x}$.

解 我们用取对数求导法.对 $y=(f(x))^{g(x)}$ 两边取对数,得

$$\ln y = g(x)\ln f(x),$$

两边对 x 求导数,得

$$\frac{1}{y}y' = g'(x)\ln f(x) + g(x)\frac{1}{f(x)}f'(x),$$

所以 $y' = y\left[g'(x)\ln f(x) + \frac{g(x)}{f(x)}f'(x)\right]$,式中,$y=(f(x))^{g(x)}$.

注 3.1.2(分段函数的求导) 前面我们已讨论了初等函数的求导数的方法.现在我们考察下面的函数

$$f(x) = \begin{cases} x^3, & x \geqslant 0, \\ 2x, & x < 0, \end{cases}$$

问 $f(x)$在 $x=0$ 是否可导?

先看 $f(x)$在 $x=0$ 是否连续.因

$$\lim_{x\to 0+0} f(x) = \lim_{x\to 0} x^3 = 0, \quad \lim_{x\to 0-0} f(x) = \lim_{x\to 0} 2x = 0,$$

故$\lim\limits_{x\to 0} f(x)=0=f(0)$,$f(x)$在 $x=0$ 连续.

但 $f(x)$在 $x=0$ 是否可导呢?

要解决这一问题,至此,我们惟一可用的办法就是借助导数的定义 3.1.1,看 $\lim\limits_{x\to 0}\frac{f(x)-f(0)}{x-0}$是否存在.

由 $f(x)$在 $x=0$ 附近的表示,我们必须验证$\frac{f(x)-f(0)}{x-0}$在 $x\to 0$ 时的左、右极限是否存在且相等.

$$\lim_{x\to 0+0}\frac{f(x)-f(0)}{x-0} = \lim_{x\to 0+0}\frac{x^3-0}{x-0}=0, \quad \lim_{x\to 0-0}\frac{f(x)-f(0)}{x-0} = \lim_{x\to 0-0}\frac{2x-0}{x-0}=2.$$

故$\lim\limits_{x\to 0}\frac{f(x)-f(0)}{x-0}$不存在,即 $f(x)$在 $x=0$ 不可导.

由此启发我们定义下面的左、右导数的概念.

定义 3.1.2(左导数,右导数) 设 $f(x)$在 x_0 的某邻域 U 上有定义,如果

$$\lim_{x\to x_0+0}\frac{f(x)-f(x_0)}{x-x_0}$$

存在,则这个数我们称之为 **$f(x)$在 x_0 的右导数**,可记为 $f'_+(x_0)$.如果

$$\lim_{x\to x_0-0}\frac{f(x)-f(x_0)}{x-x_0}$$

存在,则称之为 **$f(x)$在 x_0 的左导数**,可记为 $f'_-(x_0)$.

由函数的极限的相应性质,我们立即可得如下定理.

定理 3.1.6(可导的充要条件) $f(x)$在 x_0 可导的充要条件是,$f(x)$在 x_0 的左、右导数都存在且相等.

注意,如果 $f(x)$在$[a,b]$上定义,则在 a 点我们只讨论$f(x)$的右导数是否存

在,在 b 点我们只讨论 $f(x)$ 的左导数是否存在.

例 3.1.4 (左导数,右导数)

1° 设 $f(x)=|x|$. 讨论 $f'(0)$ 是否存在.

解法一　易见 $\lim\limits_{x\to 0+0}\dfrac{f(x)-f(0)}{x-0}=1$, $\lim\limits_{x\to 0-0}\dfrac{f(x)-f(0)}{x-0}=-1$, 故 $f'_+(0)=1$, $f'_-(0)=-1$, $f'_+(0)\neq f'_-(0)$.

因此 $f(x)$ 在 $x=0$ 导数不存在.

解法二　注意

$$f(x)=\begin{cases}x, & x>0,\\ 0, & x=0,\\ -x, & x<0,\end{cases}$$

且 $f(x)$ 在 $x=0$ 连续. 在 $f(x)$ 于 $x=0$ 连续的条件下,我们可试用下法讨论 $f(x)$ 在 $x=0$ 是否可导.

当 $x>0$ 时, $f'(x)=1$, $\lim\limits_{x\to 0+0}f'(x)=1$, 故 $f'_+(0)=1$. 当 $x<0$ 时, $f'(x)=-1$, $\lim\limits_{x\to 0-0}f'(x)=-1$, 故 $f'_-(0)=-1$. 因为 $f'_+(0)\neq f'_-(0)$, 因此 $f(x)$ 在 $x=0$ 不可导(解法二的正确性将在定理 3.5.8 中得到证明).

2° 设 $f(x)=\begin{cases}x^2\sin\dfrac{1}{x}, & x\neq 0,\\ 0, & x=0,\end{cases}$ 讨论 $f'(0)$ 是否存在.

解　由导数的定义, $\lim\limits_{x\to 0}\dfrac{x^2\sin\dfrac{1}{x}-0}{x-0}=\lim\limits_{x\to 0}x\sin\dfrac{1}{x}=0$, 故 $f'(0)$ 存在, 且 $f'(0)=0$ (注意, 虽然 $f(x)$ 在 $x=0$ 连续, 且 $x\neq 0$ 时 $f'(x)$ 都存在, 但因 $\lim\limits_{x\to 0+0}f'(x)$ 及 $\lim\limits_{x\to 0-0}f'(x)$ 至少有一个不存在, 故上例中的解法二失效).

3.2　曲线的切线

我们现在考察平面上的曲线.

我们已经知道,圆周上的切线(tangent line)可以定义为与圆周有且只有一个交点的直线,但这种定义方法不能推广到任意一条平面曲线的情形. 例如,设 $f(x)=|x|$, 在 $x_0=0$ 处,两条坐标轴与曲线 $y=|x|$ 均有且只有一个交点,如把两条坐标轴都定义为 $y=|x|$ 在 $x=0$ 的切线,则不仅与"切线的惟一性"不一致,且与切线的直观意义也不一致. 再如, $f(x)=x^2$ 在 $x=0$ 处也有类似的情形. 但如果比较这两个例子的情况,还是有很大不同的. $f(x)=|x|$ 在 $x=0$ 的导数不存在, $f(x)=x^2$ 在 $x=0$ 处却是可导的,而且 $f'(0)=0$. 现在我们再看一下圆周切线

的例子.

例 3.2.1 现考虑中心在原点,半径为 1 的圆周 $x^2+y^2=1$,在圆周上取一点,记为 $P=(x_0,y_0)$,$0<x_0<1$,$0<y_0<1$(见图 3.1).

现首先按初等数学的知识求圆在 (x_0,y_0) 处切线 AB 的斜率 k_0,注意

$$k_0=\tan\alpha=-\tan(\angle OBA).$$

因 $OP\perp AB$, $PC\perp OB$, 故 $\angle OBA=\angle OPC$, $\tan(\angle OBA)=\tan(\angle OPC)=\dfrac{x_0}{y_0}$. 因此我们由初等数学中圆的切线的定义及性质,得知圆在 (x_0,y_0) 的斜率等于 $-\dfrac{x_0}{y_0}$.

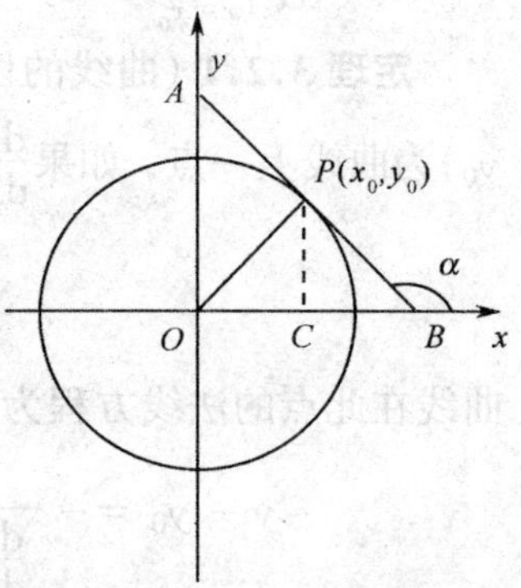

图 3.1

下面再在 $x^2+y^2=1$ 中视 y 为 x 的函数,试求 $\left.\dfrac{\mathrm{d}y}{\mathrm{d}x}\right|_{x=x_0}$,且与上面已求的 k_0 比较之.

对 $x^2+y^2=1$ 两边对 x 求导数,并视 y 为 x 的函数(这类函数常称为隐函数),得

$$2x+2y\frac{\mathrm{d}y}{\mathrm{d}x}=0,$$

故

$$\frac{\mathrm{d}y}{\mathrm{d}x}=-\frac{x}{y},\quad \left.\frac{\mathrm{d}y}{\mathrm{d}x}\right|_{x=x_0}=-\frac{x_0}{y_0},$$

与前面求得的 k_0 完全一致.

对任一平面曲线 $y=f(x)$,如果在 $x=x_0$ 处 $f'(x_0)$ 存在,由导数的定义

$$f'(x_0)=\lim_{x\to x_0}\frac{f(x)-f(x_0)}{x-x_0}.$$

易见差商 $\dfrac{f(x)-f(x_0)}{x-x_0}$ 正好等于通过曲线上两点 $(x_0,f(x_0))$, $(x,f(x))$ 的直线的斜率 $k(x)$,因此 $f'(x_0)=\lim\limits_{x\to x_0}k(x)$ (注意 $k(x)$ 是 x 的函数),直观地说以 $f'(x_0)$ 为斜率的直线方向相当于连接 $(x_0,f(x_0))$ 与 $(x,f(x))$ 的割线方向的极限($x\to x_0$ 时).

综合上述研究,我们有理由按上述方式定义曲线在其上一点 $(x_0,f(x_0))$ 的切线,**切线的斜率等于 $f'(x_0)$**.这正表明了函数在一点的导数的几何意义.

定义 3.2.1(曲线的切线) 设一曲线的方程为 $y=f(x)$(或表示为 $F(x,y)$

$=0$),(x_0,y_0)为曲线上一点,如果$\left.\frac{\mathrm{d}y}{\mathrm{d}x}\right|_{x=x_0}$存在,则说曲线在$(x_0,y_0)$处存在切线,其斜率为$\left.\frac{\mathrm{d}y}{\mathrm{d}x}\right|_{x=x_0}$.

定理 3.2.1(曲线的切线方程与法线方程)　设曲线方程为 $y=f(x)$,(x_0, y_0)为曲线上一点,如果$\left.\frac{\mathrm{d}y}{\mathrm{d}x}\right|_{x=x_0}$存在,则曲线在$(x_0,y_0)$处存在切线,切线方程为

$$y-y_0=\left.\frac{\mathrm{d}y}{\mathrm{d}x}\right|_{x=x_0}\cdot(x-x_0).$$

曲线在此点的法线方程为

$$y-y_0=-\frac{1}{\left.\frac{\mathrm{d}y}{\mathrm{d}x}\right|_{x=x_0}}\cdot(x-x_0)\qquad\left(\left.\frac{\mathrm{d}y}{\mathrm{d}x}\right|_{x=x_0}\neq 0\text{ 时}\right).$$

读者自己可以编一些求曲线的切线方程、法线方程的习题.

***注 3.2.1**(隐函数求导数)　在例 3.2.1 中,我们曾在 $x^2+y^2=1$ 的两边对 x 求导数,过程中视 y 为 x 的函数,这样的函数称为隐函数.

一般地,如在方程 $F(x,y)=0$ 中,设 x 在某一区间 I 内变化,对每一 x 值,有惟一的 y 值与 x 值一起满足 $F(x,y)=0$,则可以说方程 $F(x,y)=0$ 当 $x\in I$ 时确定了一个**隐函数** $y=\varphi(x)$(虽然 $\varphi(x)$的表达式不一定存在),有时我们需要计算隐函数的导数,可以采用与例 3.2.1 中由 $x^2+y^2=1$ 求$\frac{\mathrm{d}y}{\mathrm{d}x}$的完全类似的方法.

3.3 高阶导数

现首先看两个简单的例子. 设 $y=\sin x(-\infty<x<\infty)$,则$\frac{\mathrm{d}y}{\mathrm{d}x}=\cos x$ 处处存在,显然函数 $\cos x$ 也处处可导,$(\cos x)'=-\sin x$,我们称$-\sin x$ 为 $\sin x$ 的二阶导数. 一般地,我们给出下述定义.

定义 3.3.1(高阶导数)　设函数 $f(x)$在一个区间 I 上有导数 $f'(x)$,取定 $x_0\in I$,如果 $f'(x)$在 x_0 是可导的,则$\left.\frac{\mathrm{d}f'(x)}{\mathrm{d}x}\right|_{x=x_0}$称为 $f(x)$在 x_0 的**二阶导数**,记为 $f''(x_0)$或 $y''|_{x=x_0}$. 类似可以定义更高阶的导数,$f^{(3)}(x_0),\cdots,f^{(n)}(x_0)$等.

例 3.3.1　1° $y=\sin x$,则 $y'=\cos x$,$y''=-\sin x$,$y^{(3)}=-\cos x$.

2° $y=f(x)=\begin{cases}x^3, & x\geqslant 0,\\ 2x, & x<0,\end{cases}$ 求 $f^{(n)}(x)$.

解 $f'(x)=\begin{cases}3x^2, & x>0,\\ 2, & x<0,\end{cases}$ $f''(x)=\begin{cases}6x, & x>0,\\ 0, & x<0,\end{cases}$

$f'''(x)=\begin{cases}6, & x>0,\\ 0, & x<0,\end{cases}$ $f^{(n)}(x)=0, x\neq 0(n\geqslant 4)$.

由注 3.1.2, $f(x)$在 $x=0$ 不可导. 因此, $f'(0)$不定义, 更谈不上 $f(x)$在 $x=0$ 处的高阶导数了.

3.4 函数的微分与应用

函数在一点的导数我们已经定义过,此节将要讨论的函数在一点的可微性与函数的微分(differential)是微积分学中的另一重要概念.为了后面讨论多元函数的可微性与微分的方便,很多教科书采用类似多元函数的处理方法来定义一元函数的可微性与微分.这种方法虽然抓住了概念的本质,但却增大了初学者的学习难度.

这里我们宁可采取直接了当的方式,给出一元函数在一点的可微性与微分的定义,易记易用.从下面的定义可见,**一元函数在一点可导与可微是等价的**.

定义 3.4.1 (一元函数的微分) 设 $y=f(x)$在 x 处可导,则说 $f(x)$在 x 处是可微的.此时,如记 Δx 是 x 的增量,则称 $f'(x)\Delta x$ 为 $y=f(x)$在 x 处的**微分**,记为 $dy=f'(x)\Delta x$.我们定义自变量的微分就是它的增量 Δx,于是 $dx=\Delta x$.从而 $y=f(x)$在 x 处的微分为 $dy=f'(x)dx$,或记为 $df(x)=f'(x)dx$.

$y=f(x)$在某一固定点 x_0 的微分可记为

$$df(x_0)=f'(x_0)dx,$$

这时 $dx=x-x_0$.

例 3.4.1 求 $y=\ln x+x^2$ 的微分.

解 因$\frac{dy}{dx}=\frac{1}{x}+2x$,故 $dy=\left(\frac{1}{x}+2x\right)dx$.

例 3.4.2 求 $y=\sin x+e^x$ 在$x=1$ 的微分.

解 因$\left.\frac{dy}{dx}\right|_{x=1}=\cos 1+e$,故 $dy=(\cos 1+e)dx$,其中 $dx=x-1$.

注 3.4.1 (微分与导数的比较)

1° 函数 $y=f(x)$在 x_0 处可导与可微是等价的. $y=f(x)$在 x_0 处的导数 $f'(x_0)$与微分 $f'(x_0)dx$ 有联系,但不相同.

$f'(x_0)$虽可记为$\left.\frac{dy}{dx}\right|_{x=x_0}$,但此记号的含义是一整体,不是分子除以分母.而微分 $dy=f'(x_0)dx$,是 $f'(x_0)$与 dx 的乘积.因此,导数 $f'(x_0)$恰等于函数 $y=$

$f(x)$在 x_0 处的微分 $\mathrm{d}y$ 除以自变量在x_0 的微分 $\mathrm{d}x$.

2° $f'(x_0)$是一个确定的数,但 $\mathrm{d}y=f'(x_0)\mathrm{d}x$ 不是一个确定的数,而是一个无穷小量(当 $x\to x_0$ 时),它是无穷小量 $\mathrm{d}x=x-x_0$ 与 $f'(x_0)$的乘积,其中 x 是变量.一旦 x 指定某值 x_1 时,则微分 $\mathrm{d}y$ 给出一个定值 $f'(x_0)(x_1-x_0)$,而且 $f'(x_0)(x_1-x_0)$是一个很容易计算的数值.

下一定理揭示了微分的本质,也是微分应用的理论基础.

定理 3.4.1 (函数的微分与函数的增量)　设 $f(x)$在 x_0 可微,则函数的增量 $\Delta y=f(x_0+\Delta x)-f(x_0)$与 $f(x)$在 x_0 处的微分 $\mathrm{d}y$ 仅相差比 Δx 高阶的无穷小量.当 $f'(x_0)\neq 0$ 时,Δy 与 $\mathrm{d}y$ 是等价无穷小量(当 $\Delta x\to 0$ 时).

证　因

$$f'(x_0)=\lim_{\Delta x\to 0}\frac{f(x_0+\Delta x)-f(x_0)}{\Delta x},$$

故

$$\frac{f(x_0+\Delta x)-f(x_0)}{\Delta x}-f'(x_0)\to 0\qquad(\text{当 }\Delta x\to 0),$$

上式可改写为 $\dfrac{\Delta y-\mathrm{d}y}{\Delta x}\to 0$(当 $\Delta x\to 0$ 时).

因此,$\Delta y-\mathrm{d}y$ 是比 Δx 高阶的无穷小量,即 $\Delta y=\mathrm{d}y+o(\Delta x)$.

当 $f'(x_0)\neq 0$ 时,可得$\dfrac{\Delta y}{f'(x_0)\Delta x}-1\to 0$(当 $\Delta x\to 0$).即当 $f'(x_0)\neq 0$ 时,$\lim\limits_{\Delta x\to 0}\dfrac{\Delta y}{\mathrm{d}y}=1$,$\Delta y$ 与 $\mathrm{d}y$ 是等价无穷小量(当 $\Delta x\to 0$)(注意 Δy 是无穷小量是显然的).

注 3.4.2 (微分的几何意义)

1° 由 $\Delta y=\mathrm{d}y+o(\Delta x)=f'(x_0)\Delta x+o(\Delta x)$可知,微分 $\mathrm{d}y$ 是增量 Δy 的主要部分,又因 $\mathrm{d}y$ 为数$f'(x_0)$与 Δx 的乘积,对 Δx 来说是线性的,故也常说 $\mathrm{d}y$ 是 Δy 的线性主部.

2° 从几何图形上看,Δy 与 $\mathrm{d}y$ 的意义就更加清楚了.在图 3.2 中,AD 表示曲线$y=f(x)$在$(x_0,f(x_0))$处的切线,因此

$$DC=f'(x_0)\Delta x=\mathrm{d}y,$$
$$BC=f(x_0+\Delta x)-f(x_0)=\Delta y,$$
$$BD=\Delta y-\mathrm{d}y\text{ 是比 }\Delta x\text{ 高阶的无穷小}.$$

3° 由以上讨论可知,当 $y=f(x)$在 x_0 可微时,则曲线 $y=f(x)$在 x_0 附近可用其在 x_0 的切线近似,故常说 $f(x_0)+f'(x_0)(x-x_0)$是 $f(x)$在 $x=x_0$ 附近的线性逼近(或说**局部线性化**).这正是人们在 $y=f(x)$在 x_0 处可导之外,又引进函

数 $y=f(x)$在 x_0 处可微这一概念的本质用意. 在第5章中,我们将用上述想法引进二元函数 $z=f(x,y)$在(x_0,y_0)处的可微性概念,并定义 $z=f(x,y)$在(x_0,y_0)处的全微分.

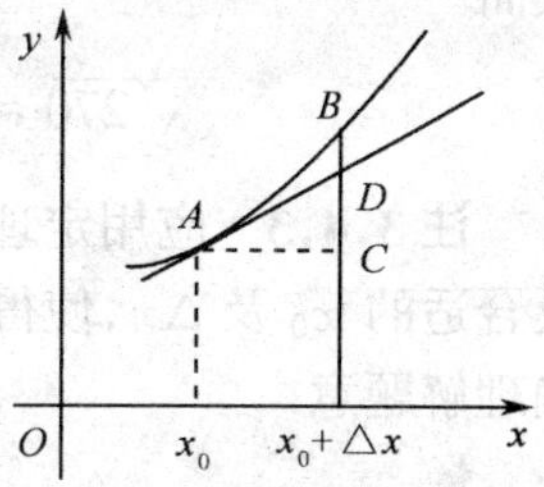

图 3.2

定理 3.4.2 (近似公式) 设 $f(x)$在 x 处可微,则我们可得下述两个近似公式

$$\Delta y \approx \mathrm{d}y = f'(x)\mathrm{d}x = f'(x)\Delta x,$$
$$f(x+\Delta x) \approx f(x) + \mathrm{d}y = f(x) + f'(x)\Delta x,$$

式中,近似"≈"的含义按定理 3.4.1 理解.

证 由定理 3.4.1 立即可得.

例 3.4.3 (微分的应用) 求$\sqrt[5]{270}$的近似值.

解 令 $f(x)=\sqrt[5]{x}$. 因 $3^5=243$,故$\sqrt[5]{243}=3$.

我们选择 $x_0=243,\Delta x=270-243=27$. 则 $f(x_0)=3,x_0+\Delta x=270$.

现求 $f(x_0+\Delta x)$. 据定理 3.4.2

$$f(x_0+\Delta x) \approx f(x_0) + f'(x_0)\Delta x,$$

尚需求 $f'(x_0)$. 因为

$$f'(x) = \frac{1}{5}x^{-\frac{4}{5}},$$

故

$$f'(x_0) = \frac{1}{5}\frac{1}{(\sqrt[5]{243})^4} = \frac{1}{5\times 3^4}.$$

于是

$$\sqrt[5]{270} \approx 3 + \frac{1}{5\times 3^4}\times 27 = 3 + \frac{1}{5\times 3} \approx 3.067.$$

也可改用下法

$$\sqrt[5]{270} = \sqrt[5]{243\cdot\frac{270}{243}} = 3\sqrt[5]{1+\frac{27}{243}} = 3\sqrt[5]{1+\frac{1}{9}}.$$

现先求$\sqrt[5]{1+\frac{1}{9}}$. 令 $f(x)=\sqrt[5]{1+x}$,取 $x_0=0,\Delta x=\frac{1}{9}$. 仍用公式

$$f(x_0+\Delta x) \approx f(x_0) + f'(x_0)\Delta x.$$

因为

$$f(x_0) = 1, \Delta x = \frac{1}{9}, f'(x_0) = (\sqrt[5]{1+x})'|_{x=0} = \frac{1}{5}(1+x)^{-\frac{4}{5}}\Big|_{x=0} = \frac{1}{5},$$

故

$$\sqrt[5]{1+\frac{1}{9}} \approx 1 + \frac{1}{5}\times\frac{1}{9},$$

从而

$$\sqrt[5]{270} \approx 3 \times \left(1 + \frac{1}{5} \times \frac{1}{9}\right) = 3 + \frac{1}{15} \approx 3.067.$$

注 3.4.3 应用定理 3.4.2 中两个近似公式的关键是选择合适的函数 $f(x)$ 及合适的 x_0 及 Δx，使得 $f(x_0)$ 及 $f'(x_0)$ 容易算出. 如果是应用问题，则首先需正确理解题意.

3.5 微分中值定理

定义 3.5.1（函数的局部极值） 设 $f(x)$ 在 $[a,b]$ 上定义，$x_0 \in (a,b)$，如存在 $\delta > 0$，使得当 $0 < |x - x_0| < \delta$ 时，$x \in (a,b)$，且 $f(x) \leqslant f(x_0)$，则称 x_0 为 $f(x)$ 的局部极大值点，$f(x)$ 在 x_0 有局部极大值 $f(x_0)$.

局部极小值点与局部极小值按相似的方法定义.

局部极小值点与局部极大值点统称为**局部极值点**（可简称为**极值点**）.

如果在上述定义用到的函数值不等式中严格不等号成立，则称 x_0 为严格极值点，$f(x_0)$ 为严格极值. **一般地，我们只有兴趣于严格极值点的讨论，且把严格极值点也简称为极值点**.

下面的若干条定理是微分学的许多应用的基础，希望读者在学习中注意体会.

定理 3.5.1（极值点的一个必要条件，费马(P. de Fermat, 1601～1665，法国人)） 设 $f(x)$ 在 $[a,b]$ 上定义，$x_0 \in (a,b)$. 如果 $f(x)$ 在 x_0 有局部极值且 $f'(x_0)$ 存在，则 $f'(x_0) = 0$（常把满足 $f'(x_0) = 0$ 的 x_0 称为 $f(x)$ 的**驻点**）.

证 不妨假设 $f(x)$ 在 x_0 有局部极大值，因此存在 $\delta > 0$，使得

$$a < x_0 - \delta < x_0 < x_0 + \delta < b,$$

且当 $|x - x_0| < \delta$ 时，$f(x) \leqslant f(x_0)$.

如果 $x_0 - \delta < x < x_0$，则 $f(x) - f(x_0) \leqslant 0$，$x - x_0 < 0$，故

$$\frac{f(x) - f(x_0)}{x - x_0} \geqslant 0.$$

令 $x \to x_0$ 得 $f'(x_0) \geqslant 0$.

如果 $x_0 < x < x_0 + \delta$，则 $f(x) - f(x_0) \leqslant 0$，$x - x_0 > 0$，故

$$\frac{f(x) - f(x_0)}{x - x_0} \leqslant 0.$$

令 $x \to x_0$ 得 $f'(x_0) \leqslant 0$.

因此 $f'(x_0) = 0$.

例 3.5.1 1° $f(x)=x^2$.

显然 $f(x)$在 $x=0$ 有局部极小值,且 $f'(0)=0$. $x=0$ 是 $f(x)$的极小值点,也是驻点.

2° $f(x)=|x|$.

显然 $f(x)$在 $x=0$ 有局部极小值,但 $f'(0)$不存在. $x=0$ 是 $f(x)$的极小值点,但不是驻点.

3° $f(x)=x^3$.

虽然 $f'(0)=0$,但 $f(0)$不是局部极值. $x=0$ 是 $f(x)$的驻点,但不是 $f(x)$的极值点.此例表明费马定理的逆定理不成立.

定理 3.5.2 (一般中值定理) 设 $f(x)$和 $g(x)$在$[a,b]$上连续,在(a,b)上可导,则存在 $\xi\in(a,b)$,使得

$$[f(b)-f(a)]g'(\xi)=[g(b)-g(a)]f'(\xi).$$

证 令

$$F(x)=[f(b)-f(a)]g(x)-[g(b)-g(a)]f(x)\quad(a\leqslant x\leqslant b),$$

则 $F(x)$在$[a,b]$上连续,在(a,b)上可导,且

$$\begin{aligned}F(a)&=f(b)g(a)-f(a)g(a)-g(b)f(a)+f(a)g(a)\\&=f(b)g(a)-f(a)g(b)=F(b).\end{aligned}$$

如果 $F(x)$在$[a,b]$上是常数,则对任 $\xi\in(a,b)$,定理显然成立.

如果 $F(x)$在$[a,b]$上不是常数,且存在 $t\in(a,b)$使 $F(t)>F(a)$,则必存在 $\xi\in(a,b)$,使得 $F(x)$在 ξ 点达到最大值.显然,ξ 必是$F(x)$的局部极大值点.因此,由定理 3.5.1,$F'(\xi)=0$.定理得证.

如果存在 $t\in(a,b)$使 $F(t)<F(a)$,可类似完成定理证明.

下面几条中值定理都是定理 3.5.2 的特殊情况.读者可以由满足条件的函数的图形考察下面的拉格朗日(J. Lagrange,1736~1813,法国人)中值定理与罗尔(Rolle)中值定理的几何意义.

定理 3.5.3 (拉格朗日中值定理) 设 $f(x)$在$[a,b]$上连续,在(a,b)上可导,则存在点 $\xi\in(a,b)$,使得

$$f(b)-f(a)=(b-a)f'(\xi).$$

证 在定理 3.5.2 中取 $g(x)=x$ 即可.

注意,当 $f(x)$在(a,b)内可导时,对任意 $x_1,x_2\in(a,b)$都存在 ξ 位于x_1与x_2之间,使得

$$f(x_2)-f(x_1)=f'(\xi)(x_2-x_1),$$

(当 $x_1=x_2$ 时,我们自然选择 $\xi=x_1$).

定理 3.5.4 (罗尔中值定理) 设 $f(x)$在$[a,b]$上连续,在(a,b)上可导,且

$f(a)=f(b)$,则存在 $\xi\in(a,b)$,使得 $f'(\xi)=0$.

证　在定理 3.5.3 中,由 $f(b)=f(a)$,立即证得.

定理 3.5.5 (柯西中值定理)　设 $f(x)$,$g(x)$在$[a,b]$上连续,在(a,b)上可导,且对任 $x\in(a,b)$,$g'(x)\neq 0$,则存在 $\xi\in(a,b)$,使得

$$\frac{f(b)-f(a)}{g(b)-g(a)}=\frac{f'(\xi)}{g'(\xi)}.$$

证　对 $g(x)$用定理 3.5.3,存在 $\eta\in(a,b)$,使得

$$g(b)-g(a)=(b-a)g'(\eta),$$

因 $g'(x)\neq 0$ 对任 $x\in(a,b)$成立,$b\neq a$,故

$$g(b)-g(a)\neq 0.$$

由定理 3.5.2,有 $\xi\in(a,b)$,使得

$$[f(b)-f(a)]g'(\xi)=[g(b)-g(a)]f'(\xi),$$

两边除以$[g(b)-g(a)]g'(\xi)$,定理证得.

上面的几条中值定理统称为微分中值定理,它们是联系函数值与导数值的桥梁.因此,它们是研究函数性质的非常有效的工具.

下面的若干定理与例子是拉格朗日中值定理的直接应用.

定理 3.5.6 (函数单调性的判别法)　设 $f(x)$在$[a,b]$上连续,在(a,b)上可导,则

1° $f(x)$在$[a,b]$上单调上升的充要条件是,对任意的 $x\in(a,b)$,$f'(x)\geqslant 0$;

2° $f(x)$在$[a,b]$上单调下降的充要条件是,对任意的 $x\in(a,b)$,$f'(x)\leqslant 0$;

3° $f(x)$在$[a,b]$上为常数的充要条件是,对任意的 $x\in(a,b)$,$f'(x)=0$.

证　充分性由拉格朗日中值定理立即可得.

必要性由已知条件再结合导数的定义可证.

类似定理 3.5.6 中充分性证明可得如下定理.

定理 3.5.7 (函数严格单调的判别法)　如果 $f(x)$在$[a,b]$上连续,在(a,b)上 $f'(x)>0$,则 $f(x)$在$[a,b]$上严格上升.

如果 $f(x)$在$[a,b]$上连续,在(a,b)上 $f'(x)<0$,则 $f(x)$在$[a,b]$上严格下降.

利用函数单调性的上述两个判别法,我们可以证明一些不等式,讨论函数的升降区间.

例 3.5.2　1° 证明:当 $x\geqslant 0$ 时,$\ln(1+x)\leqslant x$.

证　$\ln(1+x)\leqslant x$,即 $x-\ln(1+x)\geqslant 0$. 令 $f(x)=x-\ln(1+x)$,则 $f(0)=0$.故只需证:对任 $x>0$,有 $f(x)\geqslant f(0)$.

因 $f'(x)=1-\frac{1}{1+x}=\frac{x}{1+x}>0(x>0)$，故由定理 3.5.6 知 $f(x)$ 在 $[0,+\infty)$ 上单调上升，从而当 $x>0$ 时，$f(x)\geqslant f(0)$，得 $x-\ln(1+x)\geqslant 0$，因此，当 $x\geqslant 0$ 时，$\ln(1+x)\leqslant x$.

2° 讨论 $f(x)=2x^3-3x^2+4$ 的升降区间.

解 函数 $f(x)$ 的定义域 D 为 $(-\infty,+\infty)$，$f'(x)=6x^2-6x$，故 $f(x)$ 的驻点为 $x=0,x=1$.

易见，当 $x<0$ 或 $x>1$ 时 $f'(x)>0$. 当 $0<x<1$ 时 $f'(x)<0$. 因此当 $x\leqslant 0$ 时，$f(x)$ 严格上升. $0\leqslant x\leqslant 1$ 时，$f(x)$ 严格下降. $x\geqslant 1$ 时，$f(x)$ 严格上升.

回答这个问题的一个常见的简洁明了的列表法如下：函数 $f(x)$ 的定义域 D 为 $(-\infty,+\infty)$，$f'(x)=6x^2-6x$，令 $f'(x)=0$，得到驻点 $x_1=0,x_2=1$，因此，

x	$(-\infty,0)$	0	$(0,1)$	1	$(1,+\infty)$
$f'(x)$	+	0	−	0	+
$f(x)$	↗		↘		↗

故 $f(x)$ 在 $(-\infty,0]$ 上严格上升，在 $[0,1]$ 上严格下降，在 $[1,+\infty)$ 上严格上升.

3° 设 $0<a<b$，求证 $\frac{b-a}{1+b^2}<\arctan b-\arctan a<\frac{b-a}{1+a^2}$.

证 令 $f(x)=\arctan x$，$f'(x)=\frac{1}{1+x^2}$. 由拉格朗日中值定理，$\exists\,\xi\in(a,b)$，使得

$$\arctan b-\arctan a=f'(\xi)(b-a)=\frac{b-a}{1+\xi^2}.$$

显然当 $\xi>0$ 时，$\frac{1}{1+\xi^2}$ 是严格下降函数，故 $\frac{1}{1+b^2}<\frac{1}{1+\xi^2}<\frac{1}{1+a^2}$. 从而原不等式得证.

例 3.5.3（最大值） 试求 $f(x)=x^2e^{-x}$ 在 $[0,+\infty)$ 上的最大值.

解 $f'(x)=x(2-x)e^{-x}$. 当 $0<x<2$ 时 $f'(x)>0$，$x=2$ 时 $f'(x)=0$，$x>2$ 时 $f'(x)<0$. 因此，当 $0\leqslant x\leqslant 2$ 时，$f(x)$ 单调上升，$f(x)\leqslant f(2)=4e^{-2}$. 当 $x\geqslant 2$ 时，$f(x)$ 单调下降，$f(x)\leqslant f(2)=4e^{-2}$，故 $f(2)=4e^{-2}$ 是 $f(x)=x^2e^{-x}$ 在 $[0,+\infty)$ 上的最大值.

本节最后我们给出一个适用于讨论分段函数在分点处的可微性的一个定理，它也是拉格朗日中值定理的一个应用.

定理 3.5.8（连续的分段函数在分点处的左导数，右导数，导数）

设 $f(x)$ 在 $[a,b]$ 上处处连续，$c\in(a,b)$. 如果 $f(x)$ 在 (a,c) 及 (c,b) 上可

导,则当 $\lim\limits_{x\to c+0} f'(x)$ 存在时,$f'_+(c)=\lim\limits_{x\to c+0} f'(x)$;当 $\lim\limits_{x\to c-0} f'(x)$ 存在时,$f'_-(c)=\lim\limits_{x\to c-0} f'(x)$.因此,当 $\lim\limits_{x\to c-0} f'(x)$ 与 $\lim\limits_{x\to c+0} f'(x)$ 都存在时,$f(x)$ 在 $x=c$ 可导的充要条件是,$\lim\limits_{x\to c+0} f'(x)=\lim\limits_{x\to c-0} f'(x)$(注意,即使 $f'(c)$ 存在,$\lim\limits_{x\to c+0} f'(x)$ 与 $\lim\limits_{x\to c-0} f'(x)$ 也可能不同时存在,此时上述方法失效,参见例 3.1.4 中 2°).

*证　$f'_-(c)=\lim\limits_{x\to c-0}\dfrac{f(x)-f(c)}{x-c}$,因为 $f(x)$ 在 $[x,c]$ 上连续,在 (x,c) 上可导,故由拉格朗日中值定理,$\exists\,\xi\in(x,c)$ 使得

$$\frac{f(x)-f(c)}{x-c}=f'(\xi)\qquad(a<x<c).$$

故

$$f'_-(c)=\lim_{x\to c-0} f'(\xi)\qquad(\xi\in(x,c)\text{ 如上}).$$

当 $\lim\limits_{x\to c-0} f'(x)$ 存在时,$\lim\limits_{x\to c-0} f'(\xi)=\lim\limits_{x\to c-0} f'(x)$.从而 $f'_-(c)=\lim\limits_{x\to c-0} f'(x)$.类似可证,当 $\lim\limits_{x\to c+0} f'(x)$ 存在时

$$f'_+(c)=\lim_{x\to c+0} f'(x).$$

故当 $\lim\limits_{x\to c-0} f'(x)$,$\lim\limits_{x\to c+0} f'(x)$ 都存在时,$f(x)$ 在 $x=c$ 可导的充要条件是,$\lim\limits_{x\to c-0} f'(x)=\lim\limits_{x\to c+0} f'(x)$.

例 3.5.4

1° 设 $f(x)=\begin{cases}x^2, & x\leqslant x_0,\\ ax+b, & x>x_0,\end{cases}$ 试选择 a,b 使 $f(x)$ 处处可导.

解　如果 $f(x)$ 在 $x=x_0$ 可导,则 $f(x)$ 在 x_0 必连续.故

$$\lim_{x\to x_0-0} x^2=x_0^2=\lim_{x\to x_0+0}(ax+b)=ax_0+b,$$

得 $x_0^2=ax_0+b$.又 $x<x_0$ 时 $f'(x)=2x$,$\lim\limits_{x\to x_0-0} f'(x)=2x_0$;$x>x_0$ 时 $f'(x)=a$,$\lim\limits_{x\to x_0+0} f'(x)=a$.

由定理 3.5.8 得 $a=2x_0$,代入 $x_0^2=ax_0+b$,得 $b=-x_0^2$.因此 $a=2x_0$,$b=-x_0^2$ 时 $f(x)$ 在 x_0 也可导.从而 $f(x)$ 处处可导.

2° 设 $f(x)=\begin{cases}x^2, & x\geqslant 0,\\ 3x, & x<0,\end{cases}$ 用定理 3.5.8 易证 $f'_+(0)=0$,$f'_-(0)=3$,$f(x)$ 在 $x=0$ 不可导.对于此题,读者可试作图观察之.

3.6　函数的局部极值和最大(小)值

关于极值问题我们已经得到极值点的一个必要条件(当函数在极值点可导

时),即费马定理.我们自然希望能够得到一些充分条件,以便判别某一点是极大值点还是极小值点.

注意,下面的极值点判别法是**严格极值点的判别法**.

定理 3.6.1 (极值点的一个充分条件,利用一阶导数判别法) 设函数 $f(x)$在 x_0 的某邻域 U 上连续,在 $U\setminus\{x_0\}$上可导,那么

1° 当 $x\in U\setminus\{x_0\}$,如果 $x<x_0$ 时,$f'(x)>0$;而 $x>x_0$ 时,$f'(x)<0$,则 x_0 为极大值点,$f(x_0)$为极大值.

2° 当 $x\in U\setminus\{x_0\}$,如果 $x<x_0$ 时,$f'(x)<0$;而 $x>x_0$ 时,$f'(x)>0$,则 x_0 为极小值点,$f(x_0)$为极小值.

3° 当 $x\in U\setminus\{x_0\}$,$f'(x)$在 x_0 两侧取相同符号时,则 x_0 不是极值点.

证 1° 由条件立即知道,当 $x\in U\setminus\{x_0\}$时,$f(x)<f(x_0)$,$f(x)$在 x_0 附近左升右降,x_0 是极大值点,$f(x_0)$为极大值(事实上,x_0 是严格极大值点,$f(x_0)$是严格极大值).

2° 由条件立即知道,当 $x\in U\setminus\{x_0\}$时,$f(x)>f(x_0)$,$f(x)$在 x_0 附近左降右升,x_0 是极小值点,$f(x_0)$为极小值(事实上,x_0 是严格极小值点,$f(x_0)$是严格极小值).

读者试自己证明 3°.

定理 3.6.1 中条件未用到 $f(x)$在 x_0 是否可导.当 $f(x)$在 x_0 可导,且 x_0 为 $f(x)$的驻点,$f''(x_0)$存在时,有下一个判别法.当二阶导数易求时,此判别法显得更为方便.

定理 3.6.2 (极值点的另一个充分条件,利用二阶导数判别法) 设 $f(x)$在 x_0 的某邻域上可导,且 $f'(x_0)=0$,$f''(x_0)$存在,那么

1° 如果 $f''(x_0)<0$,则 x_0 是严格极大值点,$f(x_0)$为严格极大值;

2° 如果 $f''(x_0)>0$,则 x_0 是严格极小值点,$f(x_0)$为严格极小值;

3° 如果 $f''(x_0)=0$,则 x_0 可能是极值点,也可能不是极值点,此时需要用定理 3.6.1 判别.

证 略.

一般地,求某函数的极值的问题,需要求出所有的极值点,并判别极大或极小,且求出相应的极大值或极小值.

例 3.6.1 (求极值) 求 $f(x)=2x^3-3x^2+4$ 的极值.

解法一 函数的定义域 $D=\mathbf{R}$.因为 $f'(x)=6x^2-6x$,故 $f(x)$有驻点 $x=0$,$x=1$.因为 $f(x)$处处可导,因此 $x=0$ 与 $x=1$ 是所有可能的极值点.

因 $f''(x)=12x-6$,故 $f''(0)=-6<0$,$f''(1)=6>0$.

据定理 3.6.2 立即知道,$x=0$ 是 $f(x)$的极大值点,$f(0)=4$ 为 $f(x)$的极大

值. $x=1$ 是极小值点, $f(1)=3$ 是 $f(x)$ 的极小值.

解法二　我们首先找出可能的极值点.

因 $f'(x)$ 处处存在, 故由 $f'(x)=6x^2-6x=0$, 可求出驻点 $x=0, x=1$, 然后用定理 3.6.1, 由 $x=0, x=1$ 附近的 $f'(x)$ 的符号判别之.

因 $x<0$ 时 $f'(x)>0$, $0<x<1$ 时 $f'(x)<0$, 故 $x=0$ 为极大值点.

因 $0<x<1$ 时 $f'(x)<0$, $x>1$ 时 $f'(x)>0$, 故 $x=1$ 为极小值点. 相应地, $f(0)=4$ 为 $f(x)$ 的极大值, $f(1)=3$ 为 $f(x)$ 的极小值.

解法二可用列表法回答代之, 函数的定义域为 $\mathbf{R}$.

$f'(x)=6x^2-6x$, 令 $f'(x)=0$, 得驻点 $x=0, x=1$.

因此

x	$(-\infty,0)$	0	$(0,1)$	1	$(1,+\infty)$
$f'(x)$	+	0	−	0	+
$f(x)$	↗	极大	↘	极小	↗

$x=0$ 是极大值点, 极大值 $f(0)=4$; $x=1$ 是极小值点, 极小值 $f(1)=3$.

例 3.6.2 (求极值)　求 $f(x)=|x|$ 的极值.

解　$f(x)$ 的定义域为 $(-\infty,+\infty)$. 当 $x>0$ 时, $f'(x)=1$. 当 $x<0$ 时, $f'(x)=-1$. 因此, $x=0$ 是极小值点, 极小值 $f(0)=0$($x=0$ 为分段函数的分点处, $f'(0)$ 可能不存在).

x	$(-\infty,0)$	0	$(0,+\infty)$
$f'(x)$	−	?	+
$f(x)$	↘	极小	↗

注意, 在例 3.6.2 中, 易证 $f'(0)$ 不存在. 故表中的问号“?”处也可填写不存在. 因为问题的讨论只用到 $f(x)$ 在 $x=0$ 连续以及在 $x=0$ 附近的两侧 $f'(x)$ 的存在性, 故在 $x=0$ 处 $f(x)$ 是否可导可不必提及.

在实际问题中, 人们经常碰到求一个函数的最大值, 最小值问题. 如获利最多, 成本最小等.

从数学上看, 我们必须解决两个问题, 第一个问题是要确定函数的最大值或最小值的存在性; 第二个问题是, 如果最大值或最小值存在, 如何求出?

此处我们只考虑连续函数的情形. 如果 $f(x)$ 在 $[a,b]$ 上连续, 则由上一章知识, $f(x)$ 在 $[a,b]$ 上必存在最大值与最小值. 如果 $f(x)$ 的定义域是无界集合, 则一般情况比较复杂, 我们这里只处理由问题的实际意义知道所求的最大值或最小值必定存在的这类问题.

定理 3.6.3(最大值或最小值的判别法) 设 $f(x)$在$[a,b]$上连续,在(a,b)上可导,且驻点的集合 S 为有限集,则

$$f(x)\text{在}[a,b]\text{上的最大值}\max_{a\leqslant x\leqslant b}f(x)=\max\{f(a),f(b),\max_{x\in S}f(x)\},$$

$$\text{最小值}\min_{a\leqslant x\leqslant b}f(x)=\min\{f(a),f(b),\min_{x\in S}f(x)\}.$$

证明很容易,略去.

注 3.6.1(最大值或最小值的求法) 设 $f(x)$在$[a,b]$上连续,$f(x)$在(a,b)上除了至多有限多点以外,处处可导,则我们可把$[a,b]$写成满足定理 3.6.3 条件的有限多个小闭区间的并集,分别在每一个小闭区间上使用定理 3.6.3 求出最大值或最小值,放在一起比较之,求出 $f(x)$在$[a,b]$上的最大值或最小值.因此这类问题的解法可归纳如下:

1° 求出 $f(x)$在(a,b)上的驻点和导数不存在的点;

2° 求出 $f(x)$在第一步中各种点的函数值以及 $f(a),f(b)$;

3° 求出第二步中函数值中最大者与最小者,即为 $f(x)$在$[a,b]$上的最大值与最小值.

例 3.6.3(求最大值) 求 $f(x)=4x^3-15x^2+18x$ 在$[0,2]$上的最大值.

解 由 $f'(x)=12x^2-30x+18=2(x-1)(6x-9)=0$,得 $f(x)$的驻点为 $x=1,x=\frac{3}{2}$. $f(1)=7,f\left(\frac{3}{2}\right)=\frac{27}{4}$,另外,$f(0)=0,f(2)=8$.

因此 $f(x)$在$[0,2]$上最大值是 8,在 $x=2$ 达到.

例 3.6.4(求最大值) 某工厂生产某产品的一年中的成本函数(单位元)$C(x)=6+2x+0.01x^2$(x 表示产品数量),每件产品的售出价格是 1000 元,如果要获取最大利润,一年中应生产产品多少件?

解 因为收益函数 $R(x)=1000x$,成本函数 $C(x)=6+2x+0.01x^2$,故利润函数为

$$P(x)=R(x)-C(x)=1000x-6-2x-0.01x^2=998x-6-0.01x^2.$$

由 $P'(x)=998-0.02x=0$,得驻点 $x_0=\frac{998}{0.02}=49900$.

由问题的实际意义可知,函数 $P(x)$的最大值是存在的.因为只有惟一驻点,故当 $x=49900$ 时,$P(x)$取得最大利润.

(或用判别法严格判别之,因 $P''(x)=-0.02$,又 $P'(x_0)=0$,故 $x_0=49900$ 为 $P(x)$的局部极大值点,易见 $P(x_0)$在 x_0 两侧左升右降,故 $x_0=49900$ 是最大值点,$P(x_0)=998\times 49900-6-0.01\times 49900^2=24900094$ 是 $P(x)$的最大值.)

由此题可见,在通常情形下,当 $x=x_0$,边际收益 = 边际成本时,即边际利润 $=0$ 时,利润函数 $P(x)$在 x_0 取得最大值 $P(x_0)$.

***例 3.6.5**(求最大值) 某工厂成批生产某种产品,每准备生产一批产品之前

需投入 1000 元,在准备工作完成之后,每生产一件只需 40 元,生产出产品之后存储费用平均每年每件 10 元,设产品按批存储,但取出产品数按一均匀不变的比例不断进行,在第二批生产好之前,前一批存货出空,如果每年需生产 5000 件满足订货需要,试问该厂为满足需要每批应生产多少件才能使成本最少?

解　设每批产品件数为 x,则每年需生产 $\frac{5000}{x}$ 批.根据题意可设存货平均数是 $\frac{x}{2}$,因此成本函数

$$C(x)=1000\left(\frac{5000}{x}\right)+40\times 5000+10\cdot\frac{x}{2},$$

$$C'(x)=-\frac{5\times 10^6}{x^2}+5,$$

由 $C'(x)=0$,得 $x=1000$,因此该厂为满足需要每批生产 1000 件时才能使成本最少.

3.7　求极限的洛必达法则

关于求函数的极限,我们在上一章中已经有了四则运算法则及幂指函数求极限的法则,还可利用两个重要极限及两个准则,这些都是求函数极限的重要技术.但是在四则运算法则中牵涉到的两个极限必须是有限数,而在除法法则中,另外还要求分母的极限不为零,求幂指函数的极限的法则也是有条件的.当这些条件不满足时相应的法则就不能运用,但极限仍可能存在.洛必达(G. F. L'Hospital,1661～1704,法国人)法则则是克服这些困难求极限的一个行之有效的常用技术,它是柯西中值定理的一个令人愉快的应用.

定理 3.7.1(洛必达法则,$\frac{0}{0}$型)　设函数 $f(x)$,$g(x)$满足

(1) $f(x)$,$g(x)$在 a 点一空心邻域上可导(自然在此空心邻域上必连续),且 $g'(x)\neq 0$;

(2) $\lim\limits_{x\to a}f(x)=\lim\limits_{x\to a}g(x)=0$;

(3) $\lim\limits_{x\to a}\frac{f'(x)}{g'(x)}=k$(有限数或$+\infty$,或$-\infty$).

则必有$\lim\limits_{x\to a}\frac{f(x)}{g(x)}=k$.

证　用柯西中值定理,不难,略.

例 3.7.1(洛必达法则,$\frac{0}{0}$型)　求$\lim\limits_{x\to 0}\frac{1-\cos x}{x^2}$.

解　令 $f(x)=1-\cos x$,$g(x)=x^2$,显然满足定理 3.7.1 中前两个条件.试用

洛必达法则，我们有$\lim\limits_{x\to 0}\dfrac{1-\cos x}{x^2}\overset{\left(\frac{0}{0}\right)}{=}\lim\limits_{x\to 0}\dfrac{\sin x}{2x}=\dfrac{1}{2}$.

注 3.7.1 上例中我们用了$\lim\limits_{x\to 0}\dfrac{\sin x}{x}=1$，此极限式为什么放在求导数前面讲？一是为了当时能求更多的极限；二是因为逻辑上的问题，例如，在证明$(\sin x)'=\cos x$的过程中，用到$\lim\limits_{x\to 0}\dfrac{\sin x}{x}=1$. 然而，我们可以指出，时至今日，如果仅仅是要求出极限，只要洛必达法则条件满足，我们显然可以不管逻辑上的次序而随意使用洛必达法则求出极限，甚至可用洛必达法则帮助我们记住一些重要极限.

例如

$$\lim_{x\to 0}\frac{\sin x}{x}\overset{\left(\frac{0}{0}\right)}{=}\lim_{x\to 0}\frac{\cos x}{1}=1,$$

$$\lim_{x\to 0}\frac{e^x-1}{x}\overset{\left(\frac{0}{0}\right)}{=}\lim_{x\to 0}\frac{e^x}{1}=1,$$

$$\lim_{x\to 0}(1+x)^{\frac{1}{x}}=\lim_{x\to 0}e^{\frac{1}{x}\ln(1+x)}=e^{\lim\limits_{x\to 0}\frac{\ln(1+x)}{x}},$$

而

$$\lim_{x\to 0}\frac{\ln(1+x)}{x}\overset{\left(\frac{0}{0}\right)}{=}\lim_{x\to 0}\frac{\frac{1}{1+x}}{1}=1,$$

故

$$\lim_{x\to 0}(1+x)^{\frac{1}{x}}=e^1=e.$$

例 3.7.2（洛必达法则，$\dfrac{0}{0}$型） 求下列极限

1° $\lim\limits_{x\to 0}\dfrac{\sqrt{1+x}-1}{x}\overset{\left(\frac{0}{0}\right)}{=}\lim\limits_{x\to 0}\dfrac{\frac{1}{2}\frac{1}{\sqrt{1+x}}}{1}=\dfrac{1}{2}$.

2° $\lim\limits_{x\to 1}\dfrac{x^3-1}{x-1}\overset{\left(\frac{0}{0}\right)}{=}\lim\limits_{x\to 1}\dfrac{3x^2}{1}=3$.

3° $\lim\limits_{x\to 1}\dfrac{\ln x}{x-1}\overset{\left(\frac{0}{0}\right)}{=}\lim\limits_{x\to 1}\dfrac{\frac{1}{x}}{1}=1$.

4° $\lim\limits_{x\to 0+0}\dfrac{\sqrt{x}}{1-e^{2\sqrt{x}}}\overset{\sqrt{x}=t}{=\!=\!=}\lim\limits_{t\to 0+0}\dfrac{t}{1-e^{2t}}\overset{\left(\frac{0}{0}\right)}{=}\lim\limits_{t\to 0+0}\dfrac{1}{-2e^{2t}}=-\dfrac{1}{2}$.

注 3.7.2 1° 洛必达法则可多次连续使用，在过程中如遇到含有极限非零的因子，宜先求出这个因子的极限. 然后我们将极限非零的因子代之以它的极限，继续做下去.

例如

$$\lim_{x\to 0}\frac{e-(1+x)^{\frac{1}{x}}}{x}\overset{\left(\frac{0}{0}\right)}{=}\lim_{x\to 0}[e-(1+x)^{\frac{1}{x}}]'=-\lim_{x\to 0}[(1+x)^{\frac{1}{x}}]',$$

令$(1+x)^{\frac{1}{x}}=y,\ln y=\frac{1}{x}\ln(1+x)$,两边对 x 求导数,得

$$\frac{y'}{y}=-\frac{1}{x^2}\ln(1+x)+\frac{1}{x(1+x)}=\frac{-(1+x)\ln(1+x)+x}{x^2(1+x)},$$

故

$$y'=(1+x)^{\frac{1}{x}}\cdot\frac{[-(1+x)\ln(1+x)+x]}{x^2(1+x)}.$$

因此

$$\begin{aligned}原极限&=\lim_{x\to 0}(1+x)^{\frac{1}{x}}\cdot\lim_{x\to 0}\frac{1}{1+x}\cdot\lim_{x\to 0}\frac{(1+x)\ln(1+x)-x}{x^2}\\&\overset{\left(\frac{0}{0}\right)}{=}e\lim_{x\to 0}\frac{\ln(1+x)+1-1}{2x}=\frac{e}{2}\end{aligned}$$

这里用了$\lim\limits_{x\to 0}\frac{\ln(1+x)}{x}\overset{\left(\frac{0}{0}\right)}{=}\lim\limits_{x\to 0}\frac{\frac{1}{1+x}}{1}=1$.

2° 定理 3.7.1 中如(1)(2)条件满足但(3)不满足,则洛必达法则失效,但原极限可能存在,此时要用其他方法.例如

$$\lim_{x\to 0}\frac{x+x^2\sin\frac{1}{x}}{x}=\lim_{x\to 0}\left(1+x\sin\frac{1}{x}\right)=1+\lim_{x\to 0}x\sin\frac{1}{x}=1+0=1.$$

但如用洛必达法则的求极限过程,则

$$\lim_{x\to 0}\frac{x+x^2\sin\frac{1}{x}}{x}\overset{\left(\frac{0}{0}\right)}{=}\lim_{x\to 0}\frac{1+2x\sin\frac{1}{x}-\cos\frac{1}{x}}{1},$$

右边极限不存在.

定理 3.7.2 (洛必达法则,$\frac{\infty}{\infty}$型) 设函数 $f(x),g(x)$满足

(1) $f(x),g(x)$在 a 的某空心邻域上可导,且 $g'(x)\neq 0$;

(2) $\lim\limits_{x\to a}f(x)=\infty,\lim\limits_{x\to a}g(x)=\infty$;

(3) $\lim\limits_{x\to a}\frac{f'(x)}{g'(x)}=K$($K$ 为有限数,或$+\infty$,或$-\infty$).

则$\lim\limits_{x\to a}\frac{f(x)}{g(x)}=K$.

证 略.

读者自己可作一些例子验证求$\frac{\infty}{\infty}$型的极限的洛必达法则.

注 3.7.3 1° 在上面两种类型$\left(\frac{0}{0}\text{型},\frac{\infty}{\infty}\text{型}\right)$的洛必达法则中把“$x\to a$”换为“$x\to a-0$”或“$x\to a+0$”,洛必达法则仍适用.

2° 在上面两种洛必达法则中把“$x\to a$”换为“$x\to+\infty$”或“$x\to-\infty$”,洛必达法则仍适用.

3° 其他类型的不定式,包括$0\cdot\infty,\infty-\infty,1^\infty,0^0,\infty^0$等,均可化为$\frac{0}{0}$或$\frac{\infty}{\infty}$型不定式,用洛必达法则求其极限.

例 3.7.3 ($0\cdot\infty$型,$\infty-\infty$型,0^0型)

1° 求$\lim\limits_{x\to+\infty}x\left(\frac{\pi}{2}-\arctan x\right)$.

解 这是$0\cdot\infty$型.

$$\text{原极限}=\lim_{x\to+\infty}\frac{\frac{\pi}{2}-\arctan x}{\frac{1}{x}}\overset{\left(\frac{0}{0}\right)}{=}\lim_{x\to+\infty}\frac{-\frac{1}{1+x^2}}{-\frac{1}{x^2}}=\lim_{x\to+\infty}\frac{x^2}{1+x^2}=1.$$

*2° 求$\lim\limits_{x\to+\infty}(\sqrt[3]{x^3+3x}-\sqrt{x^2-2x})$.

解 这是$\infty-\infty$型.

$$\text{原极限}=\lim_{x\to+\infty}x\left(\sqrt[3]{1+\frac{3}{x^2}}-\sqrt{1-\frac{2}{x}}\right)\xlongequal{\frac{1}{x}=t}\lim_{t\to0+0}\frac{\sqrt[3]{1+3t^2}-\sqrt{1-2t}}{t}$$

$$\overset{\left(\frac{0}{0}\right)}{=}\lim_{t\to0+0}\left[\frac{2t}{(1+3t^2)^{\frac{2}{3}}}+\frac{1}{(1-2t)^{\frac{1}{2}}}\right]/1=1.$$

$1^\infty,0^0,\infty^0$型可以通过取对数首先化为$0\cdot\infty$型,然后利用$\frac{0}{0}$型或$\frac{\infty}{\infty}$型的洛必达法则.参看下一个例子.

3° 求$\lim\limits_{x\to0+0}x^x$.

解 这是0^0型.

令$F(x)=x^x$,两边取对数,则$\ln F(x)=x\ln x$.

因为$F(x)=e^{\ln F(x)}$,故$\lim\limits_{x\to0+0}x^x=\lim\limits_{x\to0+0}e^{x\ln x}$.而

$$\lim_{x\to0+0}x\ln x=\lim_{x\to0+0}\frac{\ln x}{\frac{1}{x}}\overset{\left(\frac{\infty}{\infty}\right)}{=}\lim_{x\to0+0}\frac{\frac{1}{x}}{-\frac{1}{x^2}}=\lim_{x\to0+0}(-x)=0,$$

因此$\lim\limits_{x\to0+0}x^x=e^0=1$.

3.8　泰勒公式及其应用

我们已经证明:当 $f(x)$在 x_0 可导(或说可微)时,则

$$f(x) = f(x_0) + f'(x_0)(x - x_0) + o(x - x_0).$$

由此式我们得到近似公式 $f(x) \approx f(x_0) + f'(x_0)(x - x_0)$,即在 x_0 附近 $f(x)$可用一次多项式 $f(x_0) + f'(x_0)(x - x_0)$来逼近.注意,记

$$P_1(x) = f(x_0) + f'(x_0)(x - x_0),$$

则 $P_1(x)$满足:$P_1(x_0) = f(x_0)$,$P'_1(x_0) = f'(x_0)$.即 $P_1(x)$与其一阶导数$P'_1(x)$在 x_0 处的值与 $f(x)$的相应值一致.我们还证明,当 $f'(x_0) \neq 0$ 时,

$$f(x) - f(x_0) \text{ 与 } f'(x_0)(x - x_0)$$

当 $x \to x_0$ 时是等价无穷小.这给出了无穷小量 $f(x) - f(x_0)$的一个等价无穷小量的求法.

但是,当 $f'(x_0) = 0$ 时,$f'(x_0)(x - x_0)$不是 $f(x) - f(x_0)$的等价无穷小.以上两点启发我们思考,在 x_0 附近 $f(x)$能否用更高阶的多项式逼近且改善误差呢?当 $f'(x_0) = 0$,且在 x_0 附近,如果 $f(x)$能用高阶多项式逼近时,是否能求出 $f(x) - f(x_0)$的一个等价无穷小量呢?

例如,对照

$$f(x) = f(x_0) + f'(x_0)(x - x_0) + o(x - x_0),$$

我们问:当 $f''(x_0)$也存在时,能否有

$$f(x) = f(x_0) + f'(x_0)(x - x_0) + cf''(x_0)(x - x_0)^2 + o((x - x_0)^2)?$$

回答是肯定的.一般地,我们有泰勒(B. Taylor,1685～1731,英国人)公式.

定理 3.8.1 (泰勒公式)　设 $f(x)$在 x_0 的一邻域内 n 阶导数(或 $n+1$ 阶导数)存在,则有下面的**泰勒公式**

$$f(x) = f(x_0) + f'(x_0)(x - x_0) + \frac{f''(x_0)}{2!}(x - x_0)^2 + \cdots + \frac{f^{(n)}(x_0)}{n!}(x - x_0)^n + R_n(x).$$

式中,$R_n(x) = o((x - x_0)^n)$,称为佩亚诺余项(或 $R_n(x) = \dfrac{f^{(n+1)}(\xi)}{(n+1)!}(x - x_0)^{n+1}$,$\xi$ 在 x 与 x_0 之间,称为拉格朗日余项).

$f(x)$在 $x_0 = 0$ 处的泰勒公式也称为**麦克劳林**(C. Maclaurin,1698～1746,英国人)**公式**.

注意,如果记 $P_n(x)=f(x_0)+f'(x_0)(x-x_0)+\cdots+\dfrac{f^{(n)}(x_0)}{n!}(x-x_0)^n$,则

$$P_n(x_0)=f(x_0),P'_n(x_0)=f'(x_0),$$
$$P''_n(x_0)=f''(x_0),\cdots,P_n^{(n)}(x_0)=f^{(n)}(x_0).$$

下面的几个泰勒公式是常见的,人们可用来计算有关函数的近似值.

$$e^x=1+x+\frac{x^2}{2!}+\cdots+\frac{x^n}{n!}+o(x^n),$$

$$\sin x=x-\frac{1}{3!}x^3+\frac{1}{5!}x^5-\cdots+(-1)^{m-1}\frac{1}{(2m-1)!}x^{2m-1}+o(x^{2m-1}),$$

$$\cos x=1-\frac{1}{2!}x^2+\frac{1}{4!}x^4-\cdots+(-1)^m\frac{1}{(2m)!}x^{2m}+o(x^{2m}),$$

$$\ln(1+x)=x-\frac{1}{2}x^2+\frac{1}{3}x^3-\cdots+(-1)^{n-1}\frac{1}{n}x^n+o(x^n),$$

$$\arctan x=x-\frac{1}{3}x^3+\frac{1}{5}x^5-\cdots+(-1)^{m-1}\frac{1}{2m-1}x^{2m-1}+o(x^{2m-1}),$$

$$\frac{1}{1-x}=1+x+x^2+\cdots+x^n+o(x^n).$$

***例 3.8.1**(等价无穷小) 试用泰勒公式求 $1-\cos x$(当 $x\to0$ 时)的一个等价无穷小量.

令 $f(x)=\cos x$,则

$$f(0)=1,\quad f'(0)=0,\quad f''(0)=-\cos x\Big|_{x=0}=-1,$$

故由泰勒公式得

$$\cos x=1-\frac{1}{2}x^2+o(x^2),$$

因此

$$\cos x-1=-\frac{1}{2}x^2+o(x^2).$$

从而

$$\frac{\cos x-1}{-\frac{1}{2}x^2}=1+\frac{o(x^2)}{-\frac{1}{2}x^2}\to1.$$

故 $-\frac{1}{2}x^2$ 是 $\cos x-1$ 的等价无穷小(当 $x\to0$ 时),$\frac{1}{2}x^2$ 是 $1-\cos x$ 的等价无穷小(当 $x\to0$ 时).

下面以泰勒公式为工具讨论函数图形的形状——凹向与拐点(concavity and inflection point).

定义 3.8.1(曲线的凹向) 设 $f(x)$在(a,b)上可导,如果曲线 $y=f(x)$位于

其上每一点处切线的上方,则称曲线在(a,b)上是**向上凹的**[①](concave upward).如果曲线 $y=f(x)$位于其上每一点处切线的下方,则称曲线在(a,b)上是**向下凹的**[②](concave downward).

当 $f''(x)$在(a,b)上处处存在时,我们有简便的判别法.

定理 3.8.2 (凹向判别法)　设 $f(x)$在(a,b)上 $f''(x)$存在,那么

1° 如果在(a,b)上处处有 $f''(x)>0$,则曲线向上凹;

2° 如果在(a,b)上处处有 $f''(x)<0$,则曲线向下凹.

***证**　任取 $x_0\in(a,b)$,由定理 3.8.1 中具有拉格朗日余项的泰勒公式,我们有

$$f(x)=f(x_0)+f'(x_0)(x-x_0)+\frac{f''(\xi)}{2}(x-x_0)^2,\ \xi\text{ 位于 }x\text{ 与 }x_0\text{ 之间}.$$

因 $f(x)$在 x_0 处的切线方程为

$$y=f(x_0)+f'(x_0)(x-x_0),$$

故切线上横坐标为 x 之点的纵坐标为

$$f(x_0)+f'(x_0)(x-x_0),$$

而横坐标为 x 时曲线上点的纵坐标为

$$f(x)=f(x_0)+f'(x_0)(x-x_0)+\frac{f''(\xi)}{2}(x-x_0)^2.$$

因此

如果在(a,b)上处处 $f''(x)>0$,则当 $x\neq x_0$ 时

$$f(x)>f(x_0)+f'(x_0)(x-x_0);$$

如果在(a,b)上处处 $f''(x)<0$,则当 $x\neq x_0$ 时

$$f(x)<f(x_0)+f'(x_0)(x-x_0).$$

定理得证.

定理 3.8.3 (凹向判别法)　设 $f(x)$在(a,b)上 $f''(x)$存在,则曲线 $y=f(x)$向上凹的充要条件是

$$f''(x)\geqslant 0,\text{且 }f''(x)\text{不在}(a,b)\text{的任何子区间上恒为 }0.$$

证略.

例 3.8.2 (曲线的凹向)　1° 讨论曲线 $y=x^4$ 的凹向.

解　$y'=4x^3,y''=12x^2\geqslant 0$ 且只在单点 $x=0$ 处 $y''=0$.因此,由定理 3.8.3 知曲线 $y=x^4$ 是向上凹的.

2° 讨论曲线 $y=x^3$ 的凹向.

---

① 曲线向上凹也可说成是曲线向下凸的.

② 曲线向下凹也可说成是曲线向上凸的.由于①②,讨论曲线的凹向也可说是讨论曲线的凹凸性.

解 $y'=3x^2, y''=6x$，当 $x<0$ 时 $y''<0$；$x>0$ 时 $y''>0$. 因此，由定理 3.8.2 知，当 $x<0$ 时，曲线向下凹；当 $x>0$ 时，曲线向上凹.

此例中 $x=0$ 的两侧，曲线的凹向相反，这种点 $x=0$ 称为曲线的拐点.

定义 3.8.2（曲线的拐点） 设 $f(x)$ 在 x_0 的一个邻域上连续，而在 x_0 的左右两侧，一侧曲线向上凹，另一侧曲线向下凹，则称 x_0 为函数的拐点，$(x_0, f(x_0))$ **为曲线的拐点**.

定理 3.8.4（拐点判别法） 设 $f(x)$ 在 (a,b) 上 $f''(x)$ 存在且连续，$x_0\in(a,b)$，那么

1° 当在 x_0 的一侧 $f''(x)>0$，在 x_0 的另一侧 $f''(x)<0$，则 x_0 是 $y=f(x)$ 的拐点，此时必 $f''(x_0)=0$；

2° 如果在 x_0 的两侧 $f''(x)$ 同为正号或同为负号，则 x_0 不是 $y=f(x)$ 的拐点.

证 由定理 3.8.2 以及拐点的定义立即可得 2°及 1°中前半部分，现证 1°中后半部.

因 $f''(x)$ 连续，x_0 的一侧 $f''(x)<0$，另一侧 $f''(x)>0$，故 $f''(x_0)\leqslant 0$，且 $f''(x_0)\geqslant 0$. 因此 $f''(x_0)=0$.

注意，当 $f''(x_0)$ 不存在时，甚至 $f'(x_0)$ 不存在时，x_0 也有可能是拐点.

例 3.8.3（拐点） 讨论曲线 $y=x^n$（$n\geqslant 2$，n 是自然数）的凹向与拐点.

解 $y''=n(n-1)x^{n-2}$，如 n 是奇数，则当 $x>0$ 时，$y''>0$，曲线向上凹；当 $x<0$ 时，$y''<0$，曲线向下凹，$(0,0)$ 为曲线的拐点. 如果 n 是偶数，则 $x\neq 0$ 时，$y''>0$，曲线向上凹，无拐点.

现介绍综合性较强的例题.

***例 3.8.4**（解函数方程的牛顿切线法例） 此题是例 2.3.3 的继续，试求我国第五个五年计划期间基本建设投资额平均发展速度，即解方程 $x+x^2+x^3+x^4+x^5-5.7221=0$，左边记为 $f(x)$，方程写为 $f(x)=0$.

注意 $f(x), f'(x), f''(x)$ 显然都是 $(0,+\infty)$ 上连续函数. 因 $f(1)<0, f(2)>0$，故由连续函数的中间值定理必存在 $\xi\in(1,2)$，使得 $f(\xi)=0$. 因为 $x>0$，$f'(x)=1+2x+3x^2+4x^3+5x^4>0$，故 $f(x)$ 是严格上升的，$f(x)=0$ 的解惟一.

现设法求 ξ 或 ξ 的近似值.

首先画出 $y=f(x), x\in[1,2]$ 的草图，已知 $f(x)$ 严格上升，因

$$f''(x)=2+6x+12x^2+20x^3>0,$$

故 $y=f(x)$ 向上凹，见图 3.3.

下面我们用所谓“牛顿切线法”来构造一个单调有界数列 $\{x_n\}$，使得 $x_n\to$

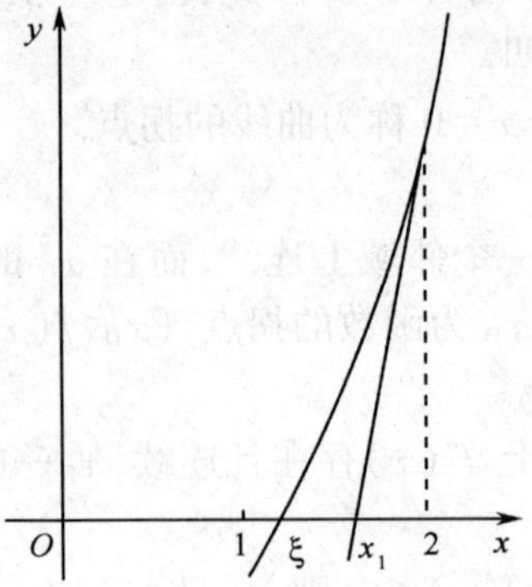

图 3.3

$\xi(n\to\infty)$. 因此 x_n 是 ξ 的近似值. 思想方法是,构造的 $\{x_n\}$ 满足

$$|x_{n+1}-\xi|\leqslant|x_n-\xi|.$$

注意 $x_0=2$ 时, $f(2)>0$ 且 $f''(2)>0$, 即 $f(2)$ 与 $f''(2)$ 同号, 作 $y=f(x)$ 在 $x_0=2$ 的切线

$$y-f(2)=f'(2)(x-2).$$

由于曲线向上凹,则该切线在曲线的下方,设切线与 x 轴交点坐标为 x_1, 显然

$|x_1-\xi|<|x_0-\xi|$, 且 $x_1=2-\dfrac{f(2)}{f'(2)}=x_0-\dfrac{f(x_0)}{f'(x_0)}$, $f(2)=56.2779$, $f'(2)=129$, $\dfrac{f(2)}{f'(2)}=0.4363$, 故 $x_1=2-0.4363=1.5637$.

下面用类似的方法计算 $x_2,x_3,\cdots,x_n,\cdots,x_{n+1}=x_n-\dfrac{f(x_n)}{f'(x_n)}$, 由 $x_2=x_1-\dfrac{f(x_1)}{f'(x_1)}$, $f(x_1)=17.4381$, $f'(x_1)=56.6509$, $\dfrac{f(x_1)}{f'(x_1)}=0.3078$, 故 $x_2=1.2559$. 进而得

$$x_3=1.0914,\ x_4=1.0479,\ x_5=1.0453,\ x_6=1.0453,$$

因此, $x_6=1.0453$ 是 $f(x)=0$ 的一个精确度较高的近似解(读者试估计误差 $|x_6-\xi|$ 的大小). 即我国第五个五年计划期间基本建设投资额平均发展速度约为 104.53%.

例 3.8.5 (一元函数的综合题)　研究函数 $y=\dfrac{x}{\ln x}$ 的定义域、奇偶性、周期性、单调区间、极值,讨论其曲线的凹向与拐点,并作出函数的草图.

解　定义域: $x>0$ 且 $x\neq1$. 无奇偶性可言(因为定义域不关于原点对称). 显然也无周期性可言.

为求单调区间、极值点等,现求得 $y'=\dfrac{\ln x-1}{(\ln x)^2}$, 令 $y'=0$ 得函数的惟一驻点为 $x=\mathrm{e}$.

注意定义域为 $x>0$ 且 $x\neq1$, 由 $y'=\dfrac{\ln x-1}{(\ln x)^2}$ 知, 当 $0<x<1$ 时 $y'<0$, 函数下降; 当 $1<x<\mathrm{e}$ 时 $y'<0$, 函数下降; 当 $x>\mathrm{e}$ 时 $y'>0$, 函数上升. 因此, $x=\mathrm{e}$ 是极小值点, $f(\mathrm{e})=\mathrm{e}$ 是极小值.

函数的单调区间与极值点也可列表如下:

x	(0,1)	1	(1,e)	e	(e,+∞)
y'	−		−	0	+
y	↘	不定义	↘	极小值 $f(\mathrm{e})=\mathrm{e}$	↗

由上表可知，$x=\mathrm{e}$ 是极小值点，$f(\mathrm{e})=\mathrm{e}$ 是极小值.

现讨论曲线的凹向与拐点.由 $y''=\dfrac{2-\ln x}{x(\ln x)^3}$ 知，

当 $0<x<1$ 时，$y''<0$，曲线向下凹，

当 $1<x<\mathrm{e}^2$ 时，$y''>0$，曲线向上凹，

当 $x>\mathrm{e}^2$，$y''<0$，曲线向下凹.$x=\mathrm{e}^2$ 时 $y''=0$ 且曲线在 $x=\mathrm{e}^2$ 附近两侧凹向相反，故 $\left(\mathrm{e}^2,\dfrac{1}{2}\mathrm{e}^2\right)$ 是曲线的拐点.因此

x	(0,1)	1	$(1,\mathrm{e}^2)$	e^2	$(\mathrm{e}^2,+\infty)$
y''	−		+	0	−
y	向下凹 ∩	不定义	向上凹 ∪	拐点 $\left(\mathrm{e}^2,\dfrac{1}{2}\mathrm{e}^2\right)$	向下凹 ∩

为了作出草图，注意 $\lim\limits_{x\to0+0}\dfrac{x}{\ln x}=0$，$\lim\limits_{x\to1+0}\dfrac{x}{\ln x}=+\infty$，$\lim\limits_{x\to1-0}\dfrac{x}{\ln x}=-\infty$，$\lim\limits_{x\to+\infty}\dfrac{x}{\ln x}\overset{\left(\frac{\infty}{\infty}\right)}{=\!=}\lim\limits_{x\to+\infty}\dfrac{1}{\dfrac{1}{x}}=+\infty$.再结合上面已讨论的性质可作出草图，见图3.4.注意，图中的直线 AB 是曲线在 M 点的切线.

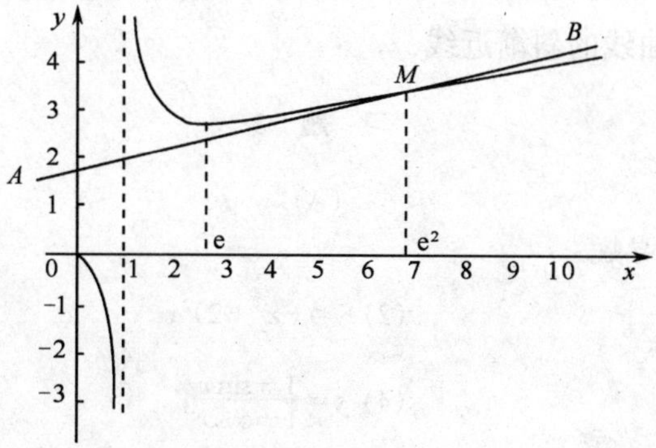

图3.4

定义 3.8.3（曲线的渐近线） 设 L 是某一固定直线，当曲线 C 上点 M 沿此曲线移向无穷远处时，M 到直线 L 的距离趋向于零，则称 L 为曲线 C 的一条**渐近线**（M 沿曲线 C 移向无穷远处可表为 $x\to\infty$，或 $y\to\infty$ 或表为 C 上点 M 到原点的距离趋于 $+\infty$）.

我们如何求渐近线呢？分三种情形讨论.

1° 若 $\lim\limits_{x\to a}f(x)=\infty$（或 $\lim\limits_{x\to a+0}f(x)=\infty$，或 $\lim\limits_{x\to a-0}f(x)=\infty$），则称 $x=a$ 是 $y=f(x)$ 的一条**铅直渐近线**.

2° 若 $\lim\limits_{x\to\infty}f(x)=c$（或 $\lim\limits_{x\to+\infty}f(x)=c$，或 $\lim\limits_{x\to-\infty}f(x)=c$），则称 $y=c$ 是 $y=f(x)$ 的一条**水平渐近线**.

例如，例 3.8.5 中 $x=1$ 是 $y=\dfrac{x}{\ln x}$ 的铅直渐近线. 易见 $y=0$ 是 $y=\mathrm{e}^x$ 的水平渐近线.

3° 若 $\lim\limits_{x\to+\infty}[f(x)-(ax+b)]=0$（或 $\lim\limits_{x\to-\infty}[f(x)-(ax+b)]=0$），$a\neq0$，则称 $y=ax+b$ 是 $y=f(x)$ 的一条**斜渐近线**. 计算 a,b 的公式如下

$$a=\lim_{x\to+\infty}\frac{f(x)}{x},\qquad b=\lim_{x\to+\infty}(f(x)-ax).$$

如果当 $x\to-\infty$ 时，$y=f(x)$ 有斜渐近线 $y=ax+b$，类似可求出 a 和 b.

例 3.8.6 求曲线 $f(x)=\dfrac{x^2}{x+1}$ 的渐近线.

解 因为 $\lim\limits_{x\to-1+0}\dfrac{x^2}{x+1}=+\infty$，或 $\lim\limits_{x\to-1-0}\dfrac{x^2}{x+1}=-\infty$，故 $x=-1$ 是曲线的铅直渐近线. 由

$$a=\lim_{x\to\infty}\frac{f(x)}{x}=\lim_{x\to\infty}\frac{x}{x+1}=1,$$

$$b=\lim_{x\to\infty}(f(x)-x)=\lim_{x\to\infty}\frac{-x}{x+1}=-1$$

可知，$y=x-1$ 是曲线的斜渐近线.

习 题 3

(A)

1. 求下列函数的导数.

(1) $y=\dfrac{1}{x}+\dfrac{1}{\sqrt[3]{x^2}}$；　(2) $y=(x^3+2)^2$；

(3) $y=\dfrac{\sin x^2}{\sin^2 x}$；　(4) $y=\dfrac{1-\sin x}{1-\cos x}$；

(5) $y=a^x\cdot x^a(a>0,a\neq1)$；　(6) $y=(\ln x)^4$；

(7) $y=a^{\tan x}(a>0,a\neq1)$；　(8) $y=x\ln x$；

(9) $y=\ln\dfrac{1+x}{1-x}$； (10) $y=\sin(\sin x)$；

(11) $y=\ln(\arcsin x)^2$； (12) $y=\dfrac{\sin x-\cos x}{\sin x+\cos x}$；

(13) $y=\dfrac{2}{\sqrt{a^2-b^2}}\arctan\left(\sqrt{\dfrac{a-b}{a+b}}\tan\dfrac{x}{2}\right)$ $(a>b>0)$；

(14) $y=\dfrac{x^2}{2}+\dfrac{x}{2}\sqrt{x^2+1}+\ln\sqrt{x+\sqrt{x^2+1}}$；

(15) $y=\sin(\arccos x)$； (16) $y=x^{x^a}$ $(a>0)$；

(17) x^{a^x} $(a>0,a\neq1)$； (18) a^{x^x} $(a>0,a\neq1)$；

(19) $y=(\sin x)^{\cos x}$； (20) $y=\sqrt{\dfrac{1+\sin x}{1-\sin x}}$；

(21) $y=(x-1)(x-2)\cdots(x-100)$.

2. 利用定义试求下列左、右导数，并求出导数函数 $f'(x)$.

(1) $f(x)=\begin{cases}x+1, & x\geqslant0\\1, & x<0\end{cases}$，求 $f'_-(0)$ 及 $f'_+(0)$；

(2) $f(x)=x|x|$，求 $f'_-(0)$，$f'_+(0)$，$f'(0)$；

(3) $f(x)=e^{|x|}$，求 $f'_-(0)$，$f'_+(0)$.

3. (1) 曲线 $y=\ln x$ 在哪一点的切线平行于下列直线：①$y=x$；②$y=2x$？

(2) 求一段余弦曲线 $y=\cos x(0\leqslant x\leqslant2\pi)$ 与 x 轴的交点，且求出交点处曲线的切线与 x 轴正向的夹角.

4. 求下列各曲线在指定点的切线方程与法线方程.

(1) $y=x^3-x,(1,0)$； (2) $y=\sin x,\left(\dfrac{\pi}{2},1\right)$；

(3) $y=\dfrac{1}{1+x^2},\left(1,\dfrac{1}{2}\right)$.

5. 求下列函数 y 的指定阶导数.

(1) $y=\dfrac{1}{x}$，8 阶； (2) $y=e^x\sin x$，2 阶；

(3) $y=\sqrt{1+x}$，3 阶； (4) $y=x^2e^{2x}$，2 阶.

6. 求下列函数在指定点的微分或在指定条件下微分的值.

(1) $y=\dfrac{\ln x}{x^2}$，$x=1$； (2) $y=\dfrac{x}{\sqrt{x^2+a^2}}$，$x=a$；

(3) $y=x^3$，$x=2$，$\Delta x=0.02$.

7. 求下列微分之比.

(1) $\dfrac{d(x^6-x^4+x^2)}{d(x^2)}$； (2) $\dfrac{d(\sin x)}{d(\cos x)}$.

8. 利用微分计算下列各式的近似值.

(1) $(1.02)^8$； (2) $\sin(29°)$；

(3) $\sqrt[3]{9}$； (4) $\ln(1.01)$.

9. 证明 $x^3+x+1=0$ 有且只有一个实根.

10. 验证罗尔定理、拉格朗日中值定理的条件与结论.

(1) 验证罗尔中值定理.

(a) $f(x)=\frac{1}{x},[-2,0]$;　　(b) $f(x)=(x-4)^2,[-2,4]$;

(c) $f(x)=\sin x,\left[-\frac{3}{2}\pi,\frac{\pi}{2}\right]$;　　(d) $f(x)=|x|,[-1,1]$.

(2) 验证拉格朗日中值定理.

(a) $\ln(\ln x),[1,\mathrm{e}]$;　　(b) $\ln x,[1,\mathrm{e}]$;

(c) $\frac{1}{\ln x},[1,\mathrm{e}]$;　　(d) $\ln(2-x),[1,\mathrm{e}]$.

11. 证明下述不等式.

(1) $1-\frac{a}{b}<\ln\frac{b}{a}<\frac{b}{a}-1\ (0<a<b)$;

(2) $\mu a^{\mu-1}(b-a)<b^\mu-a^\mu<\mu b^{\mu-1}(b-a)\ (\mu>1,0<a<b)$;

(3) $|\arctan x-\arctan y|\leqslant|x-y|,x,y\in\mathbf{R}$;

(4) $2\sqrt{x}>3-\frac{1}{x}\ (x>1)$.

12. 求下列函数的升降区间.

(1) $y=x^3-2x^2+x-2$;　　(2) $y=\frac{\mathrm{e}^x}{x}$;

(3) $y=\frac{2x}{1+x^2}$;　　(4) $y=x+x^3$;

(5) $y=x-x^2$.

13. 求导函数.

(1) $f(x)=\begin{cases}1-x, & -\infty<x<1,\\ (1-x)(2-x), & 1\leqslant x\leqslant 2,\\ -(2-x), & 2<x<+\infty;\end{cases}$

(2) $f(x)=\begin{cases}x, & x<0,\\ \ln(1+x), & x\geqslant 0.\end{cases}$

14. 研究下列函数的极值.

(1) $y=x^3-6x^2+9x-1$;　　(2) $y=(x+1)^2\mathrm{e}^{-x}$;

(3) $y=\frac{1}{x}\ln^2 x$;　　(4) $y=\sin x+\cos x$;

(5) $y=\frac{x^2}{2}-\ln x$;　　(6) $y=\frac{x^3}{3-x^2}$.

15. 求下列函数在给定区间上的最大值与最小值.

(1) $y=\sqrt{5-4x},[-1,1]$;　　(2) $y=2\tan x-\tan^2 x,\left[0,\frac{\pi}{3}\right]$;

(3) $y=\frac{x^2}{\mathrm{e}^x},[-1,3]$;　　(4) $y=-3x^4+6x^2-1,[-2,2]$.

16. 一旅游船出租政策是：团体最少人数是75人，此时每人需交125元，如人数超过75人，则团体每人票价则相应降低，每超过1人则票价降低1元，试求人数是多少时，旅游船主收益最多？最多收益是多少？

17. 设某桩买卖的成本函数为 $C=x^3-15x^2+76x+25$,收益函数 $R=55x-3x^2$(x 是产品的单位数),求 x 取何值时获利最大?

18. 有甲乙两城,甲城位于一直线形的河岸,乙城离河岸40公里,乙城到岸的垂足与甲城相距50公里,两城在此河边合设一水厂取水,从水厂到甲城和乙城之水管费用分别为每公里500元和700元,问此水厂应设在河边何处,才能使水管费用最省?

19. 求下列各极限.

(1) $\lim\limits_{x\to0}\dfrac{a^x-b^x}{x}$ $(a,b>0,a,b\neq1)$;　(2) $\lim\limits_{x\to0}\dfrac{a^x-b^x}{\tan x}$ $(a,b>0,a,b\neq1)$;

(3) $\lim\limits_{x\to0}\dfrac{e^x-e^{-x}}{x}$;　(4) $\lim\limits_{x\to0}\dfrac{x-\arctan x}{\arcsin x-x}$;

(5) $\lim\limits_{x\to a}\dfrac{a^x-x^a}{x-a}$ $(a>0)$;　(6) $\lim\limits_{x\to+\infty}\dfrac{\ln x}{x^\alpha}$ $(\alpha>0)$;

(7) $\lim\limits_{x\to\frac{\pi}{2}}\dfrac{\tan x}{\tan 3x}$;　(8) $\lim\limits_{x\to+\infty}\dfrac{\ln\left(1+\dfrac{1}{x}\right)}{\operatorname{arccot} x}$;

(9) $\lim\limits_{x\to0}\left(\dfrac{1}{x^2}-\dfrac{1}{x}\cot x\right)$;　(10) $\lim\limits_{x\to0}\left(\dfrac{1}{x}-\dfrac{1}{e^x-1}\right)$;

(11) $\lim\limits_{x\to\infty}\left(\cos\dfrac{1}{x}\right)^x$;　(12) $\lim\limits_{x\to0+0}(1+\sin x)^{\frac{1}{x}}$;

(13) $\lim\limits_{x\to e}(\ln x)^{\frac{1}{1-\ln x}}$;　(14) $\lim\limits_{x\to0+0}x^2\ln x$;

(15) $\lim\limits_{x\to0}\dfrac{e^x-e^{\sin x}}{x-\sin x}$;　(16) $\lim\limits_{x\to0+0}x^{1/\ln(e^x-1)}$;

(17) $\lim\limits_{x\to\infty}(x^2+a^2)^{\frac{1}{x^2}}$;　(18) $\lim\limits_{x\to0+0}\left(\dfrac{1}{x}\right)^{\tan x}$.

20. 讨论下列函数的凹向与拐点.

(1) $y=\dfrac{x^3}{3-x^2}$;　(2) $y=\dfrac{x^2}{2}-\ln x$;

(3) $y=x^3-3x^2$;　(4) $y=\ln(1+x^2)$;

(5) $y=x^2+\dfrac{1}{x}$;　(6) $y=1+(x-3)^{\frac{5}{3}}$.

21. 作出上一题中(1),(2)两小题中函数的图形,并指出渐近线(如存在).

22. 设某商品的利润函数 P 与价格 S 有关,$P=15000S-500S^2$,回答价格 S 在何范围内,P 是单调上升的?S 取何值时,利润获得最大值?

23. 一种药物在服用后 x 小时在血液中的浓度为 $C=\dfrac{x}{20(x^2+6)}$,回答何时药物浓度最大?最大浓度是多少?

*24. 试证明方程 $x^5+5x+1=0$ 在区间 $(-1,0)$ 内有惟一根,并用牛顿切线法求出这个根的近似值,使误差不超过0.01.

25. (1)设 $f(x)$ 在 $x=1$ 可导,且 $\lim\limits_{x\to1}f(x)=2$,则 $f(1)$ 的值如何?

(2)设 $f'(1)=1$,求 $\lim\limits_{x\to1}\dfrac{f(x)-f(1)}{x^2-1}$.

(3)设 $f(x)=2^x$,$g(x)=x^2$,求 $f'[g'(x)]$.

(4)设 $f\left(\frac{1}{x}\right)=x^2+\frac{1}{x}+1$,求 $f'(1)$.

(5)设 $x=x_0$ 为 $y=f(x)$的驻点,则 $y=f(x)$在 x_0 处必定(　　).

A. 连续　B. 可导　C. 有极值　D. 曲线 $y=f(x)$在$(x_0,f(x_0))$处的切线平行于 x 轴.

26. 经济学中为了消除计量单位的影响利用下面定义的需求价格弹性 E_d 衡量商品需求量对价格变动的反应程度. 设某商品的需求函数为 $Q_d=f(P)$,定义

$$E_d=\lim_{\Delta P\to 0}\frac{\Delta Q_d/f(P_0)}{\Delta P/P_0},$$

即

$$E_d=f'(P_0)\frac{P_0}{f(P_0)}.$$

我们把 $f'(P_0)$称为 $Q_d=f(P)$在 P_0 的边际需求,E_d 称为该商品在 P_0 的需求价格弹性. 试求第2章问题(B)组第7题 $M=15$ 及 $M=20$ 时,猪肉在 $P_0=1.1$(元)时需求价格弹性,$P_0=1.2$(元)时情况如何?

(B)

1. 设 $f(x)$在 $x=a$ 可微,以 $f'(a)$表示下列极限.

(1) $\lim\limits_{h\to 0}\frac{f(a+3h)-f(a)}{h}$;　　(2) $\lim\limits_{h\to 0}\frac{f(a+3h)-f(a-2h)}{h}$;

(3) $\lim\limits_{x\to a}\frac{af(x)-xf(a)}{x-a}$;　　(4) $\lim\limits_{x\to a}\frac{x^2f(a)-a^2f(x)}{x-a}$.

2. 设 $f(x)$,$g(x)$均可导,求下列函数的导数.

(1) $y=\sqrt{f^2(x)+g^2(x)}$;　　(2) $y=\arctan\frac{f(x)}{g(x)}$ $(g(x)\neq 0)$;

(3) $y=f(\sin^2x)+g(\cos^2x)$;　　(4) $y=f(f(x))$.

3. 求由下列方程所确定的隐函数 y 的导数$\frac{dy}{dx}$.

(1) $e^y+xy-e=0$;　　(2) $y^2-2xy+9=0$;

(3) $y=1-xe^y$;　　(4) $xy=e^{x+y}$.

4. 求椭圆$\frac{x^2}{16}+\frac{y^2}{9}=1$在点$\left(2,\frac{3}{2}\sqrt{3}\right)$处的切线方程、法线方程.

5. 求(B)组第2题中函数 y 的微分.

6. 求下面的隐函数 y 在指定点的微分:$e^{x+y}-xy=1,x=0$.

7. 证明对任 $k\in\mathbf{R}$,方程 $x^3-3x+k=0$ 在$[-1,1]$中不可能有不同的根.

8. 证明 $e^x>1+(1+x)\ln(1+x)$ $(x>0)$.

9. 设 $F(x)=\begin{cases}f(x), & x\leqslant x_0\\ ax+b, & x>x_0\end{cases}$,且 $f'_-(x_0)$存在,问应选择怎样的 a 与 b,才能使 $F(x)$在 x_0 点连续且可微.

10. 设 $y=|x|e^{-|x-1|}$,求其极值.

11. 一个桔农现已面临收获,现平均每棵树估计产量是80斤,采摘后,必须立即出售,价格是每斤0.4元,但据已往经验,每隔一周,平均每棵树产量将增加10斤,但出售价格每斤将减少

0.02 元,该桔农何时采摘桔子才能获得最大收益?

12. 试求下列函数的一个等价无穷小($x \to 0$ 时).

(1) $y = xe^x$; (2) $y = x - \sin x$;

(3) $y = e^x - 1 - x - \dfrac{x^2}{2}$.

13. 证明(1) $\lim\limits_{n \to +\infty} \sqrt[n]{n} = 1$;(2) $x_n = \left(1 + \dfrac{1}{n}\right)^{n+1}$ 单调递减.

14. 求 $f(x) = x - \dfrac{3}{2} x^{\frac{2}{3}}$ 的单调区间和极值.

15. 设 $f(x) = x(x+1)(x-1)(x-2)$,说明方程 $f'(x) = 0$ 有几个实根,并指出它们所在的区间.

16. 证明等式 $\arcsin x + \arccos x = \dfrac{\pi}{2}(-1 \leqslant x \leqslant 1)$.

17. 设某商品的需求函数为 $Q_d = f(P) = 75 - P^2$, (1) 求 $P = 4$ 的边际需求与需求价格弹性,分别说明其经济意义.(2) 试定义收益函数

$$R = P \cdot Q_d = Pf(P)$$

的弹性,并回答 $P = 4$ 时,若价格上涨 1%,总收益将变化百分之几?何时总收益最大?

第 4 章　不定积分与定积分

按照我们这门课程的处理方式,不定积分部分是此章的关键内容,一旦理解这部分中的原函数、不定积分等基本概念以及不定积分的基本性质,记熟基本积分公式表,掌握变量代换及分部积分两种基本积分方法,认真做一些基本习题,则已满足该课程的不定积分部分的要求,进而定积分部分的问题也将随之迎刃而解.

4.1 不定积分

众所周知,数学中很多运算有其逆运算.例如,除法是乘法的逆运算,减法是加法的逆运算,求平方根是平方的逆运算.第 1 章中我们引进了反函数、逆映射的概念.如果把映射视为运算,当逆映射存在时,则求逆映射也是逆运算的问题.上一章中我们介绍了求导数的问题,实质上求导数也是一个映射,一种运算.例如,已知 $F(x)=x^2$,则经过求导运算,得到导数函数 $F'(x)=2x$,且对任意常数 C,$(x^2+C)'=2x$.反之,如已知 $f(x)=2x$,怎样求 $F(x)$使得 $F'(x)=f(x)=2x$ 呢?这类问题在某种意义上,相当于求导数的逆运算,即所谓求一个已知函数的不定积分问题.

本章中介绍的不定积分(indefinite integral)和定积分(definite integral)的求解问题不仅是数学中理论研究的需要,而且与求导数问题一样,有其广泛的实际应用.

定义 4.1.1 (原函数,primitive function)　设 $f(x)$在闭区间 I_0 上有定义,如函数 $F(x)$满足 $F'(x)=f(x)$, $\forall x\in I_0$,则称 $F(x)$是 $f(x)$的一个**原函数**(有时称为反导数).

例如,x^2 与 x^2+3 都是 $2x$ 的原函数,$\sin x$ 是 $\cos x$ 的原函数.

定理 4.1.1 ($f(x)$的全部原函数)　设 $F(x)$是 $f(x)$的一个原函数,则 $f(x)$的全部原函数为$\{F(x)+C: C$ 为任一常数$\}$,或直接写为 $F(x)+C$,其中 C 为任意常数.

证　因 $F(x)$是 $f(x)$的一个原函数,故 $F'(x)=f(x)$, $\forall x\in I_0$.任取实数 C,则在 I_0 上,常数 C 的导数为 0,因此,$(F(x)+C)'=F'(x)+0=f(x)$,即 $F(x)+C$ 也是 $f(x)$的原函数.现证另一方面,设 $G(x)$是 $f(x)$的任一个取定的原函数,则 $G'(x)=f(x)$,从而

$$(G(x)-F(x))'=G'(x)-F'(x)=f(x)-f(x)=0,$$

对任 $x\in I_0$ 成立,故 $G(x)-F(x)=C$,C 为某一常数.证毕.

定义 4.1.2 (不定积分) 设 $f(x)$的一个原函数为 $F(x)$,$f(x)$的全部原函数 $F(x)+C$(C 为任意常数)常表示为

$$\int f(x)\mathrm{d}x,$$

称为 $f(x)$的**不定积分**.记号 $\int f(x)\mathrm{d}x$ 中的$f(x)$ 称为被积函数,x 称为积分变量,$\int$ 称为积分号.当 $f(x)$ 的原函数存在时,我们也说 $f(x)$是可积的.

据上定义,$\int 2x\mathrm{d}x = x^2 + C$($C$ 为任意常数).

注 4.1.1 1° 对任一 $f(x)$,如果已知其一个原函数为 $F(x)$,要求一个原函数 $G(x)$使得 $G(x_0)=y_0$,其中 x_0,y_0 为已知数.可用下法:令

$$G(x) = F(x) + C,$$

需要确定常数 C.由 $G(x_0)=y_0$,我们有 $G(x_0)=F(x_0)+C$,得 $y_0=F(x_0)+C$,故

$$C = y_0 - F(x_0),$$

因此 $G(x)=F(x)+y_0-F(x_0)$.

2° 如果 $F(x)$是 $f(x)$的一个原函数,则 $y=F(x)$的图形称为 $f(x)$的一条积分曲线.因此对应于 $f(x)$的不定积分,我们有一个积分曲线族,其中任一条积分曲线可由 $y=F(x)$的图形向上(或向下)平移得到.注意,任意取定 $x=x_0$,任一条积分曲线上横坐标为 x_0 的点处的切线斜率都等于 $f(x_0)$.

例 4.1.1 求通过(1,2)的一条曲线 $y=F(x)$,使得曲线在点$(x,F(x))$处的切线斜率为 $2x$.

解 因曲线方程为 $y=F(x)$,由已知 $F'(x)=2x$,故

$$F(x) = \int 2x\mathrm{d}x = x^2 + C.$$

因曲线 $y=F(x)$通过(1,2),故 $F(1)=1^2+C=2$,$C=2-1=1$,因此所求曲线方程为 $y=x^2+1$.

由上一章的知识,我们知道一切初等函数的导数都是存在的.但并非一切连续函数都是可导的.人们自然要问:$f(x)$满足什么条件时,其原函数或不定积分才会存在呢?

定理 4.1.2 ($[a,b]$区间上连续函数的原函数的存在性) 设 $f(x)$在$[a,b]$上连续,则 $f(x)$的原函数(或不定积分)必存在.因此 $f(x)$是可积的.

此定理我们这里述而不证.我们指出,证明此定理的常见方法是以构造性方法定义的黎曼(Riemann)积分,即通常所说的定积分为工具证之(见 4.4 节).虽然本课程中对定理 4.1.2 不作详细证明,但应用下面的定理 4.1.4 中的基本积分表以

及后面介绍的积分方法,可以实际上求出很多初等函数的原函数.从而完全可以对求不定积分以及定积分的问题进行讨论.

我们知道,求导运算满足线性性质,求不定积分也具有类似的性质(但有些差别,见下面定理 4.1.3 之 2°).

定理 4.1.3 (基本性质) 设 $f(x), g(x)$可积,则

1° $\int (f(x)+g(x))\mathrm{d}x = \int f(x)\mathrm{d}x + \int g(x)\mathrm{d}x$;

2° $\int kf(x)\mathrm{d}x = k\int f(x)\mathrm{d}x$ (k 为一常数且 $k \neq 0$).

证 由不定积分的定义及导数的线性性质立即可证.

由不定积分的定义,我们对照定理 3.1.5 中每一个求导公式,可以写出一个不定积分公式.下面的基本积分公式表读者必须熟记.

定理 4.1.4 (基本积分公式表)

1. $\int 0\mathrm{d}x = C$;
2. $\int x^{\mu}\mathrm{d}x = \frac{1}{\mu+1}x^{\mu+1} + C(\mu \neq -1)$;
3. $\int \frac{1}{x}\mathrm{d}x = \ln|x| + C$;
4. $\int a^x\mathrm{d}x = \frac{a^x}{\ln a} + C\ (a>0, a\neq 1)$;
5. $\int \mathrm{e}^x\mathrm{d}x = \mathrm{e}^x + C$;
6. $\int \sin x\mathrm{d}x = -\cos x + C$;
7. $\int \cos x\mathrm{d}x = \sin x + C$;
8. $\int \frac{1}{\cos^2 x}\mathrm{d}x = \tan x + C$;
9. $\int \frac{1}{\sin^2 x}\mathrm{d}x = -\cot x + C$;
10. $\int \frac{1}{\sqrt{1-x^2}}\mathrm{d}x = \arcsin x + C$;
11. $\int \frac{1}{1+x^2}\mathrm{d}x = \arctan x + C$;
12. $\int \frac{1}{a^2-x^2}\mathrm{d}x = \frac{1}{2a}\ln\left|\frac{a+x}{a-x}\right| + C$;
13. $\int \frac{1}{a^2+x^2}\mathrm{d}x = \frac{1}{a}\arctan\frac{x}{a} + C$;
14. $\int \frac{1}{\sqrt{1+x^2}}\mathrm{d}x = \ln(x+\sqrt{1+x^2}) + C$;

15. $\int \frac{1}{\sqrt{x^2-1}}\mathrm{d}x = \ln|x+\sqrt{x^2-1}|+C.$

证 略.

例 4.1.2 (求不定积分简例) 1° 求 $I=\int \frac{(x-1)^2}{x}\mathrm{d}x$.

解 $I=\int \frac{x^2-2x+1}{x}\mathrm{d}x=\int\left(x-2+\frac{1}{x}\right)\mathrm{d}x=\frac{x^2}{2}-2x+\ln|x|+C.$

2° 求 $I=\int \frac{1}{\sin^2 x\cos^2 x}\mathrm{d}x$.

解 $I=\int \frac{\sin^2 x+\cos^2 x}{\sin^2 x\cos^2 x}\mathrm{d}x=\int\left(\frac{1}{\cos^2 x}+\frac{1}{\sin^2 x}\right)\mathrm{d}x=\tan x-\cot x+C.$

3° 求 $I=\int \tan^2 x\mathrm{d}x$.

解 $I=\int \sec^2 x\mathrm{d}x-\int 1\mathrm{d}x=\tan x-x+C.$

注 4.1.2 以上几例表明,做不定积分习题的第一步是观察被积函数,对照心目中的基本积分公式表,看哪个公式可用,有何小差别,是否可把被积函数作简单的恒等变形,再利用积分的基本性质,选取合适的积分公式使用.

对复合函数求导时,我们有链式法则,对求不定积分,我们相应有变量代换的方法.首先看下面的例子.

例 4.1.3 (求不定积分,变量代换) 1° 求 $I=\int(3x+4)^{10}\mathrm{d}x$.

解 令 $3x+4=u$,故 $3\mathrm{d}x=\mathrm{d}u$, $\mathrm{d}x=\frac{1}{3}\mathrm{d}u$.

$$I=\int u^{10}\frac{1}{3}\mathrm{d}u=\frac{1}{3}\int u^{10}\mathrm{d}u=\frac{1}{3}\cdot\frac{u^{11}}{11}+C=\frac{1}{33}(3x+4)^{11}+C.$$

2° 求 $I=\int \frac{x}{\sqrt{1+x^2}}\mathrm{d}x$.

解 令 $\sqrt{1+x^2}=u$,则 $\frac{x}{\sqrt{1+x^2}}\mathrm{d}x=\mathrm{d}u$. 故

$$I=\int \mathrm{d}u=u+C=\sqrt{1+x^2}+C.$$

注意,此题也可用下法:令 $\sqrt{1+x^2}=u$,则 $1+x^2=u^2(u>0)$, $2x\mathrm{d}x=2u\mathrm{d}u$,故

$$I=\int \frac{u}{u}\mathrm{d}u=\int \mathrm{d}u=u+C=\sqrt{1+x^2}+C.$$

3° 求 $I=\int \cot x\mathrm{d}x$.

解 $I=\int \frac{\cos x}{\sin x}\mathrm{d}x \overset{\sin x=u}{=\!=\!=} \int \frac{\mathrm{d}u}{u}=\ln|u|+C=\ln|\sin x|+C$.

以上诸题,均可用求导数的方法直接验算答案正确与否.例如,由

$\left(\frac{1}{33}(3x+4)^{11}+C\right)'=(3x+4)^{10}$,知1°答案正确.

注 4.1.3(第一换元法) 例 4.1.3 中各题虽然不能直接利用基本积分公式得到结果,但我们可设法作变量代换 $\varphi(x)=u$,把被积式改写成另一个变量 u 的函数的微分,于是原积分成为 $\int f(u)\mathrm{d}u$ 的形式,然后可以利用积分的基本性质与基本积分公式得出结果,最后再把结果中的 u 以 $\varphi(x)$ 代入,求出原不定积分. 这种方法通常称为不定积分的**第一换元法或凑微分法**,其理论依据是下面的结论.

若 u 是自变量时,有 $\int f(u)\mathrm{d}u = F(u)+C$,
则 $u=\varphi(x)$是可微函数时,有

$$\int f(\varphi(x))\varphi'(x)\mathrm{d}x = F(\varphi(x))+C,$$

即 $\int f(\varphi(x))\mathrm{d}\varphi(x) = F(\varphi(x))+C.$

事实上,因为 $F'(u)=f(u)$,故 $\frac{\mathrm{d}F(\varphi(x))}{\mathrm{d}x}=\frac{\mathrm{d}F(u)}{\mathrm{d}u}\cdot\frac{\mathrm{d}u}{\mathrm{d}x}=f(u)_{u=\varphi(x)}\varphi'(x)$. 因此,上面的结论成立.

例 4.1.3 中 1°,2°,3°是用第一换元法作不定积分的简单例子.

下面再举一些例子.

例 4.1.4 1° 求 $I=\int\frac{1}{x^2+2x+3}\mathrm{d}x$.

解

$$I=\int\frac{1}{(x+1)^2+2}\mathrm{d}x \xlongequal{x+1=u}\int\frac{\mathrm{d}u}{u^2+(\sqrt{2})^2}$$
$$=\frac{1}{\sqrt{2}}\arctan\left(\frac{u}{\sqrt{2}}\right)+C=\frac{1}{\sqrt{2}}\arctan\left(\frac{x+1}{\sqrt{2}}\right)+C.$$

2° 求 $I=\int\frac{x\mathrm{d}x}{x^2+2x+3}$.

解 注意 $\mathrm{d}(x^2+2x+3)=(2x+2)\mathrm{d}x$,故

$$I=\int\frac{\frac{1}{2}(2x+2)-1}{x^2+2x+3}\mathrm{d}x=\frac{1}{2}\int\frac{\mathrm{d}(x^2+2x+3)}{x^2+2x+3}-\int\frac{1}{x^2+2x+3}\mathrm{d}x$$
$$=\frac{1}{2}\ln|x^2+2x+3|-\frac{1}{\sqrt{2}}\arctan\left(\frac{x+1}{\sqrt{2}}\right)+C.$$

3° 求 $I=\int\frac{\mathrm{d}x}{\sqrt{x(1-x)}}$.

解 令$\sqrt{x}=u$,则$\frac{1}{2\sqrt{x}}\mathrm{d}x=\mathrm{d}u$,因此

$$I=\int\frac{2\mathrm{d}u}{\sqrt{1-u^2}}=2\arcsin u+C=2\arcsin\sqrt{x}+C.$$

注意,此题也可用下法:令$\sqrt{x}=u$,则$x=u^2$,$\mathrm{d}x=2u\mathrm{d}u$,因此

$$I=\int\frac{2u\mathrm{d}u}{u\sqrt{1-u^2}}=2\arcsin u+C=2\arcsin\sqrt{x}+C.$$

4° 求 $I=\int\cos^2x\mathrm{d}x$.

解 $I=\int\frac{1+\cos2x}{2}\mathrm{d}x=\frac{1}{2}x+\frac{1}{4}\sin2x+C.$

如果仔细比较例 4.1.4 中各题的解题过程,情形有所不同.

例如,在第 3°小题中,令$\sqrt{x}=u$,也可以认为作代换 $x=u^2$. 现我们再看两个例子.

例 4.1.5 (第二换元法) 1° 求 $I=\int\sqrt{a^2-x^2}\mathrm{d}x\ (a>0)$.

解 令 $x=a\sin t$, $-\frac{\pi}{2}<t<\frac{\pi}{2}$(我们不写 $x=a\sin u$,以示这种变量代换与第一换元法则有所区别,其实新的变量的记号是无关紧要的). 则$\sqrt{a^2-x^2}=\sqrt{a^2(1-\sin^2t)}=a\cos t$ $\left(这因为-\frac{\pi}{2}<t<\frac{\pi}{2}\right)$,由 $x=a\sin t$ 得 $\mathrm{d}x=a\cos t\mathrm{d}t$,因此

$$\begin{aligned}I&=\int a^2\cos^2t\mathrm{d}t=a^2\int\frac{1+\cos2t}{2}\mathrm{d}t\\&=a^2\left(\frac{1}{2}t+\frac{\sin2t}{4}\right)+C.\end{aligned}$$

由 $x=a\sin t$ 得 $t=\arcsin\frac{x}{a}$ 代入上式得

$$I=\frac{1}{2}a^2\arcsin\frac{x}{a}+\frac{x}{2}\sqrt{a^2-x^2}+C$$

(注意 $\sin2t=2\sin t\cos t$, $\sin t=\frac{x}{a}$, 因 $-\frac{\pi}{2}<t<\frac{\pi}{2}$, 故 $\cos t=\sqrt{1-\frac{x^2}{a^2}}=\frac{1}{a}\sqrt{a^2-x^2}$).

2° 求 $I=\int\frac{\mathrm{d}x}{\sqrt{x}+\sqrt[3]{x}}$.

解 令 $x=t^6$, $\mathrm{d}x=6t^5\mathrm{d}t$, $\sqrt{x}=t^3$, $\sqrt[3]{x}=t^2$. 故

$$\begin{aligned}I&=\int\frac{6t^5}{t^3+t^2}\mathrm{d}t=6\int\frac{t^3}{t+1}\mathrm{d}t=6\int\frac{t^3+1-1}{t+1}\mathrm{d}t\\&=6\int\left(t^2-t+1-\frac{1}{t+1}\right)\mathrm{d}t=6\left(\frac{t^3}{3}-\frac{t^2}{2}+t-\ln|t+1|\right)+C\end{aligned}$$

$$= 2t^3 - 3t^2 + 6t - 6\ln|t+1| + C.$$

由 $x = t^6$ 得 $t = x^{\frac{1}{6}}$,故

$$I = 2\sqrt{x} - 3\sqrt[3]{x} + 6\sqrt[6]{x} - 6\ln|\sqrt[6]{x} + 1| + C.$$

注 4.1.4(第二换元法)　例 4.1.5 中所用的变量代换常称为不定积分的**第二换元法**.一般过程如下

$$\int f(x)\mathrm{d}x \xlongequal{x=\varphi(t)} \int f(\varphi(t))\varphi'(t)\mathrm{d}t$$

$$\xlongequal{\text{积分变量是}t} G(t) + C \xlongequal{t=\varphi^{-1}(x)} G(\varphi^{-1}(x)) + C.$$

为保证第二换元法积分过程中 $t = \varphi^{-1}(x)$存在,一般要求在一区间上 $\varphi'(t) \neq 0$. 而第一换元法过程一般首先把所求积分 $\int F(x)\mathrm{d}x$ 改为等价形式

$$\int f(\varphi(x))\varphi'(x)\mathrm{d}x \xlongequal{\varphi(x)=u} \int f(u)\mathrm{d}u \xlongequal{\text{积分变量是}u} G(u) + C$$

$$\xlongequal{u=\varphi(x)} G(\varphi(x)) + C.$$

注意,例 4.1.5 中两个例子是应用第二换元法的典型例子,而例 4.1.3 与例 4.1.4 中各题则是应用第一换元法的典型例子,希望读者能从这些典型例子的作法过程中体会两个换元法的关键所在.

下面介绍另一种重要的积分方法:**分部积分法**(integration by parts).这种方法来源于乘积求导公式

$$(u(x)v(x))' = u'(x)v(x) + u(x)v'(x),$$

由此立即得到

$$u(x)v'(x) = (u(x)v(x))' - u'(x)v(x),$$

从而

$$u(x)v'(x)\mathrm{d}x = (u(x)v(x))'\mathrm{d}x - v(x)u'(x)\mathrm{d}x.$$

两边对 x 积分,得

$$\int u(x)v'(x)\mathrm{d}x = u(x)v(x) - \int v(x)u'(x)\mathrm{d}x.$$

从而得到下面的定理.

定理 4.1.5(分部积分法)　设 $u(x), v(x)$均可导且导数连续,则

$$\int u(x)v'(x)\mathrm{d}x = u(x)v(x) - \int v(x)u'(x)\mathrm{d}x.$$

可简单写为

$$\int u\mathrm{d}v = uv - \int v\mathrm{d}u.$$

例 4.1.6　1° 求 $I = \int x\mathrm{e}^{-x}\mathrm{d}x$.

解

$$I=-\int x\mathrm{d}\mathrm{e}^{-x}=-\left[x\mathrm{e}^{-x}-\int \mathrm{e}^{-x}\mathrm{d}x\right]$$
$$=-x\mathrm{e}^{-x}+\int \mathrm{e}^{-x}\mathrm{d}x=-x\mathrm{e}^{-x}-\mathrm{e}^{-x}+C.$$

2° 求 $I=\int x^2\cos x\mathrm{d}x$.

解

$$I=\int x^2\mathrm{d}\sin x=x^2\sin x-\int \sin x\mathrm{d}x^2$$
$$=x^2\sin x-2\int x\sin x\mathrm{d}x=x^2\sin x+2\int x\mathrm{d}\cos x$$
$$=x^2\sin x+2x\cos x-2\int \cos x\mathrm{d}x$$
$$=x^2\sin x+2x\cos x-2\sin x+C.$$

3° 求 $I=\int x\ln x\mathrm{d}x$.

解

$$I=\int \ln x\mathrm{d}\left(\frac{x^2}{2}\right)=\frac{x^2}{2}\ln x-\int \frac{x^2}{2}\mathrm{d}\ln x$$
$$=\frac{x^2}{2}\ln x-\frac{1}{2}\int x\mathrm{d}x=\frac{x^2}{2}\ln x-\frac{1}{4}x^2+C.$$

*4° 求 $I=\int \mathrm{e}^{ax}\cos bx\mathrm{d}x$.

解

$$I=\frac{1}{a}\int \cos bx\mathrm{d}\mathrm{e}^{ax}=\frac{1}{a}\mathrm{e}^{ax}\cos bx-\frac{1}{a}\int \mathrm{e}^{ax}\mathrm{d}\cos bx$$
$$=\frac{1}{a}\mathrm{e}^{ax}\cos bx+\frac{b}{a}\int \mathrm{e}^{ax}\sin bx\mathrm{d}x$$
$$=\frac{1}{a}\mathrm{e}^{ax}\cos bx+\frac{b}{a^2}\int \sin bx\mathrm{d}\mathrm{e}^{ax}$$
$$=\frac{1}{a}\mathrm{e}^{ax}\cos bx+\frac{b}{a^2}\mathrm{e}^{ax}\sin bx-\frac{b^2}{a^2}\int \mathrm{e}^{ax}\cos bx\mathrm{d}x$$
$$=\frac{1}{a}\mathrm{e}^{ax}\cos bx+\frac{b}{a^2}\mathrm{e}^{ax}\sin bx-\frac{b^2}{a^2}I,$$

故 $I=\dfrac{\mathrm{e}^{ax}(a\cos bx+b\sin bx)}{a^2+b^2}+C$.

注 4.1.5 1° 前面已介绍了多种求不定积分的方法,有时需要把几种方法结合使用,甚至一种方法连续使用多次. 例如,求 $\int x^3\mathrm{e}^x\mathrm{d}x$ 就要多次使用分部积分法才能求得.

2° 对于一个初等函数,求不定积分是否能得到结果与求导数情形可能有所不同.例如,初等函数的导数仍为初等函数,一般都可求得.但初等函数的不定积分不一定是初等函数,因此我们可以说不定积分不一定可以积出来.如 $\int \frac{\sin x}{x}\mathrm{d}x$, $\int \mathrm{e}^{-x^2}\mathrm{d}x$ 等,这些积分不是初等函数,我们这里就不进一步探讨了.

4.2 定 积 分

我们首先指出,定积分的概念几何上来源于解决如求曲线 $y=f(x)$(设 $f(x)$ 在$[a,b]$上有定义且 $f(x)>0$)与三条直线 $x=a$, $x=b$ 以及 $y=0$ 所围成的曲边梯形的面积这类问题,数学家有其一个逻辑上严密的处理过程.我们认为,对于一般的数学应用工作者来说,应着重于知道定积分如何求,有什么用以及如何应用.因此我们以定理 4.1.2 为基础,采用一种简单易掌握的讨论方式介绍定积分的内容.

本章中**关于定积分的讨论,除了下面的定义 4.2.2 及定义 4.2.3,例 4.2.10,定义 4.4.1,(B)组习题 6 以外,我们都假设讨论的函数是有界闭区间上的连续函数**(为了方便起见,不妨把有界闭区间都记为 I_0),因此由定理 4.1.2 可知必存在原函数.或者为了严格起见,我们可以说,暂时至少可以对能求出原函数的那些连续函数进行下面的讨论.

现由一个例子讲起.

我们知道,不定积分 $\int 2x\mathrm{d}x = x^2 + C$, C 是任意常数,表示函数 $2x$ 的全部原函数.对任意一个取定的 C,我们记 x^2+C 为 $G(x)$.则 $G(x)$ 是 $2x$ 的一个原函数, $G(3)=3^2+C$, $G(2)=2^2+C$,因此 $G(3)-G(2)=3^2-2^2$,这个差显然与 C 无关,这是一个确定的数,它来源于 $2x$ 的不定积分,但现在只与数 3 与 2 有关.可把 $G(3)-G(2)$ 记为 $G(x)\mid_2^3$.显然,我们可以用区间 I_0 上的任一个连续函数 $f(x)$ 代替上面的 $2x$,用 I_0 上的任意 a 与 b 代替上面的 2 与 3,进行类似的讨论.

由此启发我们给出定积分的下述定义.

定义 4.2.1 (定积分)　设 $F(x)$ 是 $f(x)$ 的一个取定的原函数, $a,b\in I_0$,则

$$F(b)-F(a)=F(x)\mid_a^b=[F(x)+C]\mid_a^b$$

(其中 C 为任意常数)是一固定的数,我们称这个数为 $f(x)$ 从 a 到 b 的**定积分**,记为

$$\int_a^b f(x)\mathrm{d}x,$$

即

$$\int_a^b f(x)\mathrm{d}x = F(b) - F(a).$$

$\int$ 是积分号，a 与 b 分别称为定积分的下限与上限，$f(x)$ 称为被积函数，$f(x)\mathrm{d}x$ 称为被积式，x 称为积分变量.

注意，由定义可见，$\int_a^b f(x)\mathrm{d}x = \int_a^b f(t)\mathrm{d}t$，即定积分的值与积分变量的记号无关，故在定积分中我们可以说积分变量是哑变量(dummy variable)．显然

$$\int_a^b F'(x)\mathrm{d}x = F(b) - F(a).$$

由定积分的定义 4.2.1，我们容易证明定积分的下述性质.

定理 4.2.1（定积分的基本性质） 设 $a, b, c \in I_0$，则

1° $\int_a^b \mathrm{d}x = b - a$；

2° $\int_a^b kf(x)\mathrm{d}x = k\int_a^b f(x)\mathrm{d}x$（$k$ 为任意实数）； （定积分的齐次性）

3° $\int_a^b (f(x) + g(x))\mathrm{d}x = \int_a^b f(x)\mathrm{d}x + \int_a^b g(x)\mathrm{d}x$. （定积分的可加性）

（附注：2°与 3°两条性质合称为定积分的线性性质．由此易见，如果设 $a < b$，固定区间 $[a, b]$，对任意 $f \in C[a, b]$，则有一个确定的数 $\int_a^b f(x)\mathrm{d}x$ 与之对应，可记为 $Tf = \int_a^b f(x)\mathrm{d}x$，$T$ 是 $C[a, b]$ 上的一个线性泛函．）

4° $\int_a^b f(x)\mathrm{d}x = -\int_b^a f(x)\mathrm{d}x$.

5° $\int_a^a f(x)\mathrm{d}x = 0$.

6° $\int_a^b f(x)\mathrm{d}x = \int_a^c f(x)\mathrm{d}x + \int_c^b f(x)\mathrm{d}x$. （当 $a < c < b$ 时，此性质可称为定积分对积分区间的可加性）

证 此六条性质均由定积分的定义 4.2.1 立即可以证得，以证明 6°为例.

设 $F(x)$ 是 $f(x)$ 的一个原函数($x \in I_0$)，则由定义

$$\int_a^b f(x)\mathrm{d}x = F(b) - F(a),$$

而右端 $= F(c) - F(a) + F(b) - F(c) = F(b) - F(a) =$ 左端.

前面我们已给出定积分的定义，且讨论了定积分的基本性质．现在我们要问：

如何计算一个定积分 $\int_a^b f(x)\mathrm{d}x$ 的值?由定积分的定义 4.2.1 可知,原则上,我们只要能求出不定积分 $\int f(x)\mathrm{d}x$,则问题就解决了.

如果

$$\int f(x)\mathrm{d}x = F(x) + C,$$

则

$$\int_a^b f(x)\mathrm{d}x = F(b) - F(a).$$

另外我们还可以借助定理 4.2.1 中定积分的基本性质,特别是定积分的线性性质,把比较复杂的定积分计算进行简化.

为了书写方便起见,后面的定积分我们也常记为 I,这里 I 表示一个实数.读者注意不要与前面的不定积分混淆.

例 4.2.1　1° 求 $I = \int_0^{\frac{\pi}{2}} \sin x \cos x \mathrm{d}x$.

解　因

$$\int \sin x \cos x \mathrm{d}x = \int \sin x \mathrm{d}\sin x = \frac{\sin^2 x}{2} + C.$$

故

$$I = \left.\frac{\sin^2 x}{2}\right|_0^{\frac{\pi}{2}} = \frac{1}{2}.$$

2° 求 $I = \int_0^1 x^3 \mathrm{d}x$.

解　因

$$\int x^3 \mathrm{d}x = \frac{x^4}{4} + C.$$

故

$$I = \left.\frac{x^4}{4}\right|_0^1 = \frac{1}{4}.$$

3° 求 $I = \int_0^2 |1 - x| \mathrm{d}x$.

解　因

$$|1 - x| = \begin{cases} 1 - x, & 0 \leqslant x \leqslant 1, \\ x - 1, & 1 \leqslant x \leqslant 2 \end{cases}$$

是[0,2]上连续函数,故 I 存在.由定理 4.2.1 之 6°,

$$I=\int_0^1(1-x)\mathrm{d}x+\int_1^2(x-1)\mathrm{d}x=\left(x-\frac{x^2}{2}\right)\bigg|_0^1+\left(\frac{x^2}{2}-x\right)\bigg|_1^2$$
$$=1-\frac{1}{2}+\left(\frac{4}{2}-2-\frac{1}{2}+1\right)=1.$$

4° $$\int_1^2\left(x^2+\frac{1}{x^4}\right)\mathrm{d}x=\int_1^2x^2\mathrm{d}x+\int_1^2x^{-4}\mathrm{d}x=\frac{x^3}{3}\bigg|_1^2+\frac{x^{-4+1}}{-3}\bigg|_1^2$$
$$=\frac{8}{3}-\frac{1}{3}-\frac{1}{3x^3}\bigg|_1^2$$
$$=\frac{7}{3}-\left(\frac{1}{24}-\frac{1}{3}\right)=\frac{7}{3}+\frac{7}{24}=2\frac{5}{8}.$$

下面我们讨论定积分的其他重要性质.

定理 4.2.2（单调性） 设 $a,b\in I_0$ 且 $a<b$，那么

1° 当 $x\in[a,b]$ 时 $f(x)\geqslant 0$，则 $\int_a^b f(x)\mathrm{d}x\geqslant 0$；

2° 当 $x\in[a,b]$ 时 $f(x)\geqslant g(x)$，则
$$\int_a^b f(x)\mathrm{d}x\geqslant\int_a^b g(x)\mathrm{d}x.$$

证 1° 设 $F(x)$ 是 $f(x)$ 的原函数 $(x\in I_0)$，则 $F'(x)=f(x)$
$$\int_a^b f(x)\mathrm{d}x=F(b)-F(a).$$
因 $F'(x)=f(x)\geqslant 0$，故 $F(x)$ 是单调上升的，因此当 $b>a$ 时 $F(b)\geqslant F(a)$，从而 $\int_a^b f(x)\mathrm{d}x\geqslant 0$.

2° 由定理 4.2.1
$$\int_a^b(f(x)-g(x))\mathrm{d}x=\int_a^b f(x)\mathrm{d}x-\int_a^b g(x)\mathrm{d}x,$$
因 $f(x)\geqslant g(x)$，故 $f(x)-g(x)\geqslant 0$. 又 $b>a$，由本定理之 1°，立即得
$$\int_a^b f(x)\mathrm{d}x\geqslant\int_a^b g(x)\mathrm{d}x.$$

定理 4.2.3 设 $a,b\in I_0$ 且 $a<b$，当 $x\in[a,b]$ 时，$f(x)\geqslant 0$. 则 $\int_a^b f(x)\mathrm{d}x>0$ 的充要条件是，存在一点 $c\in[a,b]$，使得 $f(c)>0$. 因此，如果在 $[a,b]$ 上 $f(x)\leqslant g(x)$，则 $\int_a^b f(x)\mathrm{d}x<\int_a^b g(x)\mathrm{d}x$ 的充要条件是，存在 $c\in[a,b]$，使得 $f(c)<g(c)$.

证 先证必要性.

设 $a<b$ 且当 $x\in[a,b]$ 时，$f(x)\geqslant 0$，$\int_a^b f(x)\mathrm{d}x>0$. 若在 $[a,b]$ 上 $f(x)$ 恒

等于0,则由定积分定义,立即得$\int_a^b f(x)\mathrm{d}x = 0$,这与$\int_a^b f(x)\mathrm{d}x > 0$假设相矛盾.因此,在$[a,b]$上$f(x)$不恒等于0,又已知$f(x) \geqslant 0$,故必存在$c \in [a,b]$,使得$f(c) > 0$.

下证充分性.

设存在$c\in[a,b]$,$f(c)>0$,则由连续函数的性质及极限的性质可知,存在a_1,b_1满足$a\leqslant a_1<b_1\leqslant b$,使得当$x\in[a_1,b_1]$时,$f(x)>0$.

任取$f(x)$的一个原函数$F(x)$ $(x\in I_0)$,由$F'(x)=f(x)>0$, $\forall x\in[a_1,b_1]$,立即得$F(x)$在$[a_1,b_1]$上是严格递增的.因此$\int_{a_1}^{b_1} f(x)\mathrm{d}x = F(b_1) - F(a_1) > 0$.

由定理 4.2.1 之 6°,得

$$\int_a^b f(x)\mathrm{d}x = \int_a^{a_1} f(x)\mathrm{d}x + \int_{a_1}^{b_1} f(x)\mathrm{d}x + \int_{b_1}^b f(x)\mathrm{d}x,$$

因为在$[a,b]$上,$f(x)\geqslant 0$,故$\int_a^{a_1} f(x)\mathrm{d}x \geqslant 0$,$\int_{b_1}^b f(x)\mathrm{d}x \geqslant 0$.上面已证$\int_{a_1}^{b_1} f(x)\mathrm{d}x > 0$.因此,$\int_a^b f(x)\mathrm{d}x > 0$.

定理的后半部分可由前半部分立即得到.

定理 4.2.4 设$a,b\in I_0$且$a<b$,当$x\in[a,b]$时,$m\leqslant f(x)\leqslant M$($m,M$是两个常数).则

$$m(b-a) \leqslant \int_a^b f(x)\mathrm{d}x \leqslant M(b-a),$$

即

$$m \leqslant \frac{1}{b-a}\int_a^b f(x)\mathrm{d}x \leqslant M.$$

证 由定理 4.2.2 之 2°立即可证.

定理 4.2.5 设$a,b\in I_0$且$a<b$.则

$$\left|\int_a^b f(x)\mathrm{d}x\right| \leqslant \int_a^b |f(x)|\mathrm{d}x.$$

证 因$a<b$,$-|f(x)|\leqslant f(x)\leqslant |f(x)|$,由定理 4.2.2 之 2°,得

$$\int_a^b (-|f(x)|)\mathrm{d}x \leqslant \int_a^b f(x)\mathrm{d}x \leqslant \int_a^b |f(x)|\mathrm{d}x,$$

即

$$-\int_a^b |f(x)|\mathrm{d}x \leqslant \int_a^b f(x)\mathrm{d}x \leqslant \int_a^b |f(x)|\mathrm{d}x,$$

故

$$\left|\int_a^b f(x)\mathrm{d}x\right| \leqslant \int_a^b |f(x)|\mathrm{d}x.$$

定理 4.2.6（积分中值定理） 设 $a,b\in I_0$.则存在 $\xi\in(a,b)$使得

$$\int_a^b f(x)\mathrm{d}x = f(\xi)(b-a).$$

证 设 $F(x)$是 $f(x)$的一个原函数,则 $F'(x)=f(x)$ $(x\in I_0)$

$$\int_a^b f(x)\mathrm{d}x = F(b)-F(a),$$

由拉格朗日中值定理证后的注意可知,存在 $\xi\in(a,b)$使得

$$F(b)-F(a) = F'(\xi)(b-a),$$

即

$$\int_a^b f(x)\mathrm{d}x = f(\xi)(b-a).$$

注意,积分中值定理的上述证明表明,我们可由拉格朗日微分中值定理推出积分中值定理.这反映了两类中值定理之间有紧密的联系.

定理 4.2.7（求导公式,$a,x\in I_0$） 令 $\Phi(x)=\int_a^x f(x)\mathrm{d}x$,则 $\Phi'(x)=f(x)$,即 $\Phi(x)$ 是 $f(x)$ 的一个原函数.

证 设 $F(x)$是 $f(x)$的一个原函数,则 $F'(x)=f(x)$

$$\Phi(x) = \int_a^x f(x)\mathrm{d}x = F(x)-F(a),$$

因为 $F'(x)$存在,$F(a)$是常数,故 $\Phi'(x)$存在,且 $\Phi'(x)=F'(x)=f(x)$.即,$\Phi(x)$是 $f(x)$的一个原函数.

注意,$\int_a^x f(x)\mathrm{d}x$ 常称为变上限的定积分,它是上限 x 的函数.

定理 4.2.8（求导公式,$a,x\in I_0$） 设 $\Psi(x)=\int_a^{\varphi(x)} f(x)\mathrm{d}x$(其中 $\varphi(x)$ 在 I_0 上可导),则 $\Psi'(x)=f(\varphi(x))\varphi'(x)$.

证 令 $u=\varphi(x)$,则 $\Phi(u)=\int_a^u f(x)\mathrm{d}x$,$\Psi(x)=\Phi(u)|_{u=\varphi(x)}$,由复合函数求导的链式法则得

$$\Psi'(x) = \Phi'(u)|_{u=\varphi(x)}\varphi'(x) \xlongequal{\text{定理 4.2.7}} f(\varphi(x))\varphi'(x).$$

例 4.2.2 1° 已知 $y=\int_0^{x^2}\sin\sqrt{t}\,\mathrm{d}t$,求 y'.

解 由定理 4.2.8, $y'=\sin\sqrt{t}\,|_{t=x^2}\cdot(x^2)'=(\sin\sqrt{x^2})\cdot 2x=2x\sin|x|$.

2° 已知 $y=\int_a^x \frac{\sin t}{t}\mathrm{d}t\ (a,x>0)$,求 y'.

解　$y'=\frac{\sin x}{x}$.

注意,我们前面已知道,虽然$\frac{\sin t}{t}$的原函数存在,但不能用初等函数表示.因此函数$\int_a^x \frac{\sin t}{t}\mathrm{d}t$ 不能表示为初等函数的形式,但却是可导的,且导数为$\frac{\sin x}{x}$,是初等函数.

现在我们再回忆一下利用第二换元法求不定积分的过程(见注 4.1.4).由

$$\int f(x)\mathrm{d}x \xlongequal{x=\varphi(t)} \int f(\varphi(t))\varphi'(t)\mathrm{d}t = G(t)+C$$

$$\xlongequal{t=\varphi^{-1}(x)} G(\varphi^{-1}(x))+C$$

可见,为了求得$\int f(x)\mathrm{d}x$,采用了变量代换 $x=\varphi(t)$.在求出 $f(\varphi(t))\varphi'(t)$ 的原函数 $G(t)$ 之后,必须把 $G(t)$ 化为原来的变量 x 的函数,注 4.1.4 中指出,一般需要 $\varphi'(t)\neq 0$ 来保证 $t=\varphi^{-1}(x)$ 存在.这样一方面要求 $x=\varphi(t)$ 的条件较强(如 $\varphi'(t)\neq 0$),另一方面把 $G(t)$ 化为原来的变量 x 的函数的过程往往比较麻烦.

对于定积分的讨论,根据定积分的特点我们有下述使用比较方便的**定积分换元法**.

定理 4.2.9 (定积分换元法,$a,b\in I_0$)　设 $f(x)$在闭区间 I_0 上连续,$x=\varphi(t)$在 $I_1=[\alpha,\beta]$或$[\beta,\alpha]$上有连续导数,且 $\varphi(t)$的值域$\subset I_0$,$\varphi(\alpha)=a\in I_0$,$\varphi(\beta)=b\in I_0$,则

$$\int_a^b f(x)\mathrm{d}x=\int_\alpha^\beta f(\varphi(t))\varphi'(t)\mathrm{d}t.$$

证　由已知,$f(x)$是 I_0 上的连续函数,$\varphi(t)$,$\varphi'(t)$均是 I_1 上的连续函数,故 $f(\varphi(t))\cdot\varphi'(t)$ 是 I_1 上的连续函数,因此两个定积分 $\int_a^b f(x)\mathrm{d}x$,$\int_\alpha^\beta f(\varphi(t))\varphi'(t)\mathrm{d}t$ 都存在.设 $F(x)$是 $f(x)$的一个原函数($x\in I_0$),则 $F'(x)=f(x)(x\in I_0)$.由链式法则得

$$[F(\varphi(t))]'=F'(x)\mid_{x=\varphi(t)}\cdot\varphi'(t)=f(\varphi(t))\varphi'(t),\qquad t\in I_1,$$

因此 $F(\varphi(t))$是 $f(\varphi(t))\varphi'(t)$的一个原函数,$t\in I_1$.

由定积分定义

$$\int_a^b f(x)\mathrm{d}x=F(b)-F(a),$$

$$\int_\alpha^\beta f(\varphi(t))\varphi'(t)\mathrm{d}t=F(\varphi(\beta))-F(\varphi(\alpha)).$$

由已知，$\varphi(\alpha)=a$，$\varphi(\beta)=b$. 因此

$$\int_a^b f(x)\mathrm{d}x = \int_\alpha^\beta f(\varphi(t))\varphi'(t)\mathrm{d}t.$$

证毕.

注 4.2.1 1° 在定理 4.2.9 及证明中不要求 $\varphi(t)$ 的值域包含于以 a，b 为端点的区间之中，但要求 $\varphi(t)$ 的值域包含于 I_0 之中.

2° 定积分换元法的使用主要是为了求 $\int_a^b f(x)\mathrm{d}x$. 用法是从左到右，即采用适当的满足定理 4.2.9 条件的变量代换 $x=\varphi(t)$ 以后，我们把 $\int_a^b f(x)\mathrm{d}x$ 化为 $\int_\alpha^\beta f(\varphi(t))\varphi'(t)\mathrm{d}t$. 如果 $\int_\alpha^\beta f(\varphi(t))\varphi'(t)\mathrm{d}t$ 容易求出，则 $\int_a^b f(x)\mathrm{d}x$ 也就同时求得了.

定积分的换元法则也可以从右到左用，把求 $\int_\alpha^\beta f(\varphi(t))\varphi'(t)\mathrm{d}t$ 化为求 $\int_a^b f(x)\mathrm{d}x$ 的问题. 上述两种用法的关键都是要从一端积分的上、下限正确地求出另一端积分的上、下限.

例 4.2.3 1° 求 $I=\int_0^1 \sqrt{4-x^2}\mathrm{d}x$.

解 令 $x=2\sin t$，$0\leqslant t\leqslant\frac{\pi}{6}$，$2\sin 0=0$，$2\sin\frac{\pi}{6}=1$，$\mathrm{d}x=2\cos t\mathrm{d}t$，变换 $x=2\sin t$ 满足定理 4.2.9 定积分换元法的要求，故

$$I=\int_0^{\frac{\pi}{6}}\sqrt{4-4\sin^2 t}\,2\cos t\mathrm{d}t,$$

注意，因 $0\leqslant t\leqslant\frac{\pi}{6}$，故 $\sqrt{4-4\sin^2 t}=2\cos t$. 因此

$$I=\int_0^{\frac{\pi}{6}}4\cos^2 t\mathrm{d}t=\int_0^{\frac{\pi}{6}}2(1+\cos 2t)\mathrm{d}t=(2t+\sin 2t)\Big|_0^{\frac{\pi}{6}}=\frac{\pi}{3}+\frac{\sqrt{3}}{2}.$$

2° 求 $I=\int_0^{\frac{\pi}{2}}(\cos t)^3\mathrm{d}t$.

解 令 $\sin t=x$，则 $\cos t\mathrm{d}t=\mathrm{d}x$，且当 $t=0$ 时，$x=0$；当 $t=\frac{\pi}{2}$ 时，$x=1$.

$$I=\int_0^{\frac{\pi}{2}}(1-\sin^2 t)\cos t\mathrm{d}t=\int_0^1(1-x^2)\mathrm{d}x=\frac{2}{3}.$$

注 4.2.2（对称区间 $[-a,a]$ 上奇（偶）函数的积分公式） 设 $f(x)$ 在 $[-a,a]$ 上连续，则

$$I=\int_{-a}^{a}f(x)\mathrm{d}x=\begin{cases}2\int_{0}^{a}f(x)\mathrm{d}x, & 当\ f(x)\ 为偶函数,\\ 0, & 当\ f(x)\ 为奇函数.\end{cases}$$

证 考虑要证的结果中出现 $\int_0^a f(x)\mathrm{d}x$,故我们自然用

$$I=\int_{-a}^{a}f(x)\mathrm{d}x=\int_{-a}^{0}f(x)\mathrm{d}x+\int_{0}^{a}f(x)\mathrm{d}x.$$

保留右边第二个积分,在第一个积分中令 $x=-t$,$\mathrm{d}x=-\mathrm{d}t$,$t=a$ 时,$x=-a$;$t=0$ 时,$x=0$,故

$$\int_{-a}^{0}f(x)\mathrm{d}x=-\int_{a}^{0}f(-t)\mathrm{d}t=\int_{0}^{a}f(-t)\mathrm{d}t$$

$$=\begin{cases}\int_{0}^{a}f(t)\mathrm{d}t, & 当\ f\ 为偶函数,\\ -\int_{0}^{a}f(t)\mathrm{d}t, & 当\ f\ 为奇函数.\end{cases}$$

因此

$$I=\int_{-a}^{a}f(x)\mathrm{d}x=\begin{cases}2\int_{0}^{a}f(x)\mathrm{d}x, & 当\ f(x)\ 为偶函数,\\ 0, & 当\ f(x)\ 为奇函数.\end{cases}$$

例 4.2.4 求 $I=\int_{-1}^{1}(x+|x|)^2\mathrm{d}x$.

解 注意积分区间$[-1,1]$为对称区间,要尽可能利用被积函数的奇偶性.

$$I=\int_{-1}^{1}(x^2+2x|x|+x^2)\mathrm{d}x=\int_{-1}^{1}(2x^2+2x|x|)\mathrm{d}x$$

$$=2\int_{-1}^{1}x^2\mathrm{d}x+2\int_{-1}^{1}x|x|\mathrm{d}x$$

$$=4\int_{0}^{1}x^2\mathrm{d}x+0=\frac{4}{3}x^3\Big|_0^1=\frac{4}{3}.$$

与不定积分的分部积分法相对应,**定积分也有分部积分法**.

定理 4.2.10(分部积分法) 设 $u'(x)$,$v'(x)$在区间 I_0 上连续,$a,b\in I_0$,则

$$\int_{a}^{b}u(x)v'(x)\mathrm{d}x=u(x)v(x)\Big|_a^b-\int_{a}^{b}u'(x)v(x)\mathrm{d}x.$$

证 因 $u'(x)$,$v'(x)$存在,故 $u(x)v(x)$也可导,且

$$(u(x)v(x))'=u'(x)v(x)+u(x)v'(x).$$

由已知,显然上式中三项均连续,故每项从 a 到 b 的定积分存在,由定积分的可加性,得

$$\int_a^b (u(x)v(x))'\mathrm{d}x = \int_a^b u'(x)v(x)\mathrm{d}x + \int_a^b u(x)v'(x)\mathrm{d}x,$$

$$u(x)v(x)\Big|_a^b = \int_a^b u'(x)v(x)\mathrm{d}x + \int_a^b u(x)v'(x)\mathrm{d}x,$$

即

$$\int_a^b u(x)v'(x)\mathrm{d}x = u(x)v(x)\Big|_a^b - \int_a^b u'(x)v(x)\mathrm{d}x,$$

可简写为

$$\int_a^b u\mathrm{d}v = uv\Big|_a^b - \int_a^b v\mathrm{d}u.$$

例 4.2.5 求 $I = \int_1^2 x\ln x\mathrm{d}x$.

解

$$\begin{aligned} I &= \frac{1}{2}\int_1^2 \ln x\mathrm{d}x^2 = \frac{1}{2}\left(x^2\ln x\Big|_1^2 - \int_1^2 x^2\mathrm{d}\ln x\right) \\ &= \frac{1}{2}\left(4\ln 2 - \int_1^2 x\mathrm{d}x\right) = \frac{1}{2}\left(4\ln 2 - \frac{1}{2}x^2\Big|_1^2\right) \\ &= 2\ln 2 - \frac{3}{4}. \end{aligned}$$

现在我们指出定积分在数学、物理学、经济学等学科中有很广泛的应用,数学家已经证明了许多应用公式,我们在这里只选取其中几个较为简单的情形.

定理 4.2.11 (平面图形的面积公式) 1° 设 $f(x)\geqslant 0$,则由 $y=f(x)$ 及 $x=a$, $x=b(a<b)$ 及 x 轴所围图形 D 的面积 $S=\int_a^b f(x)\mathrm{d}x$(见图 4.1).

2° 设 $a<b$,当 $x\in[a,b]$ 时 $f(x)\geqslant g(x)$,则由 $y=f(x)$, $y=g(x)$ 及 $x=a$, $x=b$ 所围图形 D 的面积 $S=\int_a^b (f(x)-g(x))\mathrm{d}x$(见图 4.2).

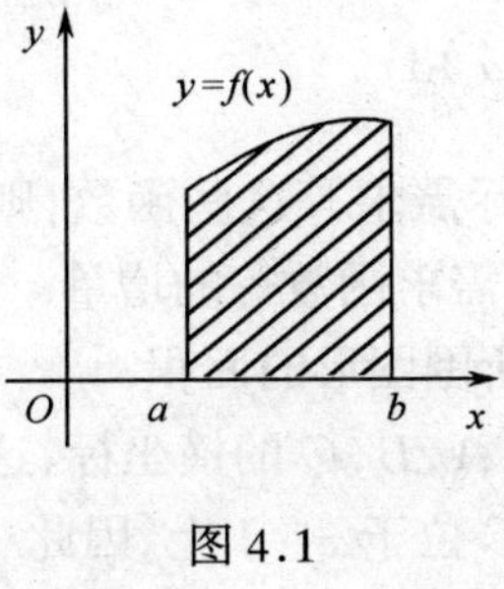

图 4.1

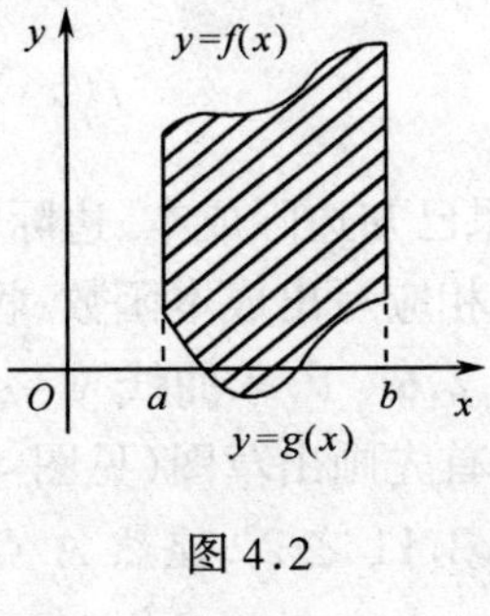

图 4.2

3° 设 $x=\varphi(y)\geqslant 0$，则由 $x=\varphi(y)$ 及 $y=a,y=b(a<b)$ 及 y 轴所围图形 D 的面积 $S=\int_a^b\varphi(y)\mathrm{d}y$（见图 4.3）.

4° 设 $a<b$，当 $y\in[a,b]$ 时 $\varphi(y)\geqslant\psi(y)$，则由 $x=\varphi(y)$，$x=\psi(y)$ 及 $y=a$，$y=b$ 所围图形 D 的面积 $S=\int_a^b(\varphi(y)-\psi(y))\mathrm{d}y$（见图 4.4）.

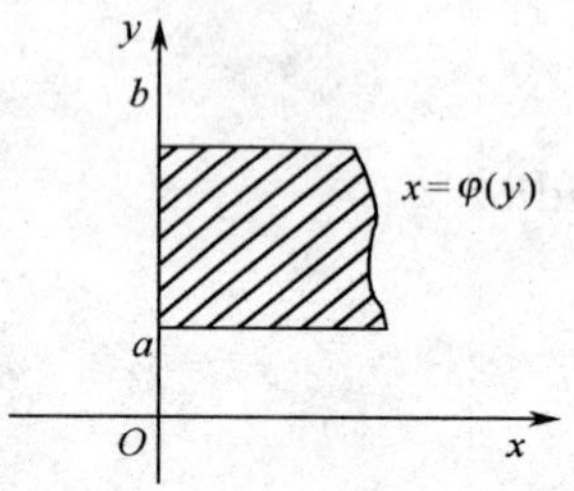

图 4.3

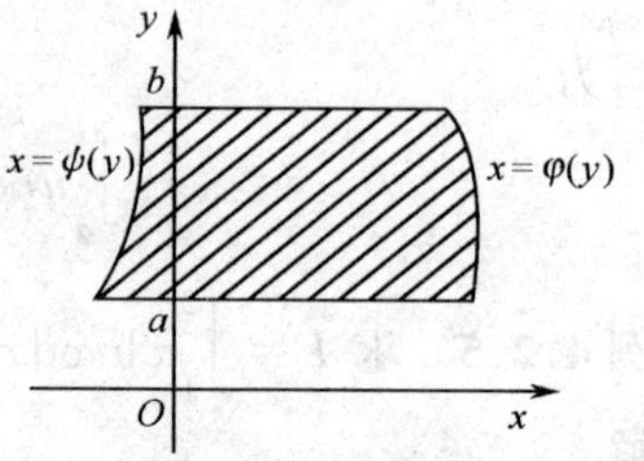

图 4.4

定理 4.2.12（路程公式）　设路程函数为 $S(t)$，则 $S'(t)$ 为速度，常记为 $v(t)$，则在时间间隔 $[0,T]$ 内，物体经过的路程为

$$\int_0^T S'(t)\mathrm{d}t=S(T)-S(0),$$

或记为

$$\int_0^T v(t)\mathrm{d}t=S(T)-S(0).$$

在时间间隔 $[T_1,T_2]$ 内，物体经过的路程公式为

$$S(T_2)-S(T_1)=\int_{T_1}^{T_2}v(t)\mathrm{d}t.$$

定理 4.2.13（经济学函数的增量公式）　设一个经济指标 y 是另一经济指标 x 的函数，$y=f(x)$. 如 $f(x)$ 的变化率即边际函数 $f'(x)$ 已知，则

$$f(x_2)-f(x_1)=\int_{x_1}^{x_2}f'(x)\mathrm{d}x.$$

因此，如果已知边际成本、边际收益、边际利润、边际需求等这些函数，则由上式公式立即可相应写出成本函数、收益函数、利润函数、需求函数等的增量.

例 4.2.6　1° 求曲线 $y=\mathrm{e}^x$，$y=\mathrm{e}^{-x}$ 及 $x=1$ 所围图形的面积.

解　首先画出草图（见图 4.5）. 然后求出交点 A,B,C 的横坐标，这是为了应用定理 4.2.11 之 2°. 显然 A 点的 x 坐标为 0，B,C 位于 $x=1$ 上，因此

$$S=\int_0^1(\mathrm{e}^x-\mathrm{e}^{-x})\mathrm{d}x$$

$$= (e^x + e^{-x})\big|_0^1 = e + e^{-1} - 2.$$

2° 求曲线 $y^2 = -4(x-1)$ 与 $y^2 = -2(x-2)$ 所围图形的面积.

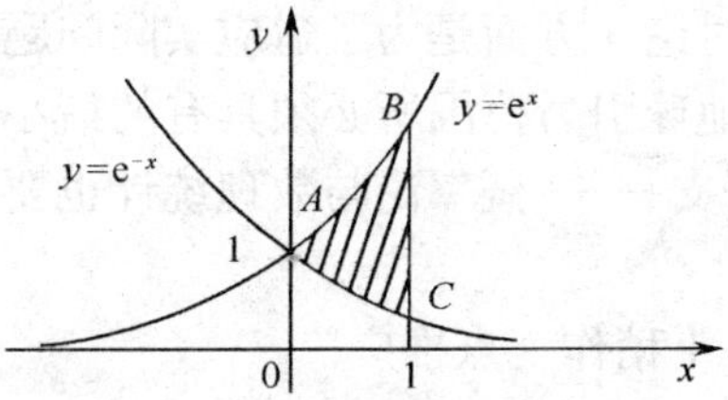

图 4.5

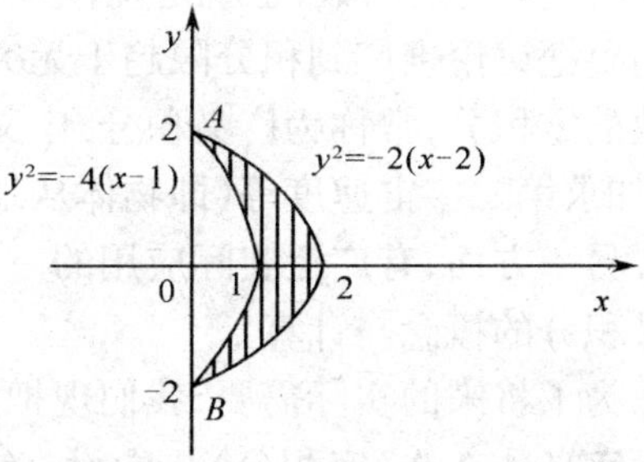

图 4.6

解 画出草图(见图 4.6).为了应用定理 4.2.11 之 4°,求出二曲线的交点 A,B 的纵坐标.由

$$\begin{cases} y^2 = -4(x-1), \\ y^2 = -2(x-2) \end{cases}$$

得

$$-4(x-1) = -2(x-2), \quad 2(x-1) = x-2,$$

得 $x=0$,故 $y=\pm 2$.则 A 的纵坐标为 2,B 的纵坐标为 -2.因此,由定理 4.2.11 之 4°,有

$$S = \int_{-2}^{2}\left[2 - \frac{y^2}{2} - \left(1 - \frac{y^2}{4}\right)\right]dy = \frac{8}{3}.$$

例 4.2.7 已知生产某大件商品的固定成本为 20 万元,边际成本为 $f(x)=4-0.2x$(万元),x 表示商品件数,求成本函数 $F(x)$.

解 已知 $F(0)=20$,由定理 4.2.13,得

$$F(x) - F(0) = \int_0^x f(x)dx = \int_0^x (4-0.2x)dx$$

$$= (4x - 0.1x^2)\big|_0^x = 4x - \frac{1}{10}x^2.$$

因此 $F(x) = 4x - \frac{1}{10}x^2 + 20$(万元).

例 4.2.8 某厂厂长从已生产 100 单位的某商品归纳分析获得劳动力(用小时表示)的变化率预测公式 $f(x) = \frac{1000}{\sqrt{x}}$($x \geqslant 100$ 时,x 代表产品单位数).如该厂欲投标完成 125 单位产品的新的订单,试帮助厂长估计完成这 125 单位产品的新订单所需的劳动力时数.

解 $I = \int_{100}^{225} \frac{1000}{\sqrt{x}}dx = 10000$(小时).

前面我们所讨论的定积分 $\int_a^b f(x)\mathrm{d}x$ 中积分限 a 和 b 都是实数，且假设被积函数 $f(x)$ 是连续函数，也就是说，定积分是有界闭区间上连续函数的定积分．现在我们要把讨论推广到积分限趋于无穷的情况．也就是说，我们要考虑无界区间上的函数的定积分，常称为广义积分．广义积分的讨论一方面是为了适应实际问题的需要，如求第二宇宙速度等（即物体从地面飞离地球引力范围所必须具有的最小初速度）．另一方面，有广泛实际应用的一个数学分支 —— 概率论与数理统计也要用到广义积分的概念与计算．

为了将来的实际需要，我们现把定义 4.2.1 稍作一点推广．

定义 4.2.2（定积分）　1° 设 $f(x)$ 在 (a,b) 上连续，在 $[a,b]$ 上有定义．如果 $\lim\limits_{x\to a+0}f(x)$，$\lim\limits_{x\to b-0}f(x)$ 都存在，令

$$g(x)=\begin{cases}f(x), & \text{当 } a<x<b,\\ \lim\limits_{x\to a+0}f(x), & x=a,\\ \lim\limits_{x\to b-0}f(x), & x=b.\end{cases}$$

则 $g(x)$ 在 $[a,b]$ 上连续．

我们定义 f 在 $[a,b]$ 上的定积分为 $\int_a^b g(x)\mathrm{d}x$，也记为 $\int_a^b f(x)\mathrm{d}x$．

2° 设 $f(x)$ 在 $[a,b]$ 上定义，如果 $f(x)$ 在 $[a,b]$ 上除了至多有限个跳跃间断点 $x_1,\cdots,x_n$，$a\leqslant x_1<x_2<\cdots<x_n\leqslant b$ 以外，处处连续，则我们定义 $f(x)$ 在 $[a,b]$ 上的积分

$$\int_a^b f(x)\mathrm{d}x=\int_a^{x_1}f(x)\mathrm{d}x+\int_{x_1}^{x_2}f(x)\mathrm{d}x+\cdots+\int_{x_n}^b f(x)\mathrm{d}x.$$

下面我们定义广义积分．

定义 4.2.3（广义积分）　1° 设 $f(x)$ 在 $[a,+\infty)$ 上有定义，且除了至多有限个跳跃间断点以外处处连续．如果 $\lim\limits_{A\to+\infty}\int_a^A f(x)\mathrm{d}x$ 存在，则称之为 $f(x)$ 在 $[a,+\infty)$ 上的广义积分，记为 $\int_a^{+\infty}f(x)\mathrm{d}x$．$\int_a^{+\infty}f(x)\mathrm{d}x=\lim\limits_{A\to+\infty}\int_a^A f(x)\mathrm{d}x$．此时我们也说 $\int_a^{+\infty}f(x)\mathrm{d}x$ 收敛．

类似可定义 $\int_{-\infty}^a f(x)\mathrm{d}x$．

2° 设 $f(x)$ 在 $(-\infty,+\infty)$ 上有定义，且对某数 a，$\int_{-\infty}^a f(x)\mathrm{d}x$ 与 $\int_a^{+\infty}f(x)\mathrm{d}x$ 都收敛，则称 $\int_{-\infty}^a f(x)\mathrm{d}x+\int_a^{+\infty}f(x)\mathrm{d}x$ 为 $f(x)$ 在 $(-\infty,+\infty)$ 上的广义积分，记

为$\int_{-\infty}^{+\infty} f(x)\mathrm{d}x$，且$\int_{-\infty}^{+\infty} f(x)\mathrm{d}x = \int_{-\infty}^{a} f(x)\mathrm{d}x + \int_{a}^{+\infty} f(x)\mathrm{d}x$.

例 4.2.9 1° 求 $I = \int_1^{+\infty} \frac{1}{x^2}\mathrm{d}x$.

解 $I = \lim\limits_{A\to+\infty}\int_1^A \frac{1}{x^2}\mathrm{d}x = \left(-\frac{1}{x}\right)\Big|_1^{+\infty} = 1$.

2° 求 $I = \int_0^{+\infty} \frac{1}{1+x^2}\mathrm{d}x$.

解 $I = \arctan x\Big|_0^{+\infty} = \frac{\pi}{2}$.

例 4.2.10 设 $p(x)=\begin{cases}\lambda \mathrm{e}^{-\lambda x}, & x>0\\ 0, & x\leqslant 0\end{cases}$（其中 $\lambda>0$ 是常数），求 $\int_{-\infty}^{x} p(x)\mathrm{d}x$，$\int_{-\infty}^{+\infty} p(x)\mathrm{d}x$，$\int_{-\infty}^{+\infty} xp(x)\mathrm{d}x$.

解 设 $x>0$，则

$$\begin{aligned}\int_{-\infty}^{x} p(x)\mathrm{d}x &= \int_{-\infty}^{0} p(x)\mathrm{d}x + \int_0^x p(x)\mathrm{d}x\\ &= 0 + \int_0^x \lambda \mathrm{e}^{-\lambda x}\mathrm{d}x = -\mathrm{e}^{-\lambda x}\Big|_0^x = 1-\mathrm{e}^{-\lambda x},\end{aligned}$$

显然 $x\leqslant 0$ 时 $\int_{-\infty}^{x} p(x)\mathrm{d}x = 0$，

$$\int_{-\infty}^{+\infty} p(x)\mathrm{d}x = \lim_{A\to+\infty}\int_{-\infty}^{A} p(x)\mathrm{d}x = \lim_{A\to+\infty}(1-\mathrm{e}^{-\lambda A}) = 1$$

（可设 $A>0$）.

$$\begin{aligned}\int_{-\infty}^{+\infty} xp(x)\mathrm{d}x &= \int_{-\infty}^{0} xp(x)\mathrm{d}x + \int_0^{+\infty} xp(x)\mathrm{d}x\\ &= \int_0^{+\infty} \lambda x\mathrm{e}^{-\lambda x}\mathrm{d}x = \lim_{A\to+\infty}\int_0^A \lambda x\mathrm{e}^{-\lambda x}\mathrm{d}x\\ &= \lim_{A\to+\infty}\left[-\int_0^A x\mathrm{d}\mathrm{e}^{-\lambda x}\right] = -\lim_{A\to+\infty}\left[x\mathrm{e}^{-\lambda x}\Big|_0^A - \int_0^A \mathrm{e}^{-\lambda x}\mathrm{d}x\right]\\ &= -\lim_{A\to+\infty}\frac{A}{\mathrm{e}^{\lambda A}} - \lim_{A\to+\infty}\left(\frac{1}{\lambda}\mathrm{e}^{-\lambda x}\right)\Big|_0^A = 0 + \frac{1}{\lambda} = \frac{1}{\lambda}.\end{aligned}$$

4.3 不定积分的应用——求解微分方程

我们现在回过头来再看一下自由落体运动的例.

设 $S(t)$为一物体从高度 h 处自由下落的路程,则

$$S(t) = \frac{1}{2}gt^2 \qquad \left(0 \leqslant t \leqslant \sqrt{\frac{2h}{g}}\right), \tag{1}$$

由(1)出发,利用导数的概念,得

$$\frac{\mathrm{d}S}{\mathrm{d}t} = gt, \qquad \frac{d^2S}{dt^2} = g. \tag{2}$$

我们已经知道,$\frac{\mathrm{d}S}{\mathrm{d}t}$就是自由落体在 t 时刻的(瞬时)速度,$\frac{\mathrm{d}^2S}{\mathrm{d}t^2}$是自由落体在 t 时刻的加速度.如果我们反其道而行之,由(2)出发,欲求 $S(t)$满足(2),这就是求不定积分的应用,也是最简单的所谓微分方程的求解问题.

例 4.3.1　设函数 $S(t)$满足$\frac{\mathrm{d}^2S}{\mathrm{d}t^2}=g$,$S(0)=0$,$\left.\frac{\mathrm{d}S}{\mathrm{d}t}\right|_{t=0}=0$,求出 $S(t)$的表达式.

解　$\frac{\mathrm{d}^2S}{\mathrm{d}t^2}=g$,即$\frac{\mathrm{d}}{\mathrm{d}t}\left(\frac{\mathrm{d}S}{\mathrm{d}t}\right)=g$.令$\frac{\mathrm{d}S}{\mathrm{d}t}=v(t)$(这相当于作变量代换),上式可写为$\frac{\mathrm{d}v}{\mathrm{d}t}=g$.上式两边均是 t 的函数,分别求其不定积分

$$\int \frac{\mathrm{d}v}{\mathrm{d}t}\mathrm{d}t = \int g\mathrm{d}t,$$

故

$$v(t) = gt + C_1,$$

C_1 为任意常数.于是

$$\frac{\mathrm{d}S}{\mathrm{d}t} = gt + C_1,$$

再求一次不定积分,得

$$S(t) = \frac{1}{2}gt^2 + C_1t + C_2,$$

C_1, C_2 均为任意常数.由 $S(0)=0$,得 $C_2=0$.由$\left.\frac{\mathrm{d}S}{\mathrm{d}t}\right|_{t=0}=0$,得 $C_1=0$.因此所求路程函数为

$$S(t) = \frac{1}{2}gt^2.$$

注意,上面过程中对$\frac{\mathrm{d}S}{\mathrm{d}t}=gt+C_1$ 两端求不定积分时,两端均把 t 作为积分变量.我们也可把$\frac{\mathrm{d}S}{\mathrm{d}t}=gt+C_1$ 改写为微分的形式 $\mathrm{d}S=(gt+C_1)\mathrm{d}t$,这样做相当于把包含 S 与 t 的式子分别写在等式的两边,这种办法简称为分离变量法.然后左边把 S 作为积分变量,右边把 t 作为积分变量,分别作不定积分也得到

$$S(t) = \frac{1}{2}gt^2 + C_1 t + C_2.$$

例 4.3.2 设某生物种群的总数 y 是时间 t 的函数,其变化率$\frac{\mathrm{d}y}{\mathrm{d}t}$与总数 y 和 $(m-y)$的乘积成正比(m 为某正常数),求 $y(t)$的表达式.

解 由假设得

$$\frac{\mathrm{d}y}{\mathrm{d}t} = ky(m-y), \quad 其中\ k>0\ 为常数.$$

用例 4.3.1 解中提到的分离变量法,把上式改写为

$$\frac{\mathrm{d}y}{y(m-y)} = k\mathrm{d}t,$$

两边分别作不定积分,得

$$\int \frac{1}{y(m-y)}\mathrm{d}y = k\int \mathrm{d}t,$$

$$\frac{1}{m}\int\left(\frac{1}{y} + \frac{1}{m-y}\right)\mathrm{d}y = k\int \mathrm{d}t,$$

因此

$$\ln|y| - \ln|m-y| = mkt + C_1,$$

化简得到 $y(t)$的表达式

$$y = \frac{mC\mathrm{e}^{mkt}}{1 + C\mathrm{e}^{mkt}},$$

式中,C 为 $\mathrm{e}^{C_1}>0$.有趣的是,如果在上述 y 的表达式中令 $t\to+\infty$,则

$$\lim_{t\to+\infty} y(t) = m.$$

如果在前面的$\frac{\mathrm{d}S}{\mathrm{d}t}=gt$,$\frac{\mathrm{d}^2S}{\mathrm{d}t^2}=g$ 以及$\frac{\mathrm{d}y}{\mathrm{d}t}=ky(m-y)$三个式子中视 S 或 y 为自变量为 t 的未知函数,则这三个方程均称为微分方程.一般地,我们给出下述定义.

定义 4.3.1(常微分方程) 含有未知函数的导数的方程称为**微分方程**(differential equation).如果微分方程中的未知函数只有一个自变量,则称之为常微分方程.在微分方程中出现的未知函数的导数的最高阶数称为微分方程的阶数.

例如,$\frac{\mathrm{d}s}{\mathrm{d}t}=gt$,$\frac{\mathrm{d}y}{\mathrm{d}t}=ky(m-y)$都是一阶常微分方程,$\frac{\mathrm{d}^2s}{\mathrm{d}t^2}=g$ 是二阶常微分方程.

关于微分方程的研究是一庞大的数学分支,而且有广泛的实际应用.此书中我们介绍一点微分方程的知识只是想说明不定积分是有数学应用和实际应用的.很多实际问题的研究都可化为微分方程的求解问题.关于求解微分方程的问题,我们这里不作很多一般的讨论.下面再介绍两个解一阶微分方程的例子.

例 4.3.3（可分离变量的一阶微分方程） 解微分方程$\frac{dy}{dx}=\frac{x(1+y^2)}{y(1+x^2)}$.

解 上述方程也可改写为

$$x(1+y^2)dx-y(1+x^2)dy=0,$$

用分离变量法,得

$$\frac{x}{1+x^2}dx=\frac{y}{1+y^2}dy,$$

作不定积分,得

$$\ln(1+x^2)-\ln(1+y^2)=\ln C,$$

可化简为

$$1+x^2=C(1+y^2).$$

注意,$1+x^2=C(1+y^2)$通常称为微分方程的通解(或通积分).一般地,一阶常微分方程的通解(或通积分)可写成 $y=f(x,C)$形式,其中 C 为任意常数.任意一个特定的解称为特解.例如,如果要求例 4.3.3 中微分方程的一个特解 y 满足初始条件$y|_{x=0}=3$,则可将这一条件代入通解,得

$$1+0=C(1+3^2),\qquad C=\frac{1}{10}.$$

故所求特解为

$$1+x^2=\frac{1}{10}(1+y^2).$$

***例 4.3.4**（一阶线性微分方程） 求$\frac{dy}{dx}+p(x)y=f(x)$的通解,此处假设$p(x)$和 $f(x)$都是连续函数(此一阶方程的特点是方程对未知函数 $y(x)$与其导数$\frac{dy}{dx}$的全体而言是一次的,故称之为一阶线性微分方程).

解 求上述一阶线性微分方程的通解一般采用下述方法.先求$\frac{dy}{dx}+p(x)y=0$ 的通解,其通解为 $y=Ce^{-\int p(x)dx}$,其中 C 为任意常数.然后用所谓常数变易法,令 $y=v(x)e^{-\int p(x)dx}$ 代入

$$\frac{dy}{dx}+p(x)y=f(x),$$

得

$$\frac{dv}{dx}e^{-\int p(x)dx}=f(x),$$

因此

$$v(x)=\int(f(x)e^{\int p(x)dx})dx+C,$$

从而得原方程的通解为

$$y = e^{-\int p(x)dx}\left[\int (f(x)e^{\int p(x)dx})dx + C\right].$$

一般地,在作一阶线性微分方程习题时,上式可作公式使用.例如,为了求方程

$$x\frac{dy}{dx} - y - x^2e^x = 0$$

的通解,首先把给出的方程化为例 4.3.4 中的标准形式

$$\frac{dy}{dx} - \frac{1}{x}y = xe^x,$$

则 $p(x) = -\dfrac{1}{x}$, $f(x) = xe^x$,直接用例 4.3.4 中公式,得方程的通解为

$$\begin{aligned} y &= e^{\int\frac{1}{x}dx}\left[\int (xe^x e^{-\int\frac{1}{x}dx})dx + C\right] \\ &= x\left[\int e^x dx + C\right] \\ &= x(e^x + C). \end{aligned}$$

*4.4　关于闭区间上连续函数的原函数存在性的评注

设 $y = f(x)$ 是区间 $[a, b]$ 上的非负连续函数.则由曲线 $y = f(x)$,直线 $x = a$, $x = b$ 以及 x 轴围成一个曲边梯形 D.我们可以设想 D 是从一块布或一张纸上剪下来的.因为曲线 $y = f(x)$ 是一条连续曲线,直观上明显可见,D 的面积是存在的.下面我们将由面积的存在性推出 $f(x)$ 的原函数的存在性.

定理 4.4.1 ($[a, b]$ 上连续函数的原函数存在性)　设 $f(x)$ 是 $[a, b]$ 上的连续函数,且设 $f(x) \geqslant 0$.曲线 $y = f(x)$, $a \leqslant x \leqslant b$ 的图形见图 4.7.令 $F(x)$ 表示图中阴影部分的面积(此处我们假定了连续函数图形 $y = f(x)$ 下方曲边梯形的面积的存在性),则对任意 $x \in [a, b]$, $F'(x)$ 存在,且 $F'(x) = f(x)$.

证　不妨设 $x \in (a, b)$, $\Delta x > 0$,则

$$F(x + \Delta x) - F(x)$$

表示图形 S 部分的面积.因为 $f(t)$ 在 $[x, x + \Delta x]$ 上连续,由定理 2.3.5 知,存在 $\xi, \eta \in [x, x + \Delta x]$,使得 $f(\xi) \leqslant f(t) \leqslant f(\eta)$ 对一切 $t \in [x, x + \Delta x]$ 成立.显然有

$$f(\xi)\Delta x \leqslant F(x + \Delta x) - F(x) \leqslant f(\eta)\Delta x,$$

从而

$$f(\xi) \leqslant \frac{F(x + \Delta x) - F(x)}{\Delta x} \leqslant f(\eta).$$

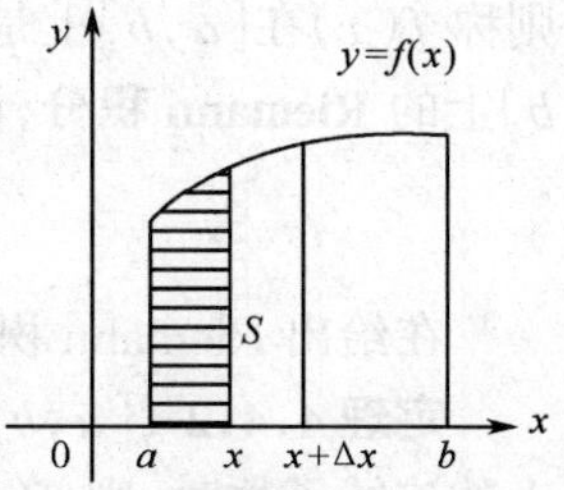

图 4.7

因为 $f(t)$ 是连续函数,故当 $\Delta x \to 0$ 时(从而 $x + \Delta x \to x$)

$$f(\xi) \to f(x) \quad 且 \quad f(\eta) \to f(x).$$

由夹逼定理立即得

$$\lim_{\Delta x \to 0+0} \frac{F(x + \Delta x) - F(x)}{\Delta x}$$
$$= F'_{+}(x) = f(x).$$

类似可得 $F'_{-}(x) = f(x)$.

因此 $F'(x) = f(x)$.

上述定理表明,如果我们假设连续函数 $y = f(x)$的图形下方(见图 4.7)曲边梯形的面积存在(直观上是明显的),则面积函数 $F(x)$必是 $f(x)$的一个原函数,从而定理 4.1.2 成立.因此定积分的定义 4.2.1 是可行的.但是从纯数学考虑,人们仍然可以提出一个问题,在 $y = f(x)$连续的条件下,上述面积函数 $F(x)$为什么必存在?

这里我们指出,利用很多关于微积分的书中介绍的定积分定义,也称为 Riemann 积分,则可以比较完满地解决上述问题.即可以证明,闭区间$[a, b]$上的连续函数必存在原函数.

定义 4.4.1(定积分的构造性定义 Riemann 积分)　设 $f(x)$在$[a, b]$上有定义,任一划分 P

$$a = x_0 < x_1 < x_2 < \cdots < x_{n-1} < x_n = b$$

把$[a, b]$分成 n 小段$[x_{i-1}, x_i]$, $i = 1, 2, \cdots, n$.在每一小段$[x_{i-1}, x_i]$上任取一点 ξ_i,记 $\Delta x_i = x_i - x_{i-1}$,作 Riemann 和

$$\sum_{i=1}^{n} f(\xi_i) \Delta x_i,$$

令 $\lambda = \max\limits_{1 \leqslant i \leqslant n} \Delta x_i$,$\lambda$ 可称为划分 P 的模.如果存在常数 I,使得对任意的 $\varepsilon > 0$,存在 $\delta > 0$,对$[a, b]$的任一划分 P,只要划分 P 的模 $\lambda < \delta$,不论$\{\xi_i\}$如何选取,都有

$$\left| \sum_{i=1}^{n} f(\xi_i) \Delta x_i - I \right| < \varepsilon,$$

则称 $f(x)$在$[a, b]$上是 **Riemann 可积的**(简称为 R 可积的),I 称为 $f(x)$在$[a, b]$上的 **Riemann 积分**,记为

$$(\mathrm{R}) \int_a^b f(x) \mathrm{d}x.$$

在给出 Riemann 积分的上述定义之后,我们可以证明如下定理.

定理 4.4.2($[a, b]$上的连续函数必是 Riemann 可积的)　当 $f(x)$是$[a, b]$上的连续函数时,则 $f(x)$在$[a, b]$上必是 R 可积的.因此,由 Riemann 积分的定义过程我们有充分的理由认为图 4.7 中整个曲边梯形的面积存在,且等于 $(\mathrm{R}) \int_a^b f(x) \mathrm{d}x$. 对任一 $x \in [a, b]$, 图中阴影部分的面积也存在, 且等于

$(\mathrm{R})\int_a^x f(t)\mathrm{d}t$.

注 4.4.1 ($[a,b]$上连续函数的原函数存在性,关于定义 4.2.1 的合理性)

有了定理 4.4.2 后,对连续函数 $f(x)$,容易证明其 Riemann 积分的两种可加性与单调性,然后采用与定理 4.4.1 类似的证法,我们立即得到定理 4.1.2,即$[a,b]$上的连续函数 $f(x)$的原函数必存在,例如

$$F(x) = (\mathrm{R})\int_a^x f(t)\mathrm{d}t$$

就是 $f(x)$的一个原函数. 任取 $f(x)$的一个原函数 $G(x)$,则存在常数 C,使

$$G(x) = F(x) + C,$$

故

$$G(b) - G(a) = F(b) - F(a) = (\mathrm{R})\int_a^b f(x)\mathrm{d}x.$$

按定义 4.2.1,有

$$\int_a^b f(x)\mathrm{d}x = G(b) - G(a).$$

因此,当 $f(x)$为$[a,b]$上连续函数时

$$\int_a^b f(x)\mathrm{d}x = (\mathrm{R})\int_a^b f(x)\mathrm{d}x,$$

即,对$[a,b]$上的连续函数,定义 4.2.1 的定积分与定义 4.4.1 的 Riemann 积分相同.

这里我们指出,定理 4.4.2 的严格的证明过程有相当的难度,非数学系的学生使用的教科书几乎是毫无例外地选择回避若干复杂的关键步骤的证明. 因此,作为文科数学的教材,我们采用直接从定义 4.2.1 出发的方法介绍定积分的内容可以说是比较合理、自然且对学生的学习有利的.

本章最后,我们提出一个问题:是否能找到一个不同于 Riemann 积分的方法(定义 4.4.1,定理 4.4.2,注 4.4.1)证明定理 4.1.2?

习 题 4

(A)

1. 求下列不定积分.

(1) $\int\left(\frac{1-x}{\sqrt{x}}\right)^3\mathrm{d}x$;　　(2) $\int\left(\frac{1}{1+x^2}+\frac{4}{\sqrt{1-x^2}}+\frac{2}{x}\right)\mathrm{d}x$;

(3) $\int\sin^2\frac{x}{2}\mathrm{d}x$;　　(4) $\int\frac{2+x^2}{1+x^2}\mathrm{d}x$;

(5) $\int(3^x+x^3)\mathrm{d}x$;　　(6) $\int\frac{\cos 2x}{\cos x+\sin x}\mathrm{d}x$;

(7) $\int(4x-3)(2x+5)\mathrm{d}x$；　(8) $\int\left(4x^5-3x^2+\frac{1}{x^3}-\frac{3}{x^4}\right)\mathrm{d}x$.

2. 求下列不定积分.

(1) $\int x\sqrt{2x^2-1}\,\mathrm{d}x$；　(2) $\int\frac{\mathrm{d}x}{\left(\frac{x}{2}+1\right)^6}$；

(3) $\int\frac{\mathrm{d}x}{\sqrt{x}(1+x)}$；　(4) $\int\frac{\mathrm{d}x}{(x-1)(x-2)}$；

(5) $\int\frac{\mathrm{d}x}{x\sqrt{1+\ln x}}$；　(6) $\int\frac{\arctan x}{1+x^2}\mathrm{d}x$；

(7) $\int\cos^3 x\,\mathrm{d}x$；　(8) $\int\sin^4 x\,\mathrm{d}x$；

(9) $\int\sin 3x\sin 5x\,\mathrm{d}x$；　(10) $\int\frac{\cos x}{\mathrm{e}^{\sin x}}\mathrm{d}x$；

(11) $\int\frac{x}{2-x^4}\mathrm{d}x$；　(12) $\int\frac{\mathrm{e}^x+\sin x}{(\mathrm{e}^x-\cos x)^2}\mathrm{d}x$；

(13) $\int\sqrt{5-x}\,\mathrm{d}x$；　(14) $\int\frac{1}{(5-3x)^2}\mathrm{d}x$；

(15) $\int 2x^2\sqrt{3+5x^3}\,\mathrm{d}x$；　(16) $\int\frac{\cos x}{\sqrt{2+\cos 2x}}\mathrm{d}x$；

(17) $\int\frac{\sin x}{1+\sin x}\mathrm{d}x$；　(18) $\int\frac{x\,\mathrm{d}x}{x^4+2x^2+5}$.

3. 求下列不定积分.

(1) $\int\frac{1}{1+\sqrt[3]{x}}\mathrm{d}x$；　(2) $\int\frac{\sqrt{x}}{\sqrt[3]{x^2}-\sqrt[4]{x}}\mathrm{d}x$；

(3) $\int\frac{\mathrm{d}x}{x\sqrt{1+x^2}}$；　(4) $\int\frac{\mathrm{d}x}{x^2\sqrt{a^2-x^2}}$.

4. 求下列不定积分.

(1) $\int x\sqrt{1+x}\,\mathrm{d}x$；　(2) $\int 3x(1+x)^{-\frac{1}{2}}\mathrm{d}x$；

(3) $\int\frac{2\ln x}{x^2}\mathrm{d}x$；　(4) $\int 4x^2\sqrt{1+x}\,\mathrm{d}x$；

(5) $\int x\ln(1+x)\mathrm{d}x$；　(6) $\int(\ln x)^2\mathrm{d}x$；

(7) $\int x\sin^2\frac{x}{2}\mathrm{d}x$；　(8) $\int x^5\mathrm{e}^{x^3}\mathrm{d}x$；

(9) $\int x\arctan x\,\mathrm{d}x$.

5. 求下列不定积分.

(1) $\int\frac{2^x\mathrm{d}x}{\sqrt{1-4^x}}$；　(2) $\int\frac{\mathrm{d}x}{\mathrm{e}^x+\mathrm{e}^{-x}}$；

(3) $\int\frac{\arctan\sqrt{x}}{(1+x)\sqrt{x}}\mathrm{d}x$；　(4) $\int\sqrt{\frac{x}{1-x\sqrt{x}}}\mathrm{d}x$；

(5) $\int\sin\sqrt{x}\,\mathrm{d}x$；　(6) $\int\sin^2 x\cos^5 x\,\mathrm{d}x$.

6. 比较下列定积分的大小.

(1) $\int_0^1 x\mathrm{d}x$ 与 $\int_0^1 x^2\mathrm{d}x$； (2) $\int_0^1 \mathrm{e}^{-x}\mathrm{d}x$ 与 $\int_0^1 \mathrm{e}^{-x^2}\mathrm{d}x$.

7. 证明下列不等式.

(1) $1 < \int_0^{\frac{\pi}{2}} \frac{\sin x}{x}\mathrm{d}x < \frac{\pi}{2}$； (2) $1 < \int_0^1 \mathrm{e}^{x^2}\mathrm{d}x < \mathrm{e}$.

8. 求函数 $\Phi(x) = \int_0^x \frac{3t+1}{t^2-t+1}\mathrm{d}t$ 在 $[0,1]$ 上的最大值与最小值.

9. 求下列函数的导数 $\frac{\mathrm{d}y}{\mathrm{d}x}$.

(1) $y = \int_0^{x^2} \sin\sqrt{t}\,\mathrm{d}t$； (2) $y = \int_x^2 \mathrm{e}^{-t^2}\mathrm{d}t$；

(3) $y = \int_a^b \sin(x^2)\mathrm{d}x$.

10. 求下列极限.

(1) $\lim\limits_{x\to 0} \frac{1}{\sin(x^2)}\int_0^x \sin t\,\mathrm{d}t$； (2) $\lim\limits_{x\to 0} \frac{\int_0^x \tan t\,\mathrm{d}t}{x^2}$；

(3) $\lim\limits_{x\to 0} \frac{\int_0^x \cos(t^2)\mathrm{d}t}{x}$； (4) $\lim\limits_{x\to 0} \frac{\left(\int_0^x \mathrm{e}^{t^2}\mathrm{d}t\right)^2}{\int_0^x t\mathrm{e}^{2t^2}\mathrm{d}t}$；

(5) $\lim\limits_{x\to 0} \frac{\int_{\cos x}^1 \mathrm{e}^{-t^2}\mathrm{d}t}{x^2}$.

11. 计算下列各定积分.

(1) $\int_1^2 \sqrt[4]{x}\,\mathrm{d}x$； (2) $\int_0^1 \frac{x^2-1}{x^2+1}\mathrm{d}x$；

(3) $\int_0^{\frac{\pi}{2}} \sin^3 x\,\mathrm{d}x$； (4) $\int_0^4 |t^2-3t+2|\,\mathrm{d}t$；

(5) $\int_{-1}^1 (x\cos x + x^2 + 2\sin^3 x)\mathrm{d}x$； (6) $\int_{-1}^1 \frac{|x| + \sin x}{1+x^2}\mathrm{d}x$；

(7) $\int_1^{\mathrm{e}^2} \frac{\mathrm{d}x}{x\sqrt{1+\ln x}}$； (8) $\int_0^{2\pi} x\cos^2 x\,\mathrm{d}x$.

12. 计算下列各定积分.

(1) $\int_2^3 \frac{2x}{(1+x^2)^2}\mathrm{d}x$； (2) $\int_0^3 \sqrt{4-x}\,\mathrm{d}x$；

(3) $\int_0^a x^2\sqrt{a^2-x^2}\,\mathrm{d}x$； (4) $\int_1^5 \frac{\sqrt{x-1}}{x}\mathrm{d}x$；

(5) $\int_0^{\ln 2} \sqrt{\mathrm{e}^x-1}\,\mathrm{d}x$； (6) $\int_0^4 \frac{\mathrm{d}x}{1+\sqrt{x}}$；

(7) $\int_0^4 \frac{x+2}{\sqrt{2x+1}}\mathrm{d}x$； (8) $\int_0^{\pi} \sqrt{\sin^3 x - \sin^5 x}\,\mathrm{d}x$.

13. 求下列各题中所给曲线围成的平面图形的面积.

(1) $y=1-x^2, y=\frac{3}{2}x$； (2) $y=x, y=2x, y=2$；

(3) $y=ax^2, x=by^2(a,b>0)$; (4) $y=\ln x, y=0, x=2$.

14. 设某商品某段时期生产的边际成本为 $C'(x)=50+0.2x$(元/件),生产的固定成本为200元,求成本函数.如该商品的销售单价为150元/件,且这段时期产品可全部售出,求总利润函数 $L(x)$,且问这段时期产量为多少时才能获取最大利润?

15. (1)设 $f(x)$为连续函数,且满足 $f(x)=3x^2-x\int_0^1 f(x)\mathrm{d}x$,求 $f(x)$.

(2)已知 xe^x 为 $f(x)$的一个原函数,求 $\int_0^1 xf'(x)\mathrm{d}x$.

(3)计算 $\int_0^2\sqrt{x^2-4x+4}\mathrm{d}x$.

(4)设 $y=\int_0^x te^{-t}\mathrm{d}t$,求该函数的单调区间与极值,并讨论该函数的凹向与拐点.

(5) 已知 $\int f(x)\mathrm{d}x=x^2+C$,求 $\int f(1-x)\mathrm{d}x$.

16. 求下列广义积分.

(1) $\int_1^{+\infty}\frac{\mathrm{d}x}{x^{3/2}}$; (2) $\int_1^{+\infty}\frac{\mathrm{d}x}{(1+x)^{\frac{3}{2}}}$;

(3) $\int_0^{+\infty}e^{-2x}\mathrm{d}x$; (4) $\int_0^{+\infty}xe^{-x^2}\mathrm{d}x$;

(5) $\int_2^{+\infty}\frac{x\mathrm{d}x}{(1+x^2)^2}$; (6) $\int_0^{+\infty}x^2e^{-x^3}\mathrm{d}x$.

17. 求下列微分方程的通解.

(1) $\frac{\mathrm{d}y}{\mathrm{d}x}=-\frac{x}{y}$; (2) $\frac{\mathrm{d}y}{\mathrm{d}t}=\frac{1}{2}(y^2-1)$;

(3) $\frac{\mathrm{d}y}{\mathrm{d}x}=\sqrt{1-y^2}$; (4) $xy(1+x^2)\mathrm{d}y-(1+y^2)\mathrm{d}x=0$.

(B)

1. 求下列不定积分.

(1) $\int\frac{\mathrm{d}x}{x^2\sqrt{a^2+x^2}}$; (2) $\int\frac{\sqrt{a^2-x^2}}{x^4}\mathrm{d}x\left(提示:令\ x=\frac{1}{t}\right)$;

(3) $\int\frac{x\cos x}{\sin^3 x}\mathrm{d}x$; (4) $\int\frac{x}{1-\cos x}\mathrm{d}x$;

(5) $\int\frac{\ln\tan x}{\sin x\cos x}\mathrm{d}x$; (6) $\int\frac{(x-2)\mathrm{d}x}{x(x+1)(x+2)}$;

(7) $\int\arctan\sqrt{x}\mathrm{d}x$.

2. 求下列函数的导数$\frac{\mathrm{d}y}{\mathrm{d}x}$.

(1) $y=\int_x^{\sqrt{x}}\cos(t^2)\mathrm{d}t$; (2) $y=\int_{x^2}^{x^3}\frac{\mathrm{d}t}{\sqrt{1+t^4}}$;

(3) $\int_0^y e^{t^2}\mathrm{d}t+\int_0^x\cos(t^2)\mathrm{d}t=x^2$.

3. 求曲线 $y=x^2-4x+3$ 及其在点(0,3)与(3,0)的切线所围成的平面图形的面积.

4. 某石油公司石油产量 p 的变化率是$\frac{\mathrm{d}p}{\mathrm{d}t}=26t\mathrm{e}^{-0.04t}$(其中 p 以千桶为单位,时间 t 以月为单位),求该公司在头 12 个月的产油总量.如假设生产能无限期进行下去,试求出石油总的产量.

5. 求由方程 $yx^2-\int_0^y\sqrt{1+t^2}\mathrm{d}t=0$ 所确定的隐函数 $y=y(x)$的微分.

6. 令$\int_0^1\frac{1}{\sqrt{x}}\mathrm{d}x=\lim\limits_{r\to0+0}\int_r^1\frac{1}{\sqrt{x}}\mathrm{d}x=\lim\limits_{r\to0+0}2\sqrt{x}\Big|_r^1=2$,此时我们说(0,1]上无界函数$\frac{1}{\sqrt{x}}$在[0,1]上的广义积分收敛,其值为 2.读者类似可自行给出有界区间上无界函数的广义积分的一般定义,并计算下列 广义积分.

(1) $\int_0^1\frac{\mathrm{d}x}{\sqrt[3]{x}}$;　　(2) $\int_0^1\frac{\mathrm{d}x}{x}$;

(3) $\int_0^1\ln x\mathrm{d}x$;　　(4) $\int_0^2\frac{\mathrm{e}^x}{(\mathrm{e}^x-1)^{\frac{1}{3}}}\mathrm{d}x$.

7. 求下列微分方程的通解.

(1) $\frac{\mathrm{d}y}{\mathrm{d}x}-\frac{1}{x}y=-1$;　　(2) $(1+x^2)\frac{\mathrm{d}y}{\mathrm{d}x}+2xy=\cos x$;

(3) $\frac{1}{3}\frac{\mathrm{d}y}{\mathrm{d}x}=x^3+\frac{1}{x}y$.

第 5 章　多元函数微积分的一些应用

一元函数微积分中几乎所有的讨论都可以推广到多元函数的情形.例如,函数的连续性,函数的极限,函数的导数,可微性,定积分等以及这些概念的重要应用诸如求函数的局部极值,图形的面积等,本质上我们可以不费很大气力就可以得到多元函数的相应的结果,但是显而易见,随着自变量个数的增多,讨论的复杂程度(特别是计算方面)必然会随之而增加许多.

从纯数学的角度而言,学习多元函数微积分(multivariable calculus)相应的内容将有助于读者更深刻地理解在一元函数微积分中已学过的一些概念的本质,如函数在一点的可微性.然而,我们这门课程中安排此章内容的目的不在于此,主要目的是为了介绍一些常见的应用,且我们主要讨论二元函数 $z=f(x,y),(x,y)\in D\subset\mathbf{R}^2$.

5.1　连续性与极限

定义 5.1.1 (连续性)　1° 设函数 f 的定义域为集合 D,任取 $P_0\in D$,如果对任意 $\varepsilon>0$,存在 P_0 的一个邻域 U,使得当 $P\in U\cap D$ 时,有

$$|f(P)-f(P_0)|<\varepsilon,$$

则说 f 在 P_0 是连续的,如 f 在 D 上每点均连续,则说 f 是 D 上的连续函数.

2° 特别地,如果 f 在集合 D 上有定义,D 为

$$D_1=\{(x,y)\in\mathbf{R}^2:(x-a)^2+(y-b)^2\leqslant r^2,r>0\text{ 是常数}\},$$

或为

$$D_2=\{(x,y):a\leqslant x\leqslant b,\ c\leqslant y\leqslant d,\text{其中 }a,b,c,d\text{ 是常数}\}$$

时,可根据 P_0 在 D 的边界上(此处,边界的直观含义是明显的)或 P_0 是 D 的内点(指存在 P_0 的一个邻域包含于 D 内),由 1°写出具体的定义.

例如,设 P_0 是 D 的内点,如果对任意 $\varepsilon>0$,存在 P_0 的一个邻域 $U_\delta(P_0)\subset D$,使得当 $P\in U_\delta(P_0)$时

$$|f(P)-f(P_0)|<\varepsilon,$$

则说 f 在 P_0 是连续的.

或写为:如果记 $P_0=(x_0,y_0),P=(x,y)$,对任 $\varepsilon>0$,存在 $\delta>0$,使得当 $(x-x_0)^2+(y-y_0)^2<\delta^2$ 时

$$|f(x,y)-f(x_0,y_0)|<\varepsilon,$$

则说 $f(x,y)$在(x_0,y_0)是连续的.

由函数的连续性定义立即可得下面的注 5.1.1.

注 5.1.1 设 $f(x,y)$在(x_0,y_0)连续,则 $f(x,y_0)$在 x_0 必连续,$f(x_0,y)$在 y_0 必连续.

类似于一元函数的定理 2.3.2 与定理 2.3.3,二元函数的连续性也有四则运算性质与复合性质.因此,如果类似于一元初等函数定义二元初等函数,我们有下面的重要结论.

定理 5.1.1 (初等函数的连续性) 任一二元初等函数在其自然定义域上都是连续函数.

例 5.1.1 1° 多项式 $x^2+xy+y^2+3x+4y+5$ 在 $\mathbf{R}^2$ 上处处连续.

2° 有理函数$\dfrac{xy}{x^2+y^2}$的定义域是 $x^2+y^2\neq 0$,故$\dfrac{xy}{x^2+y^2}$在全平面上除了原点(0,0)外任一点连续.

3° $z=\ln(x+y)$的定义域是 $D=\{(x,y):x+y>0\}$.因此 $z=\ln(x+y)$在 D 上处处连续.

4° $z=\dfrac{x+1}{\sqrt{\dfrac{1}{4}-x^2-y^2}}$的定义域是 $D=\left\{(x,y):x^2+y^2<\dfrac{1}{4}\right\}$.因此

$$z=\frac{x+1}{\sqrt{\dfrac{1}{4}-x^2-y^2}}$$

在 D 上处处连续.

与一元函数的极限的定义 2.4.1 类似,我们可以定义**二元函数的极限**.

定义 5.1.2 (二元函数的极限) 设 C 是点 $P_0=(x_0,y_0)$或过 P_0 的曲线,$f(x,y)$(或记为 $f(P)$)在集合 $U_r(P_0)\setminus\{C\}$上有定义,A 为一常数.如果对任意 $\varepsilon>0$,$\exists\,\delta>0(\delta<r)$,使得当 $P=(x,y)\in U_\delta(P_0)\setminus\{C\}$时

$$|f(x,y)-A|<\varepsilon,$$

则称 $P\to P_0$ 时,函数 $f(x,y)$的极限为 A.记为

$$\lim_{P\to P_0}f(P)=A,\text{或}\lim_{\substack{x\to x_0\\y\to y_0}}f(x,y)=A.$$

注意,如果令 $\rho=\sqrt{(x-x_0)^2+(y-y_0)^2}$,则 $P\to P_0$ 的充要条件是 $\rho\to 0$.

由二元函数的连续性和极限的定义立即得到如下定理.

定理 5.1.2 (连续的等价条件) 设 $f(P)$在 P_0 的一个邻域上有定义,则 $f(P)$在 P_0 连续的充分必要条件是

$$\lim_{P \to P_0} f(P) = f(P_0).$$

由此定理及定理 5.1.1 可知，当 $f(P)$ 是二元初等函数时，只要 P_0 位于 $f(P)$ 的自然定义域，则极限 $\lim\limits_{P \to P_0} f(P) = f(P_0)$.

*注 5.1.2 关于二元函数 $z = f(x, y)$ 的极限问题的讨论，大致有下列四种情形.

1° 用极限的定义证明 $\lim\limits_{\substack{x \to x_0 \\ y \to y_0}} f(x, y) = A$. 此类问题对初学者较为困难.

2° 已知 $\lim\limits_{\substack{x \to x_0 \\ y \to y_0}} f(x, y)$ 存在，求之.

如果 $f(x, y)$ 在 (x_0, y_0) 处连续，如定理 5.1.2 指出，所求极限即是 $f(x_0, y_0)$.

在其他的一般情形下，我们可用变量代换的方法. 实质上，即让点 (x, y) 沿着一条特殊的路径趋向点 (x_0, y_0)，把 $z = f(x, y)$ 化为一元函数，用熟知的一元函数求极限的方法求出 $\lim\limits_{\substack{x \to x_0 \\ y \to y_0}} f(x, y)$.

3° 已知 $\lim\limits_{\substack{x \to x_0 \\ y \to y_0}} f(x, y)$ 不存在，证明之. 一般情形下，我们可让点 (x, y) 采用不同的适当的路径趋向点 (x_0, y_0)，即对应不同的变量代换，问题化为不同的一元函数的极限. 如果分别得到不同的极限值，则由极限的定义可知，$\lim\limits_{\substack{x \to x_0 \\ y \to y_0}} f(x, y)$ 不存在.

4° 讨论 $\lim\limits_{\substack{x \to x_0 \\ y \to y_0}} f(x, y)$ 的存在性. 此类问题需要先猜测一下，然后用 1° 的方法或用 3° 的方法证明. 猜测极限存在时，经常可应用极限的性质直接求之.

*例 5.1.2 1° 用极限的定义证明 $\lim\limits_{\substack{x \to 0 \\ y \to 0}} \dfrac{xy}{\sqrt{x^2 + y^2}} = 0$.

证 令 $\rho = \sqrt{x^2 + y^2}$，则 $|x| \leqslant \rho$，$|y| \leqslant \rho$. 因此

$$\left| \frac{xy}{\sqrt{x^2 + y^2}} - 0 \right| = \left| \frac{xy}{\sqrt{x^2 + y^2}} \right| \leqslant \frac{\rho^2}{\rho} = \rho.$$

从而，对任 $\varepsilon > 0$，存在 $\delta = \varepsilon$，使得当 $0 < \rho < \delta$ 时

$$\left| \frac{xy}{\sqrt{x^2 + y^2}} - 0 \right| < \varepsilon.$$

这就证明了 $\lim\limits_{\substack{x \to 0 \\ y \to 0}} \dfrac{xy}{\sqrt{x^2 + y^2}} = 0$.

2° 已知 $\lim\limits_{\substack{x \to 0 \\ y \to 0}} \dfrac{2 - \sqrt{xy + 4}}{xy}$ 存在且为 l，求之.

解法一 令 $xy=t$,则当 $P=(x,y)\to P_0=(0,0)$时,$t\to 0$. 因此

$$l=\lim_{t\to 0}\frac{2-\sqrt{t+4}}{t},$$

用一元函数求极限的洛必达法则,得 $l=-\frac{1}{4}$.

解法二 令 $y=x$,则

$$l=\lim_{x\to 0}\frac{2-\sqrt{x^2+4}}{x^2},$$

令 $x^2=t$,化为法一中的情形.

3° 证明$\lim\limits_{\substack{x\to 0\\y\to 0}}\frac{xy^2}{x^2+y^4}$不存在.

证 在$\frac{xy^2}{x^2+y^4}$中令 $y=mx$(m 是一常数),函数化为$\frac{m^2x^3}{x^2+m^4x^4}=\frac{m^2x}{1+m^4x^2}\to 0$ (当 $x\to 0$ 时,此时也有 $y\to 0$),对任意常数 m 成立. 但如令 $x=y^2$,则

$$\frac{xy^2}{x^2+y^4}=\frac{y^4}{y^4+y^4}=\frac{1}{2}\to\frac{1}{2}\quad(\text{当 } y\to 0 \text{ 时,此时也有 } x\to 0).$$

因此,$\lim\limits_{\substack{x\to 0\\y\to 0}}\frac{xy^2}{x^2+y^4}$不存在.

5.2 偏 导 数

下面引进的偏导数(partial derivative)概念是一元函数的导数概念到多元函数的一个简单推广,但不是本质的推广. 虽然如此,偏导数仍然是多元函数讨论中的一个重要工具.

定义 5.2.1 (偏导数) 设 $z=f(x,y)$在 $P_0=(x_0,y_0)$的某一邻域内有定义,如果 $f(x,y)$中 y 保持常数y_0,$z=f(x,y_0)$作为 x 的函数在$x=x_0$ 有导数,则称此导数为函数 $z=f(x,y)$在点 $P_0=(x_0,y_0)$对**变量 x 的偏导数**,记为

$$f'_x(x_0,y_0),\quad \text{或}\quad \left.\frac{\partial f}{\partial x}\right|_{\substack{x=x_0\\y=y_0}},\quad \text{或}\quad \left.\frac{\partial z}{\partial x}\right|_{\substack{x=x_0\\y=y_0}}.$$

一般地,$z=f(x,y)$在 $P=(x,y)$处对 x 的偏导数记为

$$f'_x,\ f'_x(x,y),\quad \frac{\partial f}{\partial x},\quad \frac{\partial}{\partial x}f(x,y),\quad \frac{\partial z}{\partial x},\quad z'_x,$$

或 f'_1(在不易产生混淆时).

类似可以定义 $z=f(x,y)$在 $P=(x,y)$处**对 y 的偏导数**,记为

$$f'_y,f'_y(x,y),\frac{\partial f}{\partial y},\frac{\partial}{\partial y}f(x,y),\frac{\partial z}{\partial y},z'_y,\text{或 } f'_2.$$

例 5.2.1 1° 求 $z=ax^2+bxy+cy^2$ 的偏导数$\frac{\partial z}{\partial x},\frac{\partial z}{\partial y}$.

解 $\frac{\partial z}{\partial x}=2ax+by,\frac{\partial z}{\partial y}=bx+2cy$.

2° 令 $z=x^y$,求$\frac{\partial z}{\partial x},\frac{\partial z}{\partial y}$.

解 $\frac{\partial z}{\partial x}=yx^{y-1}$, $\frac{\partial z}{\partial y}=x^y\ln x$.

3° 令 $f(x,y)=x^2y+3y$,求 $f'_x(0,0),f'_y(0,0)$.

解 $f'_x(x,y)=2xy$,故 $f'_x(0,0)=0$. $f'_y(x,y)=x^2+3$,故 $f'_y(0,0)=3$.

注意,在讨论二元函数的范围内,$z=f(x,y)$在(x,y)处的偏导数$\frac{\partial z}{\partial x},\frac{\partial z}{\partial y}$随着$(x,y)$的变化仍应视为 x,y 的二元函数,如果$\frac{\partial z}{\partial x},\frac{\partial z}{\partial y}$对 x,y 的偏导数存在,则称之为 $z=f(x,y)$的**二阶偏导数**.

一般地,$z=f(x,y)$的二阶偏导数$\frac{\partial}{\partial x}\left(\frac{\partial z}{\partial x}\right),\frac{\partial}{\partial y}\left(\frac{\partial z}{\partial x}\right),\frac{\partial}{\partial y}\left(\frac{\partial z}{\partial y}\right),\frac{\partial}{\partial x}\left(\frac{\partial z}{\partial y}\right)$分别记为

$$\frac{\partial^2 z}{\partial x^2},\frac{\partial^2 z}{\partial y\partial x},\frac{\partial^2 z}{\partial y^2},\frac{\partial^2 z}{\partial x\partial y} \text{或} f''_{xx},f''_{xy},f''_{yy},f''_{yx} \text{或} f''_{11},f''_{12},f''_{22},f''_{21}.$$

例 5.2.2 设 $z=f(x,y)=xy-\frac{x^4}{4}-\frac{y^2}{2}+10$,求 $f''_{xx},f''_{xy},f''_{yy}$及$f''_{xx}(0,0)$, $f''_{xy}(0,0),f''_{yy}(0,0)$.

解 $f'_x(x,y)=y-x^3,f'_y(x,y)=x-y,f''_{xx}=-3x^2,f''_{xy}=1,f''_{yy}=-1$,将 $x=0,y=0$ 代入$f''_{xx},f''_{xy},f''_{yy}$得$f''_{xx}(0,0)=0,f''_{xy}(0,0)=1,f''_{yy}(0,0)=-1$.

我们知道,如果一元函数在某点可导,则该函数必连续.对二元函数我们有下面的结论(注意与一元函数情形的差别).

定理 5.2.1(偏导数连续与函数连续的关系) 设 $z=f(x,y)$在 $P_0=(x_0,y_0)$的某邻域 $U_r(P_0)$上有定义,且在 $U_r(P_0)$上每点,$f(x,y)$的一阶偏导数 f'_x, f'_y 存在,且 f'_x,f'_y 作为二元函数都在$P_0=(x_0,y_0)$连续,则 $f(x,y)$在 P_0 连续.

证 任取 $P=(x,y)\in U_r(P_0)$,考虑 $f(x,y)-f(x_0,y_0)$.改写

$$f(x,y)-f(x_0,y_0)=f(x,y)-f(x,y_0)+f(x,y_0)-f(x_0,y_0).$$

由一元函数的拉格朗日中值定理得知,存在 η 位于y_0与 y 之间,存在 ξ 位于x_0与 x 之间,使得

$$f(x,y)-f(x_0,y_0)=f'_y(x,\eta)(y-y_0)+f'_x(\xi,y_0)(x-x_0).$$

因 f'_x,f'_y 在P_0 连续,故当 $P\to P_0$ 时,必有

$$y-y_0\to 0,x-x_0\to 0,f'_y(x,\eta)\to f'_y(x_0,y_0),f'_x(\xi,y_0)\to f'_x(x_0,y_0).$$

从而当 $P \to P_0$ 时

$$f(x,y) - f(x_0,y_0) \to 0, \text{即} \lim_{P \to P_0} f(P) = f(P_0).$$

因此, $f(x,y)$ 在 P_0 是连续的.证毕.

与一元函数定理 3.4.1 及注 3.4.2 相类似,对二元函数,我们也有一个具有实际应用意义的定理,但条件有所不同.

定理 5.2.2 (二元函数的增量近似公式) 在定理 5.2.1 的条件下,记函数的增量 $f(x,y) - f(x_0,y_0)$ 为 Δz, $\Delta x = x - x_0$, $\Delta y = y - y_0$, $\rho = \sqrt{(\Delta x)^2 + (\Delta y)^2}$,则

$$\Delta z = f'_x(x_0,y_0)\Delta x + f'_y(x_0,y_0)\Delta y + \alpha(\Delta x,\Delta y)\Delta x + \beta(\Delta x,\Delta y)\Delta y, \quad (1)$$

式中, α,β 满足下述条件, $\alpha(0,0) = \beta(0,0) = 0$,当 $\rho \to 0$ 时, $\alpha \to 0$, $\beta \to 0$.

***证** 由定理 5.2.1 证明中可知,存在 ξ 位于 x 与 x_0 之间,存在 η 位于 y 与 y_0 之间,使得

$$\Delta z = f'_x(\xi,y_0)\Delta x + f'_y(x,\eta)\Delta y.$$

因此

$$\begin{aligned} &\Delta z - [f'_x(x_0,y_0)\Delta x + f'_y(x_0,y_0)\Delta y] \\ &= [f'_x(\xi,y_0) - f'_x(x_0,y_0)]\Delta x + [f'_y(x,\eta) - f'_y(x_0,y_0)]\Delta y. \end{aligned}$$

当 $\rho \to 0$ 时,则 $(x,y) \to (x_0,y_0)$, $(\xi,y_0) \to (x_0,y_0)$, $(x,\eta) \to (x_0,y_0)$.令

$$\alpha(\Delta x,\Delta y) = f'_x(\xi,y_0) - f'_x(x_0,y_0), \quad \beta(\Delta x,\Delta y) = f'_y(x,\eta) - f'_y(x_0,y_0).$$

则 α,β 满足下述条件

$$\alpha(0,0) = \beta(0,0) = 0,$$

当 $\rho \to 0$ 时, $\alpha \to 0$, $\beta \to 0$.从而定理获得证明.

***注 5.2.1** 可以证明:如果定理 5.2.2 的结论(1)成立,则

$$\Delta z = f'_x(x_0,y_0)\Delta x + f'_y(x_0,y_0)\Delta y + o(\rho), \quad (2)$$

式中, $o(\rho)$ 是比 ρ 高阶的无穷小量(当 $\rho \to 0$).可以证明,反之也成立.因此,条件(1)与(2)是等价的.当 $z = f(x,y)$ 在 (x_0,y_0) 满足条件(1)或者(2)时.我们称 $z = f(x,y)$ 在 (x_0,y_0) 是**可微的**.关于"可微"的详细定义及可微性的作用有兴趣的读者可参看附录 A.

注 5.2.2 在定理 5.2.1 的条件下,即当 $z = f(x,y)$ 在 $P_0 = (x_0,y_0)$ 的某邻域 $U_r(P_0)$ 上每点的一阶偏导数 f'_x, f'_y 存在,且 f'_x, f'_y 作为二元函数都在 $P_0 = (x_0,y_0)$ 连续(一般,我们可用定理 5.1.1 判断 f'_x 与 f'_y 的连续性),则我们可以记

$$dz = f'_x(x_0,y_0)\Delta x + f'_y(x_0,y_0)\Delta y,$$

或

$$dz = f'_x(x_0,y_0)dx + f'_y(x_0,y_0)dy,$$

称 dz 为 $z = f(x,y)$ 在点 (x_0,y_0) 的**全微分**.

与一元函数可导时的增量近似公式相类似，我们也有二元函数的增量计算公式.

注 5.2.3（函数增量近似公式）　设 $z=f(x,y)$ 满足定理 5.2.1 条件，则我们有近似公式

$$\Delta z \approx \mathrm{d}z,$$

即 $f(x,y)-f(x_0,y_0)\approx f'_x(x_0,y_0)(x-x_0)+f'_y(x_0,y_0)(y-y_0)$.

例 5.2.3　某工程问题的设计中遇到下面的数学问题：

已量出一直圆柱体的直径为 12cm，高为 8cm，在每次量长时可能的误差为 0.02cm，问由此计算体积时，最大的可能误差为多少？

解　设直径为 x cm，高 y cm，则 $v=\pi\left(\frac{x}{2}\right)^2 y=\frac{\pi}{4}x^2y$ (cm^3)，现考察函数 $v=\frac{\pi}{4}x^2y$，用近似公式 $\Delta v\approx \mathrm{d}v$. 从而

$$\Delta v \approx \frac{\pi}{2}xy\mathrm{d}x+\frac{\pi}{4}x^2\mathrm{d}y.$$

代入 $x=12, y=8, \mathrm{d}x=\mathrm{d}y=\pm 0.02$. 故

$$\begin{aligned}|\Delta v| &\leqslant \frac{\pi}{2}xy|\mathrm{d}x|+\frac{\pi}{4}x^2|\mathrm{d}y| \\ &= \frac{\pi}{2}\times 12\times 8\times 0.02+\frac{\pi}{4}\times 12^2\times 0.02 = 1.68\pi = 5.2779.\end{aligned}$$

因此，体积的最大可能误差为 $5.2779\mathrm{cm}^3$.

5.3　二元函数的局部极值和最大(小)值

这一节中我们将主要讨论如何利用偏导数求出二元函数的局部极值问题. 基本概念与一元函数的局部极值问题的情形非常相似. 因为二元函数 $z=f(x,y)$ 有两个一阶偏导数，四个二阶偏导数，我们可以预料讨论的过程要比一元函数情形复杂一些.

为使讨论尽可能简单一点，我们假设在一个圆形区域上 $f(x,y)$ 的所有二阶偏导数都存在且连续，则 $\frac{\partial^2 z}{\partial x\partial y}=\frac{\partial^2 z}{\partial y\partial x}$，此处述而不证.

下面仿照一元函数的讨论过程，首先给出 $z=f(x,y)$ 的局部极值点的定义，然后利用 $f(x,y)$ 的两个一阶偏导数，三个二阶偏导数给出判定极值点的必要条件以及充分条件.

定义 5.3.1（函数的局部极值点）　设 $z=f(P)=f(x,y)$ 在 $P_0=(x_0,y_0)$ 的某邻域 $U_r(P_0)$ 上有定义，如存在 $\delta>0(\delta<r)$，使得当 $P\in U_\delta(P_0)\setminus\{P_0\}$ 时

$$f(P)\leqslant f(P_0),$$

则称 P_0 为 $f(P)$ 的局部极大值点，$f(P)$ 在 P_0 有局部极大值 $f(P_0)$.

局部极小值与局部极小值点按相似方式定义.

局部极大值点与局部极小值点统称为局部极值点(可简称为极值点).

注意，与一元函数的情形相似，关于判别法，**我们只有兴趣于严格极值点的判别**(见定理 5.3.2).

定理 5.3.1 (极值点的一个必要条件) 设 $f(x,y)$ 在 $P_0=(x_0,y_0)$ 有局部极值，且在 P_0，$f(x,y)$ 的两个一阶偏导数都存在，则 $f'_x(x_0,y_0)=0=f'_y(x_0,y_0)$ (常把满足 $f'_x(x_0,y_0)=0=f'_y(x_0,y_0)$ 的 $P_0=(x_0,y_0)$ 称为 $f(x,y)$ 的驻点).

证 由已知，显然 $x=x_0$ 是一元函数 $f(x,y_0)$ 的局部极值点，由定理 3.5.1 立即得到 $f'_x(x_0,y_0)=0$. 类似可证 $f'_y(x_0,y_0)=0$.

注意定理 5.3.1 的逆不一定成立.

定理 5.3.2 (严格极值点的一个充分条件) 设 $z=f(x,y)$ 在 $P_0=(x_0,y_0)$ 的某邻域内有连续的二阶偏导数，且 P_0 为驻点. 记 $A=f''_{xx}(P_0)$，$B=f''_{xy}(P_0)$，$C=f''_{yy}(P_0)$，那么

1. 当 $B^2-AC<0$，$A>0$ 时，则 $P_0=(x_0,y_0)$ 为极小值点，$f(x_0,y_0)$ 为极小值;

2. 当 $B^2-AC<0$，$A<0$ 时，则 $P_0=(x_0,y_0)$ 为极大值点，$f(x_0,y_0)$ 为极大值;

3. 如果 $B^2-AC>0$，则 $f(x_0,y_0)$ 不是极值(此时 (x_0,y_0) 称为鞍点);

4. 如果 $B^2-AC=0$，则 $f(x_0,y_0)$ 不一定是极值，即该判别法失效.

证 证明从略.

例 5.3.1 求函数 $f(x,y)=x^2+xy+y^2-7x-8y+10$ 的极值点.

解 由

$$\begin{cases} f'_x = 2x + y - 7 = 0, \\ f'_y = x + 2y - 8 = 0 \end{cases}$$

可解得 $x=2$，$y=3$，故 $(2,3)$ 是 $f(x,y)$ 的惟一驻点.

在 $(2,3)$ 处

$$\begin{aligned} &\text{由 } f''_{xx}(x,y) = 2 \text{ 得 } A = 2, \\ &\text{由 } f''_{xy}(x,y) = 1 \text{ 得 } B = 1, \\ &\text{由 } f''_{yy}(x,y) = 2 \text{ 得 } C = 2. \end{aligned}$$

因此

$$B^2 - AC = 1^2 - 2 \times 2 = -3 < 0,$$

又 $A=2>0$，故 $(2,3)$ 是 $f(x,y)$ 的极小值点，$f(2,3)$ 是极小值.

***例 5.3.2** 试求三个数 x_0,y_0,z_0 满足 $x+y+z=10$，且使得在 (x_0,y_0,z_0)

处三元函数 $w=x^2yz$ 取得极大值,并求出此极大值.

解 虽然 $w=x^2yz$ 是三元函数,但从 $x+y+z=10$ 可得 $z=10-x-y$,代入 x^2yz 得二元函数

$$w=f(x,y)=x^2y(10-x-y)=10x^2y-x^3y-x^2y^2,$$

则

$$\begin{cases} f'_x=20xy-3x^2y-2xy^2=xy(20-3x-2y), \\ f'_y=10x^2-x^3-2x^2y=x^2(10-x-2y). \end{cases}$$

由$\begin{cases} f'_x=0, \\ f'_y=0, \end{cases}$可见$(0,y)$($y$ 任意)是 $f(x,y)$ 的驻点,但 $f(0,y)=0$ 显然不是极大值.易见,$f(x,0)$ 也不是极大值.

现设 $x\neq 0,y\neq 0$,则$\begin{cases} f'_x=0 \\ f'_y=0 \end{cases}$化为

$$\begin{cases} 20-3x-2y=0, \\ 10-x-2y=0, \end{cases}$$

得 $\begin{cases} x_0=5, \\ y_0=\dfrac{5}{2}, \end{cases}$ 即 $P_0=\left(5,\dfrac{5}{2}\right)$也是 $f(x,y)$ 的驻点.

$$f''_{xx}=20y-6xy-2y^2, f''_{xy}=20x-3x^2-4xy, f''_{yy}=-2x^2.$$

当 $P_0=\left(5,\dfrac{5}{2}\right)$时,$A=-\dfrac{75}{2}$,$B=-25$,$C=-50$.则

$$B^2-AC=-1250<0,$$

又 $A=-\dfrac{75}{2}<0$.因此 $f\left(5,\dfrac{5}{2}\right)=\dfrac{625}{4}$是 $f(x,y)$ 的极大值.

由题意知,所求极大值是存在的.故所求满足 $x+y+z=10$ 的函数 x^2yz 的极大值是$\dfrac{625}{4}$,极大值点是$\left(5,\dfrac{5}{2},10-5-\dfrac{5}{2}\right)=\left(5,\dfrac{5}{2},\dfrac{5}{2}\right)$.

对照一元函数的最大值、最小值问题,二元函数的这类问题的处理方式与前者十分相似,但一般要复杂一点.这里我们只处理函数的定义域是闭矩形的情形以及由问题的实际意义可知所求的最大值或最小值必定存在且在惟一驻点达到的一类问题.具体方法我们进一步以下面的两个例子说明之.

例 5.3.3 某公司生产两种产品,设第一种产品为 x(千件),第二种产品为 y(千件)时利润函数为

$$f(x,y)=2xy-x^2-2y^2-4x+12y-5$$

(以百万元为单位),试求 x,y 分别取何值时,公司能获取最大利润,最大利润是多少?

解 由

$$\begin{cases} f'_x = 2y - 2x - 4 = 0, \\ f'_y = 2x - 4y + 12 = 0 \end{cases}$$

得 $f(x,y)$的惟一驻点为(2,4),因此由问题的实际意义可判断(2,4)必是 $f(x,y)$的最大值点,即当 $x=2$(千件),$y=4$(千件)时,利润 $f(2,4)$最大,最大利润为 $f(2,4)=15$(百万元).

* **例 5.3.4** 设 $f(x,y)=4xy-2x^2-y^4$,定义域 $D=\{(x,y):|x|\leqslant 2,|y|\leqslant 2\}$,求 $f(x,y)$在 D 上的最大值.

解 第一步先求出 $f(x,y)$的驻点.由

$$\begin{cases} f'_x = 4y - 4x = 0, \\ f'_y = 4x - 4y^3 = 0 \end{cases}$$

得驻点 $P_1=(0,0)$,$P_2=(1,1)$,$P_3=(-1,-1)$. $f(x,y)$在 D 上的最大值必在这些点之一或者在矩形 D 的边界上达到.由表达式

$$f(x,y) = 4xy - 2x^2 - y^4$$

可知它在 D 上的最大值不可能在 D 上的处在第二与第四象限的部分达到.又因

$$f(-x,-y) = f(x,y),$$

关于 D 的边界部分,我们只需要考虑在第一象限的部分$\{(x,y):x=2,0\leqslant y\leqslant 2\}$及$\{(x,y):y=2,0\leqslant x\leqslant 2\}$即可.因此,$D$ 的边界上 $f(x,y)$的最大值问题化为

1. 求 $f(2,y)=8y-8-y^4$ 在 $0\leqslant y\leqslant 2$ 上的最大值.
2. 求 $f(x,2)=8x-2x^2-16$ 在 $0\leqslant x\leqslant 2$ 上的最大值.

由 $f'_y(2,y)=8-4y^3=0$,得 $y=2^{\frac{1}{3}}$,$f(2,2^{\frac{1}{3}})=8\sqrt[3]{2}-8-2\sqrt[3]{2}=6\sqrt[3]{2}-8>0$.又 $f(2,0)=-8$,$f(2,2)=16-8-16=-8<0$,故 $f(x,y)$在

$$\{(x,y):x = 2, 0 \leqslant y \leqslant 2\}$$

上的最大值是 $6\sqrt[3]{2}-8$.

类似方法可求得 $f(x,y)$在$\{(x,y):y=2,0\leqslant x\leqslant 2\}$上的最大值是 -8.

最后,把 $6\sqrt[3]{2}-8$, -8 与 $f(0,0)=0$,$f(1,1)=1$,$f(-1,-1)=1$ 比较之,得知 $f(x,y)$在 D 上的最大值是 1,且在(1,1)与(-1,-1)达到.

* 5.4 拉格朗日乘数法

例 5.3.2 中极值问题实际上是条件极值问题,那里我们要求函数 $w=x^2yz$ 服从约束条件 $x+y+z=10$ 的极大值.在例 5.3.2 中,我们把 $z=10-x-y$ 代入 $w=x^2yz$,化为二元函数 $w=xy^2(10-x-y)$的通常极值问题.

然而在一般条件下,有时要从约束条件解出一个变量用其余变量表示很困难,甚至不可能,这时我们可以试用所谓拉格朗日乘数法(Lagrange multiplier)解之.这

个方法的优点是不仅对二元函数，而且对三元函数，甚至更多元函数都适用. 方法详见下面的例 5.4.1.

这里顺便指出，三元以上的函数对每一个变量的偏导数的定义和求法与二元函数的情形完全类似.

此处我们用一个简单的例子来体现**拉格朗日乘数法**的主要步骤.

例 5.4.1　求 $f(x,y)=x^2+y^2$ 服从 $2x+y=5$ 的极小值.

解　首先把约束条件 $2x+y=5$ 改写成一边为零的标准形式 $2x+y-5=0$. 然后构造拉格朗日函数

$$F(x,y,\lambda) = x^2 + y^2 + \lambda(2x + y - 5),$$其中 λ 称为**拉格朗日乘数**.

求 $F(x,y,\lambda)$ 对 x,y,λ 的偏导数，形成方程组

$$\begin{cases} F'_x = 2x + 2\lambda = 0, & (1) \\ F'_y = 2y + \lambda = 0, & (2) \\ F'_\lambda = 2x + y - 5 = 0. & (3) \end{cases}$$

解上述方程组的方法有多种. 如用下法，(1) − 2(2) 得 $2x-4y=0$ 与 (3) 联立. 立即得 $x=2$, $y=1$. 因此，由题意知 (2,1) 是所求的 $f(x,y)$ 服从 $2x+y=5$ 的极小值点，极小值 $f(2,1)=5$.

注意，由此解题过程可见，用拉格朗日乘数法求条件极值不一定要真正求出 λ 的值.

5.5　二重积分

在第 4 章中，我们曾指出，当 $b>a$ 时，一元函数的定积分 $\int_a^b f(x)\mathrm{d}x$ 来源于求平面图形的面积的研究. 定积分 $\int_a^b f(x)\mathrm{d}x$ 中有两个要素：积分区间 $[a,b]$ 及被积函数 $f(x)$. 那里我们还假设 $f(x)$ 是连续函数，进而我们在定理 4.2.1 中作了重要的附注，当 $[a,b]$ 固定，$f(x)$ 作为 $[a,b]$ 上的连续函数在 $C[a,b]$ 中变化时，$\int_a^b f(x)\mathrm{d}x$ 可记为映射 Tf，T 是 $C[a,b]$ 上的一个线性泛函，即任给一个 $[a,b]$ 上的连续函数，按照 $\int_a^b f(x)\mathrm{d}x$ 就有一个确定的实数与之对应，且这个对应关系（映射）具有线性性质.

我们现在考虑能否把一元函数的定积分推广到多元函数，比如二元函数的情形？

首先，我们以平面上矩形 $D=\{(x,y): a\leqslant x\leqslant b, c\leqslant y\leqslant d\}$ 代替 $[a,b]$. 设

$f(x,y)$是 D 上的连续函数,显然 $C(D)$也是线性空间.当 D 固定,f 在$C(D)$上变化,能否像定义定积分$\int_a^b f(x)\mathrm{d}x$ 那样,定义一个确定的数 Tf 与 f 对应,且满足线性性质呢?数学家已完满地解决了这一问题,且把 Tf 记为$\iint\limits_D f(x,y)\mathrm{d}x\mathrm{d}y$,称为 $f(x,y)$ 在矩形区域 D 上的二重积分,当 $f(x,y)\geqslant 0$ 时,$\iint\limits_D f(x,y)\mathrm{d}x\mathrm{d}y$ 等于以 XY 平面上的矩形区域D 为底,以平面 $x=a,x=b,y=c,y=d$ 为侧面,以曲面 $z=f(x,y)$(空间中的曲面 $z=f(x,y)$表示函数 $z=f(x,y)$的图形)为顶的曲顶柱体的体积.

对非数学工作者来说,我们认为一般不必要求追根究底去搞清如何严格定义$\iint\limits_D f(x,y)\mathrm{d}x\mathrm{d}y$.重要的是如何求出数$\iint\limits_D f(x,y)\mathrm{d}x\mathrm{d}y$.

我们在求 $z=f(x,y)$的偏导数$\frac{\partial z}{\partial x}$时,把 y 看为常数.很显然如把 y 看为常数,我们也可以求$\int f(x,y)\mathrm{d}x$ 以及$\int_a^b f(x,y)\mathrm{d}x$.

例 5.5.1 求$\int(2x+3xy^2)\mathrm{d}x,\int(2x+3xy^2)\mathrm{d}y$.

解

$$\int(2x+3xy^2)\mathrm{d}x=\int 2x\mathrm{d}x+\int 3xy^2\mathrm{d}x=x^2+\frac{3}{2}x^2y^2+C(y),$$

式中,$C(y)$是 y 的任意函数.

$$\int(2x+3xy^2)\mathrm{d}y=\int 2x\mathrm{d}y+\int 3xy^2\mathrm{d}y=2xy+xy^3+C(x),$$

式中,$C(x)$是 x 的任意函数.

例 5.5.2 求$\int_1^2(2x+3xy^2)\mathrm{d}x,\int_3^4(2x+3xy^2)\mathrm{d}y$.

解

$$\int_1^2(2x+3xy^2)\mathrm{d}x=\left(x^2+\frac{3}{2}x^2y^2+C(y)\right)\Bigg|_{x=1}^{x=2}$$

$$=\left(x^2+\frac{3}{2}x^2y^2\right)\Bigg|_{x=1}^{x=2}=3+\frac{9}{2}y^2.$$

类似可求

$$\int_3^4(2x+3xy^2)\mathrm{d}y=(2xy+xy^3+C(x))\Big|_{y=3}^{y=4}=(2xy+xy^3)\Big|_{y=3}^{y=4}=39x.$$

例 5.5.3 求

$$I_1 = \int_3^4 \left[\int_1^2 (2x + 3xy^2) \mathrm{d}x \right] \mathrm{d}y, \ I_2 = \int_1^2 \left[\int_3^4 (2x + 3xy^2) \mathrm{d}y \right] \mathrm{d}x.$$

解

$$I_1 = \int_3^4 \left(3 + \frac{9}{2} y^2 \right) \mathrm{d}y = \left(3y + \frac{3}{2} y^3 \right) \bigg|_3^4 = \frac{117}{2},$$

$$I_2 = \int_1^2 39x \mathrm{d}x = \frac{39}{2} x^2 \bigg|_1^2 = \frac{117}{2}.$$

上面的计算表明

$$\int_3^4 \left[\int_1^2 (2x + 3xy^2) \mathrm{d}x \right] \mathrm{d}y = \int_1^2 \left[\int_3^4 (2x + 3xy^2) \mathrm{d}y \right] \mathrm{d}x.$$

例 5.5.3 中的事实具有普遍性,我们有

定理 5.5.1　设 $f(x,y)$在矩形区域 $D = \{(x,y): a \leqslant x \leqslant b, c \leqslant y \leqslant d\}$上连续,则

$$\int_c^d \left[\int_a^b f(x,y) \mathrm{d}x \right] \mathrm{d}y = \int_a^b \left[\int_c^d f(x,y) \mathrm{d}y \right] \mathrm{d}x.$$

注意

$$\int_c^d \left[\int_a^b f(x,y) \mathrm{d}x \right] \mathrm{d}y \quad 及 \quad \int_a^b \left[\int_c^d f(x,y) \mathrm{d}y \right] \mathrm{d}x$$

称为**累次积分**,人们习惯上不写方括号,把上述两个累次积分分别表为

$$\int_c^d \mathrm{d}y \int_a^b f(x,y) \mathrm{d}x \text{ 及} \int_a^b \mathrm{d}x \int_c^d f(x,y) \mathrm{d}y.$$

我们不妨直接利用累次积分给出二重积分的下述定义.

定义 5.5.1（二重积分）　1° 设 $f(x,y)$在矩形区域 $D = \{(x,y): a \leqslant x \leqslant b, c \leqslant y \leqslant d\}$上连续,则我们称数

$$\int_c^d \mathrm{d}y \int_a^b f(x,y) \mathrm{d}x = \int_a^b \mathrm{d}x \int_c^d f(x,y) \mathrm{d}y$$

为 $f(x,y)$在 D 上的**二重积分**,表为

$$\iint_D f(x,y) \mathrm{d}x \mathrm{d}y \quad 或 \quad \iint_D f(x,y) \mathrm{d}y \mathrm{d}x,$$

D 称为积分区域.

2° 设区域 $D = \{(x,y): \varphi(x) \leqslant y \leqslant \psi(x), a \leqslant x \leqslant b\}$, 其中 $\varphi(x), \psi(x)$ 是$[a,b]$上的连续函数, $f(x,y)$是 D 上的连续函数,则 $f(x,y)$在 D 上的**二重积分**定义为

$$\iint_D f(x,y) \mathrm{d}x \mathrm{d}y = \int_a^b \mathrm{d}x \int_{\varphi(x)}^{\psi(x)} f(x,y) \mathrm{d}y.$$

3° 设区域 $D = \{(x,y): \varphi(y) \leqslant x \leqslant \psi(y), a \leqslant y \leqslant b\}$, 其中 $\varphi(y), \psi(y)$

是$[a,b]$上的连续函数,$f(x,y)$是 D 上的连续函数,则 $f(x,y)$在 D 上的**二重积分**定义为

$$\iint_D f(x,y)\mathrm{d}x\mathrm{d}y = \int_a^b \mathrm{d}y\int_{\varphi(y)}^{\psi(y)} f(x,y)\mathrm{d}x.$$

4° 设某一曲线将 XY 平面上区域D 分成两块D_1,D_2,且 D_1,D_2 或为 2°中区域,或为 3°中区域,则 $f(x,y)$在 D 上的**二重积分**定义为

$$\iint_D f(x,y)\mathrm{d}x\mathrm{d}y = \iint_{D_1} f(x,y)\mathrm{d}x\mathrm{d}y + \iint_{D_2} f(x,y)\mathrm{d}x\mathrm{d}y.$$

我们指出,二重积分具有一些与定积分的性质十分相似的性质,在计算二重积分时,我们可以利用这些性质.

定理 5.5.2 (二重积分的一些性质) 设 D 是定义 5.5.1 中所述的平面上的区域,$f(x,y)$,$g(x,y)$是 D 上的连续函数,则

1° $\iint_D \mathrm{d}x\mathrm{d}y = D$ 的面积.

2° $$\iint_D [\alpha f(x,y) + \beta g(x,y)]\mathrm{d}x\mathrm{d}y$$

$$= \alpha\iint_D f(x,y)\mathrm{d}x\mathrm{d}y + \beta\iint_D g(x,y)\mathrm{d}x\mathrm{d}y.$$

其中 α,β 是常数.

3° 如某一曲线将 D 分成两块D_1,D_2,且 D_1,D_2 如前,且无共同的内点.则

$$\iint_D f(x,y)\mathrm{d}x\mathrm{d}y = \iint_{D_1} f(x,y)\mathrm{d}x\mathrm{d}y + \iint_{D_2} f(x,y)\mathrm{d}x\mathrm{d}y.$$

4° 设对任 $(x,y)\in D, f(x,y)\geqslant 0$,则$\iint_D f(x,y)\mathrm{d}x\mathrm{d}y\geqslant 0$.

例 5.5.4 1° 求以矩形区域 $D=\{(x,y):0\leqslant x\leqslant 2,\ 0\leqslant y\leqslant 4\}$为底,以 $z=6$ 为顶的长方体的体积.

解

$$V = \iint_D 6\mathrm{d}x\mathrm{d}y = \int_0^2\int_0^4 6\mathrm{d}y\mathrm{d}x = \int_0^2 (6y)\Big|_0^4\mathrm{d}x = \int_0^2 24\mathrm{d}x = 48,$$

这与用通常的体积公式 $V=$底面积×高$=2\times4\times6=48$ 完全一致.

2° 求 $\iint_D (x+y)\mathrm{d}x\mathrm{d}y$,其中 $D=\{(x,y):-x^2\leqslant y\leqslant x,0\leqslant x\leqslant 1\}$.

解 作出区域 D 的草图,见图 5.1.

$$\iint_D (x+y)\mathrm{d}x\mathrm{d}y = \int_0^1\mathrm{d}x\int_{-x^2}^{x}(x+y)\mathrm{d}y$$

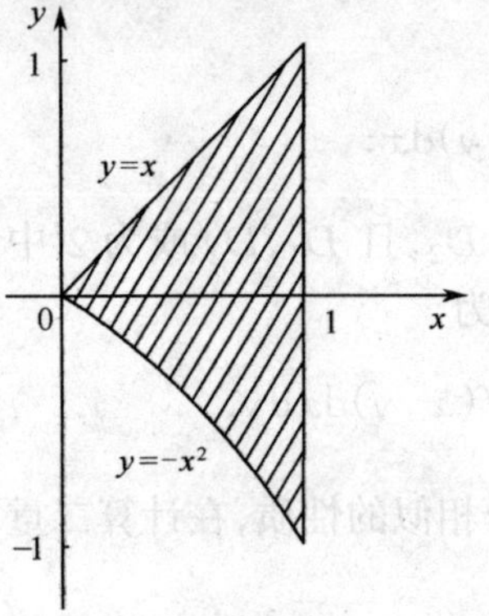

图 5.1

$$=\int_0^1\left(xy+\frac{y^2}{2}\right)\Big|_{y=-x^2}^{y=x}\mathrm{d}x$$

$$=\int_0^1\left(x^2+\frac{x^2}{2}+x^3-\frac{x^4}{2}\right)\mathrm{d}x$$

$$=\int_0^1\left(\frac{3}{2}x^2+x^3-\frac{x^4}{2}\right)\mathrm{d}x$$

$$=\left(\frac{1}{2}x^3+\frac{x^4}{4}-\frac{x^5}{10}\right)\Big|_0^1$$

$$=\frac{1}{2}+\frac{1}{4}-\frac{1}{10}=\frac{13}{20}.$$

此例中的二重积分的计算,我们也可以化为另一种次序的累次积分,即先对 x 积分后对 y 积分.此时需要把积分区域分成两块 D_1 与 D_2

$$D_1=\{(x,y):y\leqslant x\leqslant 1,\ 0\leqslant y\leqslant 1\},$$

$$D_2=\{(x,y):\sqrt{-y}\leqslant x\leqslant 1,\ -1\leqslant y\leqslant 0\}.$$

从而,由定理 5.5.2 性质 3°,得

$$\iint\limits_D(x+y)\mathrm{d}x\mathrm{d}y=\iint\limits_{D_1}(x+y)\mathrm{d}x\mathrm{d}y+\iint\limits_{D_2}(x+y)\mathrm{d}x\mathrm{d}y$$

$$=\int_0^1\mathrm{d}y\int_y^1(x+y)\mathrm{d}x+\int_{-1}^0\mathrm{d}y\int_{\sqrt{-y}}^1(x+y)\mathrm{d}x$$

$$=\int_0^1\left(\frac{x^2}{2}+yx\right)\Big|_{x=y}^{x=1}\mathrm{d}y+\int_{-1}^0\left(\frac{x^2}{2}+yx\right)\Big|_{x=\sqrt{-y}}^{x=1}\mathrm{d}y$$

$$=\int_0^1\left(\frac{1}{2}+y-\frac{y^2}{2}-y^2\right)\mathrm{d}y+\int_{-1}^0\left(\frac{1}{2}+y+\frac{y}{2}-y\sqrt{-y}\right)\mathrm{d}y$$

$$=\left(\frac{1}{2}y+\frac{y^2}{2}-\frac{y^3}{2}\right)\Big|_0^1+\left[\frac{1}{2}y+\frac{3}{4}y^2-\frac{2}{5}(-y)^{\frac{5}{2}}\right]\Big|_{-1}^0$$

$$=\frac{1}{2}+\frac{1}{2}-\frac{1}{2}-\left(-\frac{1}{2}+\frac{3}{4}-\frac{2}{5}\right)$$

$$=\frac{13}{20}.$$

例 5.5.4 中 2°二重积分的计算过程表明:例中两个不同的累次积分

$$\int_0^1\mathrm{d}x\int_{-x^2}^{x}(x+y)\mathrm{d}y$$

与

$$\int_0^1\mathrm{d}y\int_y^1(x+y)\mathrm{d}x+\int_{-1}^0\mathrm{d}y\int_{\sqrt{-y}}^1(x+y)\mathrm{d}x$$

的值相等,即等于二重积分 $\iint\limits_D (x+y)\mathrm{d}x\mathrm{d}y$ 的值,其中

$$D = \{(x,y): -x^2 \leqslant y \leqslant x,\ 0 \leqslant x \leqslant 1\}.$$

一般地,任一二重积分的计算可通过计算两个次序的累次积分之一来完成.

因此,如果要求做改变累次积分 $\int_0^1 \mathrm{d}x \int_{-x^2}^{x} (x+y)\mathrm{d}y$ 次序的习题,则首先需要把该累次积分还原为被积函数 $x+y$ 在一适当区域 D 上的二重积分,然后再把二重积分写成按另一次序的累次积分.

关于改变累次积分次序的问题,我们下面再举一个例子.

***例 5.5.5** 改变累次积分 $I = \int_0^1 \mathrm{d}y \int_0^y f(x,y)\mathrm{d}x + \int_1^2 \mathrm{d}y \int_0^{2-y} f(x,y)\mathrm{d}x$ 的次序.

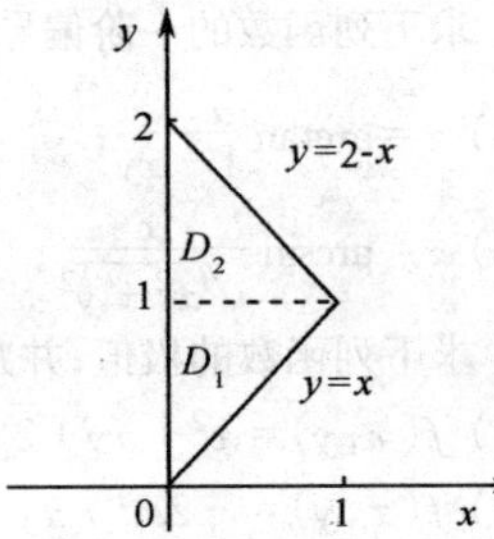

图 5.2

解 这是两个先对 x 积分,后对 y 积分的累次积分,我们首先可以分别考虑.

令

$D_1 = \{(x,y): 0 \leqslant x \leqslant y,\ 0 \leqslant y \leqslant 1\}$,

$D_2 = \{(x,y): 0 \leqslant x \leqslant 2-y,\ 1 \leqslant y \leqslant 2\}$.

然后令 $D = D_1 \cup D_2$,在平面上画出 D 的草图(见图 5.2),立即可得

$$I = \iint\limits_D f(x,y)\mathrm{d}x\mathrm{d}y = \int_0^1 \mathrm{d}x \int_x^{-x+2} f(x,y)\mathrm{d}y.$$

习 题 5

(A)

1. 指出下述函数的定义域

(1) $z = f(x,y) = x\ln(3x^2+2y^2)$; (2) $z = f(x,y) = 3\mathrm{e}^{x^2} + y^2$;

(3) $z = f(x,y) = \mathrm{e}^x\ln(3x+2y)$; (4) $z = f(x,y) = (\mathrm{e}^x + \mathrm{e}^y)\ln x$;

(5) $z = f(x,y) = 1/\sqrt{2x+3y}$; (6) $z = \sqrt[3]{x^2+3y^2}$;

(7) $z = 1/\sqrt{x-\sqrt{y}}$; (8) $z = \arcsin\dfrac{y}{x}$.

2. 求出下列函数的$\dfrac{\partial z}{\partial x}, \dfrac{\partial z}{\partial y}$及(1)(3)(5)小题的全微分,$f'_x(3,2)$,$f'_y(3,2)$及(2)(4)(6)小题的 $\mathrm{d}f(3,2)$.

(1) $z = f(x,y) = 7+2x$; (2) $z = f(x,y) = 7+3x-2y$;

(3) $z = f(x,y) = 10-3x^2-2xy+y^3$; (4) $z = f(x,y) = 3\mathrm{e}^x - 2\mathrm{e}^y$;

(5) $z = f(x,y) = 3\ln(xy) + x^2$; (6) $z = f(x,y) = \arctan\dfrac{y}{x}$.

3. 求出下列函数的$\frac{\partial^2 z}{\partial x^2}$，$\frac{\partial^2 z}{\partial y^2}$，$f''_{xy}(1,3)$.

(1) $z=f(x,y)=7+5x+3y$；　(2) $z=f(x,y)=10x^2y^3$；

(3) $z=f(x,y)=5x^2y-3xy^3$；　(4) $z=3e^x-2e^y$；

(5) $z=f(x,y)=3e^{xy}$；　(6) $z=\sin(xy^2)$.

4. 求出第1题中前5小题各个函数的 $f''_{xy}(1,3)$.

5. 设一潜水衣的水下使用时间函数为 $T(v,d)=\frac{36v}{d+36}$，其中 v 是潜水衣所配的空气袋的空气体积，d 是潜水深度，求出 $T'_v(65,30)$，$T'_d(65,30)$，试解释其含义.

6. 设汽车的刹车痕迹的长度函数为 $L(w,s)=0.000014ws^2$，其中 w 是汽车的重量，s 是汽车当时的速度，求 $L'_w(3000,55)$，$L'_s(3000,55)$，试解释其含义.

7. 求下列函数的一阶偏导数.

(1) $z=\arctan\frac{x+y}{1-xy}$；　(2) $f(x,y)=(x^2y+y^3)\sin\frac{y}{x}$；

(3) $z=\arcsin\frac{x}{\sqrt{x^2+y^2}}$；　(4) $f(x,y)=\frac{ax+by}{cx+dy}$.

8. 求下列函数的极值，并判别极大与极小.

(1) $f(x,y)=x^2+xy+2y^2-3x+2y+2$；

(2) $f(x,y)=-2x^2+xy-y^2+10x+y-3$；

(3) $f(x,y)=e^{xy}$；

(4) $f(x,y)=x^3+y^3-6x^2-3y^2-9y$.

9. 某公司可通过电台及报纸两种方式做销售某种商品的广告，根据统计资料，销售收入 R 与电台广告费用 x，报纸广告费用 y 之间有如下关系

$$R=15+14x+32y-8xy-2x^2-10y^2\quad\text{（单位均以万元计）}.$$

(1) 在广告费用不限的情况下，求最优广告策略.

(2) 如提供的广告费用为1.5万元，求相应的最优广告策略.

10. 某工厂生产的一种产品同时在两个商店销售，销售量分别是 x 与 y，售价分别是 p 与 q；需求函数分别是 $x=24-0.2p$，$y=10-0.05q$，总成本函数 $c=35+40(x+y)$. 试问工厂应如何确定两商店的售价，才能使获得利润最大？最大总利润是多少？

11. 求下列累次积分.

(1) $\int_0^2\left[\int_0^1 6x^2y^2\mathrm{d}y\right]\mathrm{d}x$；　(2) $\int_1^2\left[\int_1^3(4x+2y)\mathrm{d}x\right]\mathrm{d}y$；

(3) $\int_0^1\left[\int_0^2 e^{x+y}\mathrm{d}x\right]\mathrm{d}y$；　(4) $\int_0^2\left[\int_0^x(x^2+y^2)\mathrm{d}y\right]\mathrm{d}x$.

12. 求下列二重积分，被积函数是 $f(x,y)$，D 是积分区域.

(1) $f(x,y)=2xe^y$，$D=\{(x,y):0\leqslant x\leqslant 3,0\leqslant y\leqslant 1\}$；

(2) $f(x,y)=\frac{2xy^2}{1+x^2}$，$D=\{(x,y):0\leqslant x\leqslant 2,0\leqslant y\leqslant 1\}$；

(3) $f(x,y)=\frac{x^2}{y^2}$，D 是由直线 $x=2$，$y=x$ 及双曲线 $xy=1$ 所围区域；

(4) $f(x,y)=\sin(x^2)$，D 是由 $y=0$，$x=1$ 及 $y=x$ 所围区域.

13. 如果 $f(x,y)$ 是一城市的人口密度函数，城市总人口数能用下式求得，$p=\iint\limits_R f(x,y)\mathrm{d}x\mathrm{d}y$，其中 R 表示城市范围. 如 $R=\{(x,y):0\leqslant x\leqslant 3,0\leqslant y\leqslant 4\}$，$f(x,y)=\dfrac{80000}{x+y}$，试求城市总人口数.

(B)

1. 设 $f(x,y)$ 为(A)组第1题中(2)(4)(6)(8)的 $f(x,y)$，求 $\lim\limits_{\substack{x\to1\\y\to0}}f(x,y)$.

2. 已知 $f\left(\dfrac{1}{x},\dfrac{1}{y}\right)=\dfrac{1+y^2}{xy}$，求 $f(x,y)$ 及 $\lim\limits_{\substack{x\to2\\y\to1}}f(x,y)$.

3. 已知下列极限存在，试求之.

(1) $\lim\limits_{\substack{x\to0\\y\to a}}\dfrac{\sin(xy)}{x}$； (2) $\lim\limits_{\substack{x\to0\\y\to3}}\dfrac{\ln(1+xy)}{x}$；

(3) $\lim\limits_{\substack{x\to0\\y\to0}}\dfrac{\sqrt{1+xy}-1}{xy}$； (4) $\lim\limits_{\substack{x\to0\\y\to0}}\dfrac{x^3+y^3}{x^2+y^2}$.

4. 已知下列极限不存在，试证之.

(1) $\lim\limits_{\substack{x\to0\\y\to0}}\dfrac{x-y}{x+y}$； (2) $\lim\limits_{\substack{x\to0\\y\to0}}\dfrac{x^2y}{x^4+y^4}$；

(3) $\lim\limits_{\substack{x\to0\\y\to0}}\dfrac{\sin x\tan y}{\sin^2x+\sin^2y}$； (4) $\lim\limits_{\substack{x\to0\\y\to0}}\dfrac{x^2y^2}{x^2y^2+(x-y)^2}$.

5. 令 $z=x^2y^3$，求全微分 $\mathrm{d}z$，并求 $\mathrm{d}z$ 在下述条件下的值：$x=2$，$y=-1$，$\Delta x=0.02$，$\Delta y=-0.01$.

6. 求 $f(x,y)=\mathrm{e}^{2x}(x+y^2+2y)$ 的极值，并判别极大极小.

7. 用拉格朗日乘数法计算下列条件极值.

(1) $z=x^2+y^2$，$\dfrac{x}{a}+\dfrac{y}{b}=1$；

(2) $f(x,y,z)=x^2yz$，$x+y+z=10$，并求极大值.

8. 如工厂花费 x(千元)于劳动力，花费 y(千元)于设备，工厂的产量是 $p(x,y)=40x^{\frac{1}{3}}y^{\frac{2}{3}}$，如预计经费总数是100千元，如何安排劳动力经费与设备经费才能使总产量最大?

9. 计算下列二重积分.

(1) $\iint\limits_D xy^2\mathrm{d}x\mathrm{d}y$，$D$ 为 $x=0$，$y=0$，$x^2+y^2=1$ $(x\geqslant0,y\geqslant0)$ 围成的区域.

(2) $\iint\limits_D y^2\sqrt{r^2-x^2}\mathrm{d}x\mathrm{d}y$，$D$ 为 $x^2+y^2\leqslant r^2$ 的上半部分.

(3) $\iint\limits_D \dfrac{\sin y}{y}\mathrm{d}x\mathrm{d}y$，$D$ 为 $y=x$，$y=\sqrt{x}$ 围成的区域.

10. 改变下面的累次积分的次序. 当被积函数已知时，试计算之.

(1) $\int_1^2\mathrm{d}y\int_1^{1+\sqrt{2-y}}\dfrac{1}{x}\mathrm{d}x$； (2) $\int_0^1\mathrm{d}x\int_x^{1+\sqrt{1-x^2}}\dfrac{x}{y}\mathrm{d}y$；

(3) $\int_0^1\mathrm{d}y\int_y^{\sqrt{y}}\mathrm{e}^{\frac{y}{x}}\mathrm{d}x$； (4) $\int_{-6}^2\mathrm{d}x\int_{\frac{x^2}{4}-1}^{2-x}f(x,y)\mathrm{d}y$.

第 6 章　概率论与数理统计入门

在自然现象与社会经济现象中，有大量的现象在发生之前，其结果是不确定的.例如，在桌面上方掷一枚硬币，落下后可能正面朝上，也可能反面朝上.这类现象常称为随机现象.相对结果确定的决定性现象，一般随机现象的研究有更多的困难，但随机现象也并非毫无规律可言.事实上，这些随机现象在多次重复试验中也会出现一定的规律性，这种规律性称为统计规律性.概率论与数理统计(probability theory and mathematical statistics)就是研究随机现象的统计规律性的一门数学学科，这门学科几乎在所有的自然科学、社会科学学科中，特别在军事科学、现代经济学中有大量的应用.

众所周知，任何一门学科的研究都需要通过"试验"与"观察"，而对随机现象的观察与试验，常称之为随机试验.与通常所说的试验(如化学试验)不同，**随机试验**一般是指具有下述特点的试验：

1. 试验可在本质上相同的条件下几乎是按照标准的方法重复进行.
2. 试验的所有可能结果的集合是事先可以描述的，但可能的结果不止一个.
3. 每次试验恰好出现这些可能结果中的一个，但试验前无法预知到底出现哪一个结果.

注意一个随机试验，总有一个试验目的，即使使用同一工具，按相同的条件进行，但是根据不同的目的，所有可能的结果的集合将有不同，这时应视为不同的试验.

如掷骰子后观察顶面的点数，所有可能的结果的集合就有不同的情形.

试验目的	所有可能的结果的集合
1. 是奇数还是偶数	{奇数，偶数}
2. 点数	{1,2,3,4,5,6}
3. 是否大于 3	{大于 3，小于或等于 3}

上表中表示的三个随机试验，因试验目的不同，所有可能的结果也不同，应视为三个不同的随机试验.

6.1 随机事件与概率

现介绍概率论中几个基本术语或概念.

定义 6.1.1 (样本空间,样本点,随机事件) 1° 一个随机试验的所有可能的结果组成的集合称为这个随机试验的**样本空间**(sample space),常记为 Ω.

2° 每个可能的结果称为样本空间中的一点,简称为样本点,也称为基本的随机事件,或**基本事件**,常记为 $\omega,\omega\in\Omega$.

3° 某些有一定特征的基本事件的集合称为**随机事件**,简称**事件**(event),常用 A,B,C 等表示.因此,任一随机事件可用 Ω 的一个子集表示.

4° 在随机试验中,如果发生的结果是事件 A 所含的基本事件之一,则说 A 事件发生.

5° 因为随机试验的一次试验,必有某 $\omega\in\Omega$ 出现,故 Ω 必发生,必然发生的事件称为必然事件.空集 $\varnothing$ 不含任何基本事件,称为不可能事件,这二者是特殊的随机事件.

例 6.1.1 1° 定义 6.1.1 前面举的例子中三个随机试验的样本空间分别是 $\Omega_1=\{$奇数,偶数$\}$, $\Omega_2=\{1,2,3,4,5,6\}$, $\Omega_3=\{$点数大于 3,点数小于或等于 3$\}$.

2° 从区间 $[a,b]$ 中任取一个数的随机试验可用 $\Omega=[a,b]$ 表示.

注 6.1.1 数学应用的广泛性来源于高度的抽象性.概率论与数理统计作为数学的一个分支,也是如此.这里我们指出,同一个样本空间可以概括各种实际内容大不相同的问题,即表示不同的随机试验.例如,只包含两个样本点的样本空间既能作为一次掷一枚硬币出现正面、反面的模型,也能用于产品检验中抽出一件产品是正品、废品的模型,又能用于抽检三年级的一个班级的学生的四级英语考试成绩是通过、未通过的模型等.

在定义 6.1.1 中,我们已经应用了集合论的语言定义了随机事件这一基本概念,即一个随机事件可用样本空间 Ω 的某一子集表示.因此当 Ω 给定以后,事件 A,B 等可直接视为 Ω 的一些子集,由 Ω 的这些子集的包含,交并等集合运算可立即给出事件的包含关系,若干事件的交事件、并事件等定义,这些我们也可称之为事件之间的关系与运算,我们尚有下面几种重要的运算.

定义 6.1.2 (差事件,对立事件,互不相容事件) 1° $A\setminus B=\{\omega\in\Omega:\omega\in A$ 但 $\omega\notin B\}$ 称为事件 A 与事件 B 的差事件,表示 A 发生但 B 不发生.

2° $\bar{A}=\Omega\setminus A$ 称为事件 A 的**对立事件或逆事件**(complement).

3° 当 $A\cap B=\varnothing$,则称事件 A 与事件 B **互不相容**(mutually exclusive).

注意,A 与其对立事件 $\bar{A}$ 必是互不相容的,另外 $A\cap B$ 常也写为 AB.读者容易举出一些实际例子表示事件的上述各种运算.

关于集合的运算或事件的运算,我们有下述基本性质.

定理 6.1.1 (事件的运算)　1° $AB=BA$, $A\cup B=B\cup A$.

2° $A(BC)=(AB)C$, $(A\cup B)\cup C=A\cup(B\cup C)$.

3° $A(B\cup C)=(AB)\cup(AC)$, $A\cup(BC)=(A\cup B)(A\cup C)$.

4° $\overline{\bigcup_{i=1}^{n}A_i}=\bigcap_{i=1}^{n}\overline{A}_i$, $\overline{\bigcap_{i=1}^{n}A_i}=\bigcup_{i=1}^{n}\overline{A}_i$.

证　由交、并运算的定义以上都容易证明.现仅以证明$\overline{\bigcup_{i=1}^{n}A_i}=\bigcap_{i=1}^{n}\overline{A}_i$为例.设 $\omega\in$左端,则 $\omega\notin A_i$, $i=1,2,\cdots,n$,即 $\omega\in\overline{A}_i$, $i=1,2,\cdots,n$,故 $\omega\in\bigcap_{i=1}^{n}\overline{A}_i=$右端,以上过程可逆,故$\overline{\bigcup_{i=1}^{n}A_i}=\bigcap_{i=1}^{n}\overline{A}_i$.

下面我们考虑如何定量地描述随机事件发生的可能性的大小问题,即随机事件的概率问题.

我们首先看一下例 6.1.1 中情形.

一个随机试验中的样本空间 $\Omega_1=\{$奇数,偶数$\}$,如果设 A 为掷骰子的点数是偶数的事件,则 A 发生的概率 $P(A)$显然为$\frac{1}{2}$.

第二个随机试验中样本空间 $\Omega_2=\{1,2,3,4,5,6\}$,如果设 B 为掷出的点数为小于等于4的事件,则 B 可表为$\{1,2,3,4\}$,B 发生的概率 $P(B)$显然为$\frac{4}{6}=\frac{1}{6}+\frac{1}{6}+\frac{1}{6}+\frac{1}{6}$$\left(\text{注意点数为 }1,2,3,4\text{ 之一的概率都为}\frac{1}{6}\right)$.

第四个随机试验的样本空间 $\Omega=[a,b]$,如果设 C 为从$[a,b]$任取一数 x 且 $x\in\left[a,\frac{a+b}{2}\right]$的事件,则定义 $P(C)=\dfrac{\frac{a+b}{2}-a}{b-a}=\frac{1}{2}$比较合理.

由上面诸例我们大致可以看出我们将要定义的事件的概率实际上是事件的一个函数,而每一事件又可以用样本空间 Ω 的一个子集表示,故事件的概率相当于集合的函数.这个函数的定义域是一个事件族或集合族.因为我们在前面定义了事件的交、并、差等运算,故很自然地希望这个事件族(样本空间 Ω 的一部分子集组成的族)在交、并、差等运算下封闭,即两个事件的交或并、差仍是事件.本课程我们不去严格地讨论而简单地记$\mathscr{F}$为一个以 Ω 为样本空间的随机试验的所有可能的随机事件组成的事件族,且把$\mathscr{F}$简称为关于 Ω 的事件域.

定义 6.1.3 (事件的概率,科尔莫戈罗夫公理化定义)　设 Ω 是一个样本空间,$\mathscr{F}$是关于 Ω 的一个事件域.对每一 $A\in\mathscr{F}$,有一个非负数与之对应,记为 $P(A)$,且满足以下三条性质:

(1) 对一切 $A\in\mathscr{F}$,$P(A)\geqslant 0$;

(2) $P(\Omega)=1$;

(3) 对一列两两互不相容的事件 $A_1,A_2,\cdots,A_n,\cdots$,有

$$P\left(\bigcup_{n=1}^{\infty}A_n\right) = \lim_{m\to\infty}\sum_{n=1}^{m}P(A_n).$$

则称 P 为 $\mathscr{F}$ 上的概率,$P(A)$为事件 A 的概率(probability).

注意,概率 P 所满足的上述三条特征性质分别称为**概率的非负性、规范性**及**可列可加性**.

由概率的上述三条特征性质出发,我们可以证明概率的其他重要性质.

定理 6.1.2 (概率的其他重要性质) 1° $P(\varnothing)=0$.

2° 如果事件 $A_1,A_2,\cdots,A_n$ 互不相容,则 $P\left(\bigcup_{i=1}^{n}A_i\right)=\sum_{i=1}^{n}P(A_i)$(有限可加性).

3° 对任意 $A\in\mathscr{F}$,有 $P(\bar{A})=1-P(A)$.

4° 如果 $B\subset A$,则 $P(A\setminus B)=P(A)-P(B)$.

5° 如果 $B\subset A$,则 $P(B)\leqslant P(A)$(单调性).

6° 对任意 $A\in\mathscr{F}$,$P(A)\leqslant 1$.

7° 对任意 $A,B\in\mathscr{F}$,$P(A\cup B)=P(A)+P(B)-P(AB)$.

证 1° 因$\varnothing=\varnothing\cup\varnothing\cup\cdots$,由可列可加性,$P(\varnothing)=\lim_{m\to\infty}\sum_{n=1}^{m}P(\varnothing)$. 又 $P(\varnothing)\geqslant 0$,故必 $P(\varnothing)=0$.

2° 注意$\bigcup_{i=1}^{n}A_i=\left(\bigcup_{i=1}^{n}A_i\right)\cup\varnothing\cup\varnothing\cup\cdots$,由可列可加性及 1°,立即证得 $P\left(\bigcup_{i=1}^{n}A_i\right)=\sum_{i=1}^{n}P(A_i)$($A_1,A_2,\cdots,A_n$ 互不相容时).

3° 由 2°可得证(注意 $A\cup\bar{A}=\Omega$,又 $P(\Omega)=1$,$A\cap\bar{A}=\varnothing$).

4° 由 2°可得证.

5° 由 4°及非负性可得证.

6° 由 5°及规范性可得证.

7° 因 $A\cup B=A\cup(B\setminus AB)$, $A\cap(B\setminus AB)=\varnothing$.

故 $P(A\cup B)=P(A)+P(B\setminus AB)$(由有限可加性)

$=P(A)+P(B)-P(AB)$(由 4°).

记住定理 6.1.2 中概率的重要性质是很有用的.

注 6.1.2 值得注意,概率作为集合的一个函数(或者说事件的函数)所满足的特征性质以及其他重要性质与平面上的图形的面积(也是集合的函数)的性质是完全类似的. 例如,我们把面积为单位 1(如边长为 1m 的正方形)的一大块布剪开为很多小块的布,每一小块的布也有面积,如果把小块与事件相对应,小块的面积

与事件的概率相对应,很显然,"面积"满足定义 6.1.3 及定理 6.1.2 中概率具有的所有性质.易见,$\mathbf{R}^1$ 中线段的长度,$\mathbf{R}^3$ 中立体的体积也如此.由长度、面积、体积以及概率这些数学概念抽象之,我们可以得到更抽象的一个数学概念:测度.这一过程正体现了数学的美妙之处.

为了能够具体计算随机事件的概率,我们需要把概率的定义具体化.

在概率论的发展中最早出现的概率是古典概率.

定义 6.1.4(古典概型,古典概率) 1° 设一个随机试验的样本空间 Ω 是有限集,Ω 所包含的基本事件总数为 n,记 $\Omega=\{\omega_1,\omega_2,\cdots,\omega_n\}$,且其各基本事件 ω_1,$\omega_2,\cdots,\omega_n$ 发生的可能性相同,即我们可以定义 $P(\omega_i)=\dfrac{1}{n}(i=1,2,\cdots,n)$,则我们称这种随机试验为**古典概型**.

2° 设一古典概型的样本空间 $\Omega=\{\omega_1,\omega_2,\cdots,\omega_n\}$,$\Omega$ 所包含的基本事件的总数 $n(\Omega)=n$,A 是此古典概型中的一个随机事件,A 所包含的基本事件的总数 $n(A)=m$,则我们定义 A 的概率 $P(A)=\dfrac{n(A)}{n(\Omega)}=\dfrac{m}{n}$,此式定义的概率称为**古典概率**.

容易验证,上面定义的古典概率满足定义 6.1.3 中概率的三条特征性质.

例 6.1.2(计算古典概率的简单例子) 1° 有 100 件产品,其中有 3 件是次品,现从这 100 件产品中任取一件,求恰取到次品的概率.

解 显然从 100 件产品中任取一件的随机试验的 $n(\Omega)=100$. 设 A 为任取一件恰是次品的事件,则 $n(A)=3$. 因此 $P(A)=\dfrac{3}{100}$.

2° 在标有 1 到 10 号的十个同样的球中,任取一球,求取到的球的标号是不超过 6 的偶数的概率.

解 可设 $\Omega=\{1,2,\cdots,10\}$,设 A 为任取一球其标号是不超过 6 的偶数的事件,则 $A=\{2,4,6\}$,$n(A)=3$. 因此 $P(A)=\dfrac{3}{10}$.

由上面的例子可见,求古典概型中一个事件 A 的概率,关键是求出 $n(\Omega)$ 与 $n(A)$. 简单情形下我们可用穷举法把 Ω 与 A 表示出来,然后直接得到 $n(\Omega)$ 与 $n(A)$. 而对稍微复杂一点的情形,穷举法就行不通了. 但我们可以指出求 $n(\Omega)$ 与 $n(A)$ 的基本方法是运用下面的乘法原理与加法原理,主要工具是排列与组合的公式.

定理 6.1.3(乘法原理) 如果一个过程可以分成两个阶段进行,第一阶段有 m 种不同的做法,第二阶段有 n 种不同的做法,且第一阶段的任一做法均可与第二阶段的任一做法组成整个过程的一种做法,则整个过程应有 mn 种不同做法.

例如,一棵树形如图 6.1. 则小虫从 M 点爬上枝头共有 $1\times2\times3$ 条路径.

定理 6.1.4 (加法原理) 设进行 A_1 过程有 n_1 种方法，进行 A_2 过程有 n_2 种方法. 又设 A_1 过程与 A_2 过程是并行的. 则进行 A_1 过程或 A_2 过程共有 n_1+n_2 种方法.

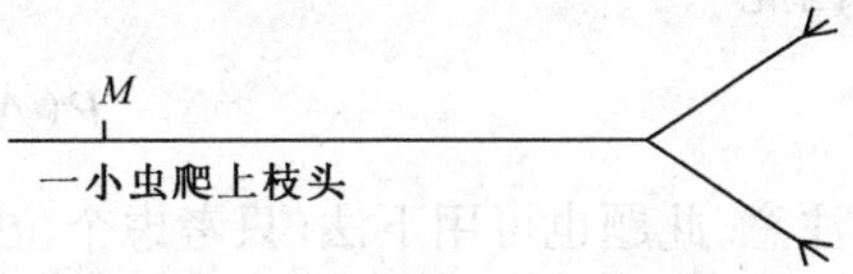

图 6.1

定理 6.1.5 (排列公式) 设 n 为一正整数，对任一非负整数 $r(0\leqslant r\leqslant n)$，从 n 个不同元素中任意取出 r 个不同元素，按任意顺序排成一列. 则排列(permutation)的总数 $\mathrm{P}_n^r=n(n-1)\cdots(n-r+1)$，$r\neq 0$. 特别地，$r=n$ 时，全排列 $\mathrm{P}_n^n=n!$. 当 $r=0$ 时，规定 $\mathrm{P}_n^0=1$，$0!=1$. 因此

$$\mathrm{P}_n^r=\frac{n!}{(n-r)!}.$$

证 先设 $0<r\leqslant n$，我们不妨把每个排列从左向右(或从右向左)看，则共有 r 个有次序的位置，每个排列相当于在这 r 个位置上放上 r 个不同的元素，第一个位置上的元素有 n 种不同的取法，第一位置上元素取定后，第二位置上的元素则有 $n-1$ 种取法，依次有 $(n-2)$ 种，…，$(n-r+1)$ 种. 因此，按乘法原理，排列总数

$$\mathrm{P}_n^r=n(n-1)\cdots(n-r+1),\quad \mathrm{P}_n^n=n!.$$

$r=0$ 时，规定 $\mathrm{P}_n^0=1$，$0!=1$. 因此 $\mathrm{P}_n^r=\dfrac{n!}{(n-r)!}$.

定理 6.1.6 (组合公式) 设 n,r 与定理 6.1.5 中相同，从 n 个不同的元素中任取 r 个不同元素构成一组合而不考虑这 r 个元素的次序，则组合(combination)的总数

$$\mathrm{C}_n^r=\frac{\mathrm{P}_n^r}{r!}=\frac{n(n-1)\cdots(n-r+1)}{r!}.$$

证 因为每 r 个不同的数，排列数有 $r!$ 种，但算组合数时，只算一个组合. 因此

$$\mathrm{C}_n^r=\frac{\mathrm{P}_n^r}{r!}=\frac{n(n-1)\cdots(n-r+1)}{r!}.$$

例 6.1.3 (计算古典概率例) 从 1,2,3,4,5,6,7 七个数中，任取三个不同的数，组成的三位数中有几个是偶数？任取三个不同的数组成的三位数是偶数的概率是多少？

解 设从七个数中任取三个不同的数组成的三位数是偶数的事件为 A，注意上述偶数的个位数有三种取法(2,4,6 三种)，个位数取定后再取十位数，共六种，个位数，十位数均取定后，百位数上有五种取法. 因此

$$n(A)=3\times 6\times 5=90,$$

即所求的偶数总数是 90 种. 易见

$$n(\Omega)=\mathrm{P}_7^3=7\times 6\times 5=210.$$

因此

$$P(A)=\frac{90}{210}=\frac{3}{7}.$$

注意,此题也可用下法(只考虑个位数)求解.

设

$$\Omega=\{个位数是 1,个位数是 2,\cdots,个位数是 7\}$$
$$A=\{个位数是 2,个位数是 4,个位数是 6\}.$$

因此 $n(\Omega)=7,n(A)=3,P(A)=\frac{3}{7}$.

由此例可见,关于同一个随机试验,为了求某一随机事件的概率,随机试验的样本空间可能有不同的表示方法,从而随机事件的概率也相应可能有不同的求法.

例 6.1.4(古典概率例)　某历史教授要求每个学生在 15 个题目中任选 2 个题目写篇研究报告,15 个题目中,有 5 个题容易研究,7 个题较难研究,其余 3 个题实际上是不可能研究的,一个学生从 15 个题中随机地选择 2 个题,试求下列事件的概率.

a. 他选到 2 个容易题目(事件 A).

b. 他选到一个较难的题目和一个实际上不可能研究的题目(事件 B).

c. 他选到 2 个实际上不可能研究的题目(事件 C).

解　a. $P(A)=\frac{C_5^2\cdot C_7^0\cdot C_3^0}{C_{15}^2}=\frac{10\cdot 1\cdot 1}{105}=\frac{2}{21}$.

b. $P(B)=\frac{C_7^1\cdot C_3^1\cdot C_5^0}{C_{15}^2}=\frac{7\cdot 3\cdot 1}{105}=\frac{1}{5}$.

c. $P(C)=\frac{C_7^0\cdot C_5^0\cdot C_3^2}{C_{15}^2}=\frac{1\cdot 1\cdot 3}{105}=\frac{1}{35}$.

例 6.1.5(古典概率例)　某系一年级有 11% 的学生英语考试不及格,有 12% 的学生数学考试不及格,有 4% 的学生英语考试与数学考试都不及格,求英语考试不及格或者数学考试不及格的学生的百分比.

解　已知 $P(E)=0.11$, $P(M)=0.12$, $P(E\cap M)=0.04$,由定理 6.1.2 之 7°,得

$$\begin{aligned}P(E\cup M)&=P(E)+P(M)-P(E\cap M)\\&=0.11+0.12-0.04=0.19.\end{aligned}$$

故所求的百分比是 19%.

例 6.1.6(古典概率例)　如果我们同时掷两颗骰子,则得到点数之和为 7 或 8 的概率是多少?

解　因为得到和为 7 与和为 8 的两个事件是互不相容的,故

$$P(S=7\text{或}S=8)=P(S=7)+P(S=8)=\frac{6}{6\times 6}+\frac{5}{6\times 6}=\frac{11}{36}.$$

下面介绍另一种重要的概率:条件概率(conditional probability).

设 P 是关于 Ω 的一事件域 $\mathscr{F}$ 上的概率,任意取定 $B\in\mathscr{F}$, $P(B)>0$. 现我们在 $\mathscr{F}$ 上,对任一事件 A,用下式定义另一个集合函数,暂记为 $P_1(A)$

$$P_1(A)=\frac{P(AB)}{P(B)}.$$

容易验证 P_1 也是 $\mathscr{F}$ 上的一个概率,即 P_1 满足定义 6.1.3 中概率的三条特征性质.

(1) 对任 $A\in\mathscr{F}$, $P_1(A)\geqslant 0$.

(2) $P_1(\Omega)=\dfrac{P(\Omega B)}{P(B)}=\dfrac{P(B)}{P(B)}=1$.

(3) 设 $A_1,A_2,\cdots$ 是一列互不相容的事件,则

$$P_1\left(\bigcup_{i=1}^{\infty}A_i\right)=\frac{P\left(\left(\bigcup_{i=1}^{\infty}A_i\right)\cap B\right)}{P(B)}=\frac{P\left(\bigcup_{i=1}^{\infty}A_iB\right)}{P(B)},$$

因为 P 满足可列可加性,故

$$P_1\left(\bigcup_{i=1}^{\infty}A_i\right)=\lim_{n\to\infty}\frac{\sum_{i=1}^{n}P(A_iB)}{P(B)}=\lim_{n\to\infty}\sum_{i=1}^{n}\frac{P(A_iB)}{P(B)}=\lim_{n\to\infty}\sum_{i=1}^{n}P_1(A_i),$$

即 P_1 在 $\mathscr{F}$ 上也满足可列可加性.

下面我们用普遍使用的记号 $P(A|B)$ 代替 $P_1(A)$,给出条件概率的定义.

定义 6.1.5 (条件概率) 设 Ω 是一个样本空间,$\mathscr{F}$ 是关于 Ω 的一个事件域,P 是 $\mathscr{F}$ 上的概率,取定 $B\in\mathscr{F}$,且 $P(B)>0$.

对任 $A\in\mathscr{F}$,记

$$P(A\mid B)=\frac{P(AB)}{P(B)}.$$

则称 $P(A|B)$ 为事件 A 的相对于事件 B 的**条件概率**,或称 $P(A|B)$ 为在事件 B 发生的条件下事件 A 发生的条件概率.

我们可以从下面的注以及例子中体会条件概率的实际意义.

注 6.1.3 我们已验证过条件概率 $P(A|B)$ 实际上也是 $\mathscr{F}$ 上的一个概率. 本质上相当于在求 $P(A|B)$ 时把样本空间 Ω 换为 B. 对任意事件 $A\in\mathscr{F}$,我们感兴趣的是 A 中那些位于事件 B 中的基本事件. 因此,$P(A|B)$ 为事件 A 的相对于事件 B 的概率. 如考虑古典概率情形,这一点将更加清楚,这时

$$P(AB)=\frac{n(AB)}{n(\Omega)},\qquad P(B)=\frac{n(B)}{n(\Omega)},$$

因此

$$P(A \mid B)=\frac{n(AB)}{n(B)},$$

即 $\dfrac{AB\text{ 所包含的基本事件数}}{B\text{ 所包含的基本事件数}}$.

例 6.1.7 (条件概率)　1° 如 10 件产品中,有 7 件正品,3 件次品,先后从其中选取 2 件产品,即第一次选取后不再放回又进行第二次选取.设 A 为第一次从中任取一件恰为正品的事件,设 B 为第二次任取一件为正品的事件.试求下列概率:$P(A)$,$P(B)$,以及 $P(B|A)$,$P(B|\bar{A})$.

解　$P(A)=\dfrac{C_7^1\cdot C_9^1}{C_{10}^1\cdot C_9^1}=\dfrac{7}{10}$, $P(B)=\dfrac{C_9^1\cdot C_7^1}{C_{10}^1\cdot C_9^1}=\dfrac{7}{10}$,

$P(B|A)=\dfrac{C_7^1\cdot C_6^1}{C_7^1\cdot C_9^1}=\dfrac{6}{9}$, $P(B|\bar{A})=\dfrac{C_3^1\cdot C_7^1}{C_3^1\cdot C_9^1}=\dfrac{7}{9}$.

(注意,上述解题过程中用了注 6.1.3 中公式;如果仅要求 $P(A)$与 $P(B)$,可以直接得到 $P(A)=\dfrac{7}{10}$,$P(B)=\dfrac{7}{10}$.请读者思考,此时可如何描述样本空间 Ω?)

2° 某系学生中有 45%是男生,系主任为了决定是否举办一项活动而用投票表决的方法,赞成的男生只占全系学生总数的 20%,试求如果从男生中随机询问一人他赞成的概率.

解　设 A 表示随机抽一人是男生的事件,B 表示任意询问一人回答赞成的事件,则 $P(A)=0.45$, $P(AB)=0.20$,所求的概率应为 $P(B|A)=\dfrac{0.20}{0.45}=\dfrac{4}{9}$.

我们可以把定义 6.1.5 中条件概率的定义公式进行变形得到下面几个重要公式.

定理 6.1.7 (乘法公式)　如果 $P(B)\neq 0$,则 $P(AB)=P(B)P(A|B)$.

如果 $P(A)\neq 0$,则 $P(AB)=P(A)P(B|A)$.

因此,如 $P(A)\neq 0$ 且 $P(B)\neq 0$,则

$$P(B)P(A \mid B)=P(A)P(B \mid A).$$

定理 6.1.8 (全概率公式)　设样本空间 Ω 中的 n 个事件 $A_1,A_2,\cdots,A_n$ 满足

(1) $A_i\cap A_j=\varnothing\,(i\neq j)$;

(2) $P(A_i)>0$, $i=1,2,\cdots,n$;

(3) $\bigcup\limits_{i=1}^{n}A_i=\Omega$.

则对 Ω 中的任一事件 B,有

$$P(B)=\sum_{i=1}^{n}P(BA_i)=\sum_{i=1}^{n}P(A_i)P(B \mid A_i).$$

定理 6.1.9（逆概率公式，Bayes 公式） 设 $A_1, A_2, \cdots, A_n, B$ 满足定理 6.1.8 中条件，且 $P(B) \neq 0$，则

$$P(A_j \mid B) = \frac{P(A_j)P(B \mid A_j)}{P(B)} = \frac{P(A_j)P(B \mid A_j)}{\sum_{i=1}^{n} P(A_i)P(B \mid A_i)}.$$

例 6.1.8（全概率公式与逆概率公式的应用） 1° 有四个工人生产同一种产品，某天他们分别生产一批这种产品的 20%，10%，40%，30%．如果已知他们的产品次品率分别为 0.1，0.15，0.2，0.05，今从混在一起的这批产品中任取一件，求它为次品的概率．

2° 设已知条件如 1°中，如果发现随机取出的一件是次品，求它是第一个工人生产的概率．

解 1° 设 A_i 为任取一件是第 i 个工人生产的产品的事件，$i=1,2,3,4$．B 为任取一件为次品的事件，要求的概率是 $P(B)$．按已知，有

$$P(A_1) = 0.2,\ P(A_2) = 0.1,\ P(A_3) = 0.4,\ P(A_4) = 0.3,$$

$$P(B \mid A_1) = 0.1,\ P(B \mid A_2) = 0.15,\ P(B \mid A_3) = 0.2,\ P(B \mid A_4) = 0.05.$$

据全概率公式，得

$$\begin{aligned} P(B) &= \sum_{i=1}^{4} P(A_i)P(B \mid A_i) \\ &= 0.2 \times 0.1 + 0.1 \times 0.15 + 0.4 \times 0.2 + 0.3 \times 0.05 = 0.13. \end{aligned}$$

2° 所求的应为 $P(A_1|B)$．据逆概率公式，得

$$P(A_1 \mid B) = \frac{P(A_1)P(B \mid A_1)}{P(B)} = \frac{0.2 \times 0.1}{0.13} = \frac{2}{13}.$$

在例 6.1.8 中，$P(A_1)=0.2$，而 $P(A_1|B)=\frac{2}{13} \neq P(A_1)$．

一般说来，当 $P(B)>0$ 时，条件概率 $P(A|B) \neq P(A)$，我们可以认为 $P(A)$ 是没有附加条件的概率．$P(A|B) \neq P(A)$ 表明 B 的发生一般影响到 A 的发生．但实践中，在很多情况下，事件 B 的出现并不影响 A 的发生与否及可能性大小，即

$$P(A \mid B) = P(A) \qquad (P(B) > 0).$$

这时我们可以说 A 与 B 是相互独立的，因为

$$P(A) = P(A \mid B) = \frac{P(AB)}{P(B)},$$

故

$$P(AB) = P(A)P(B),$$

因此当 $P(B)>0$ 时，$P(A|B)=P(A)$ 的充分必要条件是

$$P(AB) = P(A)P(B).$$

定义 6.1.6（事件 A 与 B 相互独立） 设 P 是事件域 $\mathscr{F}$ 上的概率，$A, B \in \mathscr{F}$，

如果 $P(AB)=P(A)P(B)$,则称 A 与 B 是**相互独立**的(定义不需 $P(B)>0$ 或 $P(A)>0$).

定理 6.1.10 (事件 A 与 B 相互独立的充要条件)　如果 $P(B)>0$,则 A 与 B 相互独立的充要条件是,$P(A|B)=P(A)$.

如果 $P(A)>0$,则 A 与 B 相互独立的充要条件是,$P(B|A)=P(B)$.

由定理 6.1.10 可见,A 与 B 相互独立的含义是,A 发生与否和 B 发生与否无关,或说相互独立.因此下面的定理成立是很自然的.

定理 6.1.11 (事件 A 与 B 相互独立的充要条件)　下列几条是相互等价的:

1° A 与 B 相互独立;　2° A 与 $\bar{B}$ 相互独立;

3° $\bar{A}$ 与 B 相互独立;　4° $\bar{A}$ 与 $\bar{B}$ 相互独立.

证　1°⇒2°　设 A 与 B 相互独立,则 $P(AB)=P(A)\cdot P(B)$,

$$P(A\bar{B}) = P(A \setminus AB) = P(A) - P(AB) = P(A) - P(A)P(B)$$
$$= P(A)(1 - P(B)) = P(A)P(\bar{B}).$$

因此 A 与 $\bar{B}$ 相互独立.

2°⇒4°　设 A 与 $\bar{B}$ 相互独立,据 1°⇒2°,立即得 $\bar{A}$ 与 $\bar{B}$ 相互独立.

4°⇒3°　设 $\bar{A}$ 与 $\bar{B}$ 相互独立,据 1°⇒2°,立即得 $\bar{A}$ 与 B 相互独立.

3°⇒1°　设 $\bar{A}$ 与 B 相互独立,据 1°⇒2°,立即得 B 与 A 相互独立.

证毕.

注 6.1.4　在习题中,有时明确说明事件 A 与 B 独立,有时凭经验或直观可以判断两事件 A,B 相互独立,从而可用 $P(AB)=P(A)P(B)$.

例如,甲、乙两人同时射中一目标.因为甲、乙两人射击一般是互不影响的,所以甲射中目标与乙射中目标两事件可理解为相互独立的.但对条件比较复杂的情形,判断事件的独立性要谨慎,有时我们需要分析已有的统计资料才能进行判断.

例 6.1.9　一个篮子中有两个红球与两个白球,第一次摸出一球看后放回篮子中,第二次再随机摸出一球,求两次都摸出红球的概率.

解　设 A 是第一次摸球是红球的事件,B 是第二次摸球是红球的事件.因为第一次摸后仍旧放回,故 A 与 B 是相互独立的.因此所求概率

$$P(AB) = P(A) \cdot P(B) = \frac{2}{4} \cdot \frac{2}{4} = \frac{1}{4}.$$

关于事件的独立性,我们可以推广到任意 k $(k\geqslant 3)$个事件 $A_1,A_2,\cdots,A_k$ 的情形.我们在两个事件相互独立定义的基础上,说三个事件 A_1,A_2,A_3 是相互独立的,是指 A_1,A_2,A_3 中任意两个事件是相互独立的,且

$$P(A_1A_2A_3) = P(A_1)P(A_2)P(A_3),$$

这样依次定义下去,我们说 k $(k\geqslant 3)$个事件是相互独立的,是指其中任意 m $(m=2,\cdots,k-1)$个事件是相互独立的,且

$$P(A_1A_2\cdots A_k) = P(A_1)P(A_2)\cdots P(A_k).$$

例 6.1.10 设 10 个元件相互独立地工作,每个元件正常工作的概率是 0.8,如系统元件先串联后并联如图 6.2.

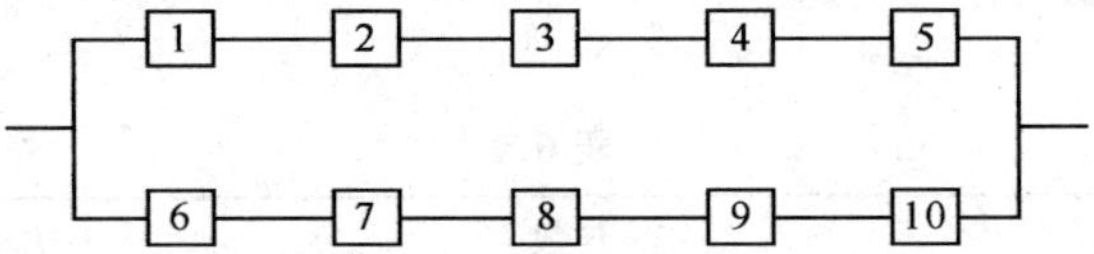

图 6.2

求这系统正常工作的概率.

解 设 A_i 是第 i 个元件正常工作的事件,则 $P(A_i)=0.8, i=1,2,\cdots,10$. 设系统中第一到第五个元件串联线路正常工作的事件是 B_1,第六到第十个元件串联线路正常工作的事件是 B_2,则

$$P(B_1) = P(A_1A_2A_3A_4A_5) = 0.8^5, \quad P(B_2) = 0.8^5.$$

所求概率为

$$\begin{aligned}P(B_1 \cup B_2) &= 1 - P(\overline{B_1 \cup B_2}) = 1 - P(\bar{B}_1 \cap \bar{B}_2)\\ &= 1 - P(\bar{B}_1)\cdot P(\bar{B}_2)\\ &= 1-(1-P(B_1))(1-P(B_2)) = 1-(1-0.8^5)^2.\end{aligned}$$

6.2 随机变量及其分布

我们在社会实践中,在日常生活中,通过电视、电台广播、报纸等各种方式,每天都几乎碰到各种类型的数据(一些数字的集合).如奥运会的金牌、银牌、铜牌排名榜,各高校的分数线,学费收费表,学生的成绩单,家庭人口的调查等.不同的人带着不同的目的,利用同一组数据可以得到不同的结论.如何整理、分析有关的数据,利用合适的数学工具得到有用的信息与结论,这是概率论与数理统计这门数学分支的重要任务.下面我们就从分析一组数据出发,引进随机变量及其分布函数这两个重要概念.

例 6.2.1 1° 假设对 50 名职工家庭人口进行调查,得出 50 户的人口数如下:

5 2 6 2 3 6 3 2 5 7
3 4 5 4 4 3 3 5 7 4
4 3 4 6 3 2 5 4 3 4
4 5 7 4 4 4 6 6 4 5
6 7 4 5 2 8 4 5 5 4

如对上述分散零乱的数据按照大小,由小到大排列,得到如下形式:

2 2 2 2 2 3 3 3 3 3 3 3 3 4 4 4 4 4 4 4 4 4 4 4 4 4 4 4 4

5 5 5 5 5 5 5 5 5 5 6 6 6 6 6 6 7 7 7 7 8

然后,容易得到下表

表 6.1

人口数/户	户数	比率(或频率)/%
2	5	10
3	8	16
4	16	32
5	10	20
6	6	12
7	4	8
8	1	2
合计	50	100

现从50户中随机抽取一户,记其人口数为X,则X的取值为数集$\{2,3,4,5,6,7,8\}$之一,虽然取值是不确定的,但X取每一个值的概率是知道的.

例如,X取值为4的概率$\Pr\{X=4\}=0.32$,X取值为8的概率$\Pr\{X=8\}=0.02$.

2° (见例6.1.1中2°)从区间$[a,b]$中任取一个数,记这个数为X,则X的值不定,但可得概率$\Pr\left\{a\leqslant X\leqslant\frac{a+b}{2}\right\}=\frac{1}{2}$.

类似的例子我们可以举出很多,这些例子启发我们给出下述随机变量(random variable)的直观定义(不是严格定义).

定义 6.2.1(随机变量) 设Ω是一样本空间,$\mathscr{F}$是关于Ω的一个事件域,P是$\mathscr{F}$上的概率,$X(\omega)$是Ω上的一个实函数(即对每个$\omega\in\Omega$,有惟一实数$X(\omega)$与之对应),且$X(\omega)$的取值随机会而定(用概率P表示).这样的变量称为**随机变量**,可简记为X.

为了方便,我们以后常常直接设X是一随机变量,而不指明$\Omega,\mathscr{F},P$,或者设X是样本空间Ω上的一随机变量,而不指明$\mathscr{F},P$.

例6.2.1中1°及2°中的X都是随机变量.

读者注意,概率论中研究的随机现象大都局限于能用随机变量描述的随机现象.

如何表示一个随机变量呢?我们知道,在前面几章微积分学中讨论的一元函数,因为其定义域$D\subset\mathbf{R}$,值域$f(D)\subset\mathbf{R}$,故其表示方式除了解析表达式以外,还有列表法、作图法等,而随机变量的定义域是样本空间Ω,Ω一般无法用平面图形表示,随机变量的取值又随机会而定.因此要表示一个随机变量,或者刻画一个随机变量,必须兼顾到随机变量的上述特性.

例 6.2.2 我们可以把例 6.2.1 之 1°中 X 表示如下

$$X \sim \begin{bmatrix} 2 & 3 & 4 & 5 & 6 & 7 & 8 \\ 0.10 & 0.16 & 0.32 & 0.20 & 0.12 & 0.08 & 0.02 \end{bmatrix},$$

其中第一行、第二行数据分别是表 6.1 中的第一列、第三列.在社会经济统计学中人们也把此 X 图示如下.

在图 6.3 中我们利用横轴上的点表示随机变量 X 的取值,利用纵轴上的点表示 X 取各个值的概率 $\Pr\{X=2\}=0.10, \Pr\{X=3\}=0.16, \cdots, \Pr\{X=8\}=0.02$.

在图 6.4 中我们利用横轴上的点表示随机变量 X 的取值,利用纵轴上的点表示 X 取值的从小到大的逐步累计概率:$\Pr\{X\leqslant 2\}=0.10, \Pr\{X\leqslant 3\}=\Pr\{X=2\}+\Pr\{X=3\}=0.10+0.16=0.26, \cdots$.

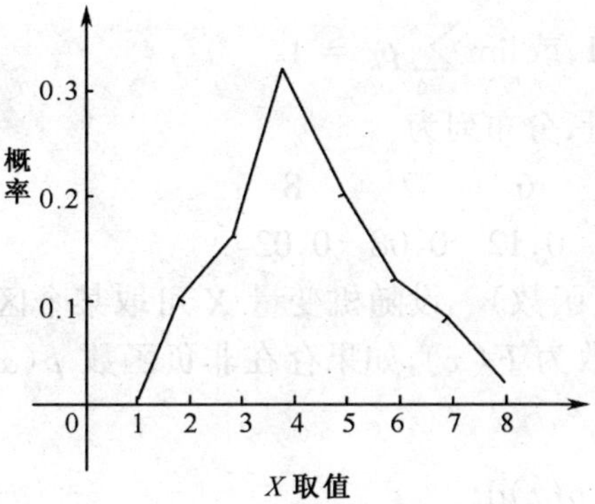

图 6.3

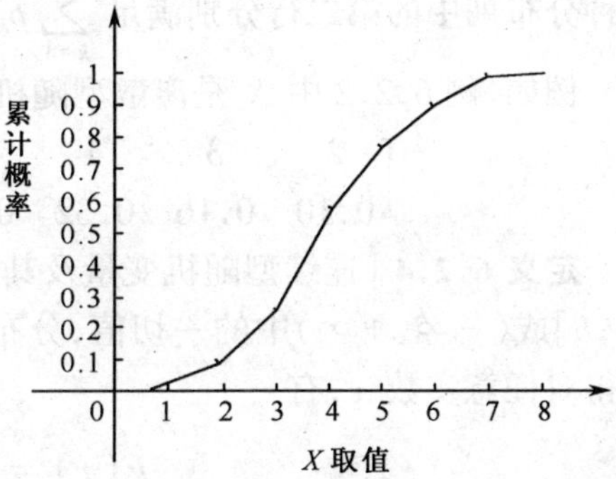

图 6.4

受图 6.4 内容的启发,下面我们引进对刻画随机变量非常有用的一个分析工具,随机变量的分布函数(distribution function).我们可用微积分学中方法证明分布函数具有较好的性质.

定义 6.2.2(随机变量的分布函数) 设 X 是一随机变量,对任意实数 x,令 $F(x)=\Pr\{X\leqslant x\}$,$\Pr\{X\leqslant x\}$表示事件$\{X\leqslant x\}$的概率.则 $F(x)$称为**随机变量 X 的分布函数**.

可以证明分布函数具下述性质:

定理 6.2.1(分布函数的性质) 设 $F(x)$为随机变量 X 的分布函数,则

1° $F(x)$是递增函数,即当 $x_1<x_2$ 时,$F(x_1)\leqslant F(x_2)$.

2° 记 $F(-\infty)=\lim\limits_{x\to-\infty}F(x)$, $F(+\infty)=\lim\limits_{x\to+\infty}F(x)$,则 $F(-\infty)=0, F(+\infty)=1$.

3° $F(x)$为右连续函数,即对任实数 x_0,有 $\lim\limits_{x\to x_0+0} F(x)=F(x_0)$.

因为随机变量 X 与其分布函数的对应关系,故我们今后也经常说 X 是某某分布.

下面为了讨论的方便起见,我们把主要讨论的随机变量分为两类:离散型随机变量与连续型随机变量.

定义 6.2.3(离散型随机变量及其分布列) 如果随机变量 X 只取有限个值 $x_1,x_2,\cdots,x_n$ 或其所有取值可以排成一个数列 $x_1,x_2,\cdots,x_n,\cdots$,则称 X 为**离散型随机变量**.

设 $\Pr\{X=x_k\}=p_k,k=1,2,\cdots,n,\cdots$,则前者可表为 $X\sim\begin{bmatrix}x_1 & x_2 & \cdots & x_n\\ p_1 & p_2 & \cdots & p_n\end{bmatrix}$,后者可表为 $X\sim\begin{bmatrix}x_1 & x_2 & \cdots & x_n & \cdots\\ p_1 & p_2 & \cdots & p_n & \cdots\end{bmatrix}$,以上的右端表示称为相应 X 的分布列. 两种分布列中的第二行分别满足 $\sum\limits_{k=1}^{n}p_k=1$,或 $\lim\limits_{n\to\infty}\sum\limits_{k=1}^{n}p_k=1$.

例如,例 6.2.2 中 X 是离散型随机变量,分布列为

$$\begin{bmatrix}2 & 3 & 4 & 5 & 6 & 7 & 8\\ 0.10 & 0.16 & 0.32 & 0.20 & 0.12 & 0.08 & 0.02\end{bmatrix}.$$

定义 6.2.4(连续型随机变量及其密度函数) 设随机变量 X 可取某个区间 $[a,b]$或$(-\infty,+\infty)$中的一切值,分布函数为 $F(x)$,如果存在非负函数 $p(x)$,使得对任意实数 x,有

$$F(x)=\int_{-\infty}^{x}p(t)\mathrm{d}t,$$

则称 X 为**连续型随机变量**,$p(x)$称为 X 的**密度函数**,简称密度.

注意,对上面定义中的密度函数,其实我们可以假设它在$(-\infty,+\infty)$上有定义,且除了至多有限个跳跃间断点以外处处连续.这对常见的连续型随机变量的讨论已经够用了.

连续型随机变量 X 的分布函数$F(x)$及密度函数 $p(x)$具有下述性质.

定理 6.2.2(连续型随机变量的分布函数与密度函数的性质)

1. $\int_{-\infty}^{+\infty}p(x)\mathrm{d}x=1$.

2. $\Pr\{x_1<X\leqslant x_2\}=\int_{x_1}^{x_2}p(x)\mathrm{d}x$.

3. $F(x)$处处连续.

4. 对任意的实数 x_0,$\Pr\{X=x_0\}=0$.

5. 如 $p(x)$在 x_0 点连续,则 $p(x_0)=F'(x_0)$.

6. $\Pr\{x_1 \leqslant X \leqslant x_2\} = \Pr\{x_1 \leqslant X < x_2\} = \Pr\{x_1 < X < x_2\} = \int_{x_1}^{x_2} p(x)\mathrm{d}x$.

证 略.

常见的离散型随机变量举例如下.

例 6.2.3 (离散型随机变量的常见例)

1° **两点分布**(伯努利分布 Bernoulli distribution)

设在一次试验中事件 A 发生的概率为 p, X 表示一次试验中 A 发生的次数,则 X 是一随机变量,且

$$X \sim \begin{bmatrix} 0 & 1 \\ q & p \end{bmatrix},$$

式中, $q = 1-p$, $1 > p > 0$. 这样的 X 称为两点分布(也称 0-1 分布).

为介绍下一个例子,现介绍一下一般的伯努利试验.我们称只有两个可能的结果的试验(事件 A 发生或者 $\bar{A}$ 发生)为伯努利试验.如果在相同的条件下进行 n 次独立重复的伯努利试验,即:在每次试验中事件 A 发生的概率保持不变, $P(A) = p$, $0 < p < 1$, $P(\bar{A}) = q = 1-p$,这样的 n 次试验称为 n 重伯努利试验(或 n 次伯努利概型).

2° **二项分布**(binomial distribution)

设 X 为 n 重伯努利试验中事件 A 发生的次数,则 X 的可能取值为 $0,1,2,\cdots,n$.易见

$$p_k = \Pr\{X = k\} = \mathrm{C}_n^k p^k (1-p)^{n-k},\ k = 0,1,\cdots,n.$$

则 $X \sim \begin{bmatrix} 0 & 1 & \cdots & k & \cdots & n \\ (1-p)^n & \mathrm{C}_n^1 p(1-p)^{n-1} & \cdots & \mathrm{C}_n^k p^k (1-p)^{n-k} & \cdots & p^n \end{bmatrix}$,这样的 X 称为二项分布.注意 $1 > p_k > 0$,又 $\sum_{k=0}^{n} p_k = 1$.二项分布 X 一般记为 $X \sim B(n,p)$.

3° **几何分布**(geometric distribution)

在一系列的伯努利试验中,设 X 是事件 A 首次发生时已经进行的试验次数,则 X 的可能取值是 $1,2,\cdots$,且易见

$$p_k = \Pr\{X = k\} = (1-p)^{k-1} p,\quad k = 1,2,\cdots.$$

这样的 X 称为几何分布.

4° **泊松分布**(Poisson distribution)

设离散型随机变量 X 取值为 $0,1,2,\cdots$ 且

$$p_k = \Pr\{X = k\} = \frac{\mathrm{e}^{-\lambda}\lambda^k}{k!},\qquad k = 0,1,2,\cdots,$$

式中, $\lambda > 0$ 为常数,这样的 X 称为泊松分布.泊松分布 X 常记为 $X \sim P(\lambda)$.

例 6.2.4 (二项分布) 现有各自独立运行的某种机床若干台,每台机床发生

故障的概率 $p=0.01$,且每台机床发生故障时需一人排除.试求下列情形下机床发生故障得不到及时维修的概率.

1. 一人负责 15 台机床的维修.

2. 由三人负责 80 台机床的维修.

解 1. 令 X 表示 15 台机床中同时发生故障的台数,则 $X\sim B(15,0.01)$,所求概率

$$P_1=\Pr\{X\geqslant 2\}=1-\Pr\{X=0\}-\Pr\{X=1\},$$

因此

$$\begin{aligned}P_1&=1-(1-p)^{15}-C_{15}^1p(1-p)^{14}\\&=1-0.99^{15}-15\times 0.01\times 0.99^{14}=0.010\end{aligned}$$

2. 利用模型 $Y\sim B(n,p)$, $n=80$, $p=0.01$, Y 表示 80 台机床中同时发生故障的台数.则所求概率

$$\begin{aligned}P_2&=\Pr\{Y\geqslant 4\}\\&=1-\Pr\{Y=0\}-\Pr\{Y=1\}-\Pr\{Y=2\}-\Pr\{Y=3\}.\end{aligned}$$

所以

$$\begin{aligned}P_2=&1-0.99^{80}-C_{80}^1\times 0.01\times 0.99^{79}-C_{80}^2\times 0.01^2\times 0.99^{78}\\&-C_{80}^3\times 0.01^3\times 0.99^{77}=0.009.\end{aligned}$$

例 6.2.5(泊松分布) 在 1910 年,卢瑟福(Rutherford)和盖格(Geiger)做了 α 粒子散射实验,他们对放射性物质放射的 α 粒子进行了 2608 次单位时间的观察,共观察到 10094 个 α 粒子.令 X 表示随机选取的一次单位时间观察到的 α 粒子数,则 X 近似服从泊松分布 $P(\lambda)$,其中

$$\lambda=\frac{10094}{2608}=3.87,$$

即 $\{X=k\}$ 发生的频率近似等于 $\dfrac{e^{-\lambda}\lambda^k}{k!}$, $k=0,1,2,\cdots,\lambda=3.87$. 这一点可由下面的实验结果(见表 6.2)得到验证($N=2608,\lambda=3.87$).

人们在实践中进行归纳总结,发现有许多其他的随机现象也近似服从泊松分布.例如,物理学中散射热效应中的热电子数,显微镜下观察片上的白血球数,星空出现的流星数,铸件的疵点数以及日常生活服务领域中电话交换台在单位时间内接到的呼叫数,商店来到的顾客人数,公共汽车车站来到的乘客人数等.

常见的连续型分布举例如下.下面每种分布均有一名称,由密度函数 $p(x)$ 的表达形式及其图形的形状来命名.在每种情形中均可见 $p(x)\geqslant 0$,且可证明 $\int_{-\infty}^{\infty}p(t)\mathrm{d}t=1$(详细证明略去).

表 6.2

$X=k$	观察到 k 个粒子次数 n_k	频率 $f(k)=\frac{n_k}{N}$	$p_k=\frac{(3.87)^k e^{-3.87}}{k!}$
0	57	0.022	0.021
1	203	0.078	0.081
2	383	0.147	0.156
3	525	0.201	0.201
4	532	0.204	0.195
5	408	0.156	0.151
6	273	0.105	0.097
7	139	0.053	0.054
8	45	0.017	0.026
9	27	0.010	0.011
⩾10	16	0.006	0.007
总计	2608	0.999	1.000

例 6.2.6（连续型随机变量的常见例）

1° **均匀分布**(uniform distribution)　设 X 的密度函数

$$p(x)=\begin{cases}\dfrac{1}{b-a}, & a\leqslant x\leqslant b,\\ 0, & \text{其他},\end{cases}$$

则其分布函数

$$F(x)=\int_{-\infty}^{x}p(t)\mathrm{d}t=\begin{cases}0, & x\leqslant a,\\ \dfrac{x-a}{b-a}, & a<x\leqslant b,\\ 1, & x>b.\end{cases}$$

这样的 X 称为$[a,b]$上的均匀分布，其密度函数与分布函数的图形见图 6.5 与图 6.6.

例如，在$[a,b]$区间上任选一个数记为 X，则 X 是随机变量，且 X 服从均匀分布如上. 有时记为 $X\sim U[a,b]$.

又如，某公共汽车站每隔 10 分钟有一辆车，则某位乘客到达该站后的候车时间是一随机变量 X，且 $X\sim U[0,10]$，这是因为该乘客任一时刻到达该站都是等可能的.

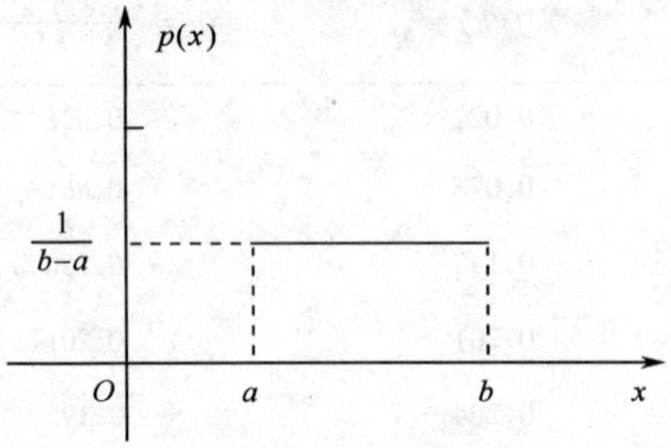

图 6.5　均匀分布密度函数

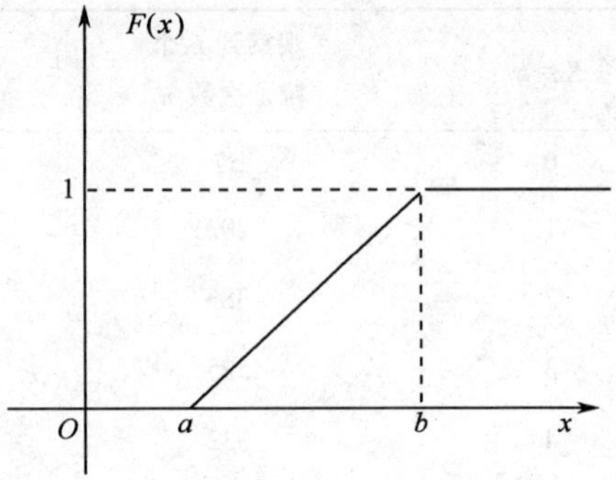

图 6.6　均匀分布分布函数

2° **指数分布**(exponential distribution)　设 X 的密度函数

$$p(x)=\begin{cases}\lambda e^{-\lambda x}, & x>0,\\ 0 & x\leqslant 0,\end{cases}\qquad \lambda>0.$$

则其分布函数

$$F(x)=\begin{cases}0, & x<0,\\ 1-e^{-\lambda x}, & x\geqslant 0.\end{cases}$$

这样的 X 称为指数分布,有时记为 $X\sim E(\lambda)$. 指数分布的密度函数与分布函数的图形见图 6.7 与图 6.8.

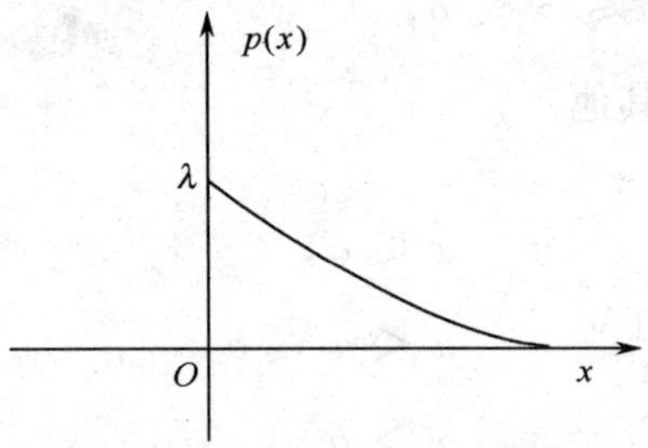

图 6.7　指数分布密度函数

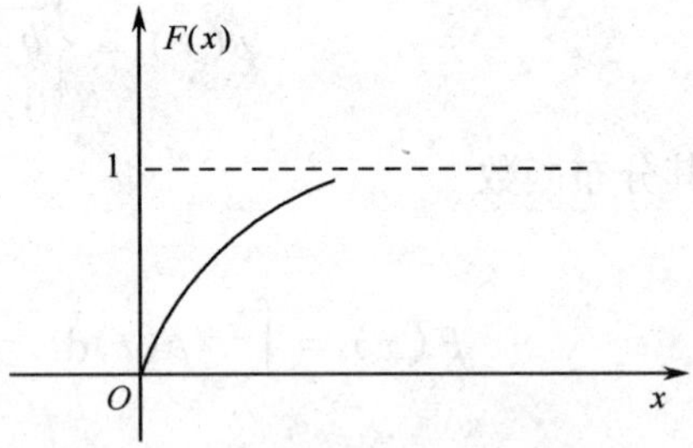

图 6.8　指数分布分布函数

注意指数分布常用来表示各种寿命分布,例如,用 X 表示动物的寿命,人的寿命,半导体元件的寿命,电力设备的寿命,电话的通话时间等.

3° **正态分布**(normal distribution)　设 X 的密度函数

$$p(x)=\frac{1}{\sqrt{2\pi}\sigma}e^{-\frac{(x-\mu)^2}{2\sigma^2}},\qquad -\infty<x<\infty,$$

σ,μ 是常数,且 $\sigma>0$,则其分布函数

$$F(x)=\frac{1}{\sqrt{2\pi}\sigma}\int_{-\infty}^{x}\mathrm{e}^{-\frac{(x-\mu)^2}{2\sigma^2}}\mathrm{d}x.$$

这样的 X 称为参数是 μ,σ^2 的正态分布,记为 $X\sim N(\mu,\sigma^2)$.

当 $\mu=0,\sigma=1$ 时,X 的密度函数记为

$$\varphi(x)=\frac{1}{\sqrt{2\pi}}\mathrm{e}^{-\frac{x^2}{2}},\qquad -\infty<x<\infty,$$

$X\sim N(0,1)$称为标准正态分布,其分布函数记为

$$\Phi(x)=\frac{1}{\sqrt{2\pi}}\int_{-\infty}^{x}\mathrm{e}^{-\frac{x^2}{2}}\mathrm{d}x.$$

注意,可用二重积分的知识证明 $\frac{1}{\sqrt{2\pi}}\int_{-\infty}^{+\infty}\mathrm{e}^{-\frac{x^2}{2}}\mathrm{d}x=1$.

标准正态分布的密度函数与分布函数的图形见图 6.9 及图 6.10.

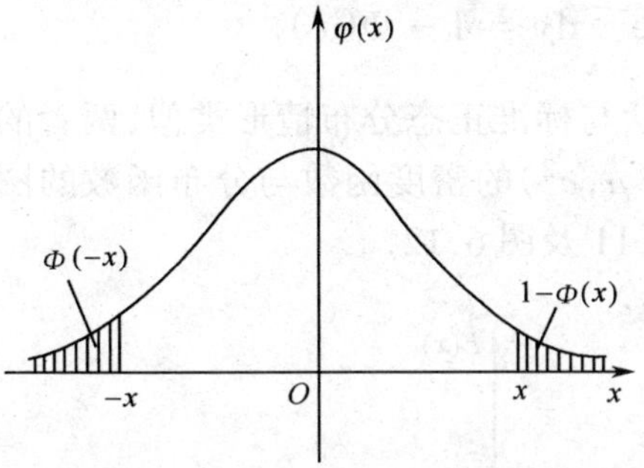

图 6.9 标准正态分布密度函数

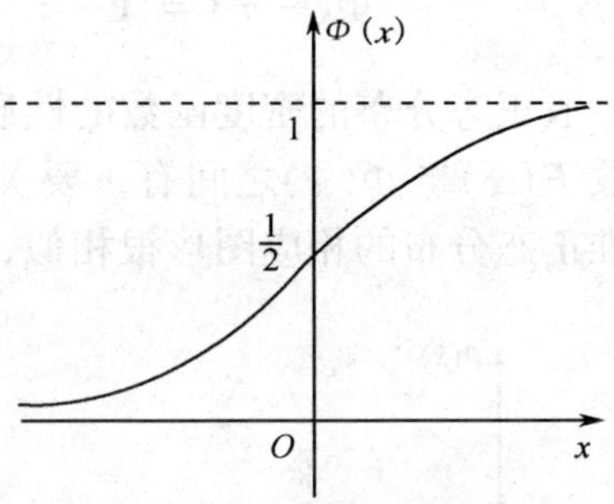

图 6.10 标准正态分布分布函数

正态分布在概率论与数理统计中起着非常重要的作用.一方面正态分布是自然界中最常见的一种分布,例如,人体生理特征的尺寸:身高、体重,产品的尺寸:长度、宽度,测量的误差,农作物的产量等都近似服从正态分布.通常情况下,如果某一随机变量受许多独立的随机因素影响,而每个因素都不能起主导作用,则这个随机变量服从正态分布.另一方面正态分布有许多良好的性质,许多分布可用正态分布来近似,也有许多分布可由正态分布来导出.因此正态分布在理论研究与实际应用上都十分重要.

正态分布的密度函数及分布函数有下述重要性质(可参见图 6.9 和图 6.10).

定理 6.2.3 (标准正态分布的性质) 设 $X\sim N(0,1)$,则其密度函数 $\varphi(x)$及分布函数 $\Phi(x)$有下述性质:

1° $\varphi(-x)=\varphi(x)$,即 $\varphi(x)$的图形关于 y 轴对称;

2° $\varphi(x)$在 $x=0$ 达到最大值,在$(-\infty,0)$上上升,在$(0,+\infty)$上下降;

3° $\lim\limits_{x\to-\infty}\varphi(x)=0$, $\lim\limits_{x\to+\infty}\varphi(x)=0$;

4° $\Phi(-x)=1-\Phi(x)$,即 $\Phi(-x)+\Phi(x)=1$.

证　由 $\varphi(x)=\dfrac{1}{\sqrt{2\pi}}e^{-\frac{x^2}{2}}(-\infty<x<\infty)$,立即可知前三条性质成立.

现证 $\Phi(-x)=1-\Phi(x)$.

$$\Phi(-x)=\int_{-\infty}^{-x}\frac{1}{\sqrt{2\pi}}e^{-\frac{t^2}{2}}dt,$$

令 $t=-y$,则 $dt=-dy$,因此

$$\Phi(-x)=-\int_{+\infty}^{x}\frac{1}{\sqrt{2\pi}}e^{-\frac{y^2}{2}}dy=\int_{x}^{+\infty}\frac{1}{\sqrt{2\pi}}e^{-\frac{y^2}{2}}dy.$$

因为$\int_{-\infty}^{+\infty}\frac{1}{\sqrt{2\pi}}e^{-\frac{y^2}{2}}dy=1$,故

$$\Phi(-x)=1-\int_{-\infty}^{x}\frac{1}{\sqrt{2\pi}}e^{-\frac{y^2}{2}}dy=1-\Phi(x).$$

一般正态分布的密度函数的性质与形状与标准正态分布情形类似,两者的分布函数 $F(x)$与 $\Phi(x)$之间有重要关系.$N(\mu,\sigma^2)$的密度函数与分布函数的图形和标准正态分布的相应图形很相似,见图 6.11 及图 6.12.

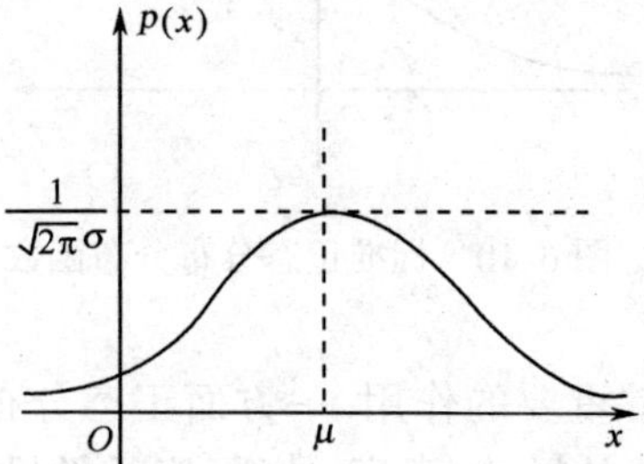

图 6.11　一般正态分布密度函数

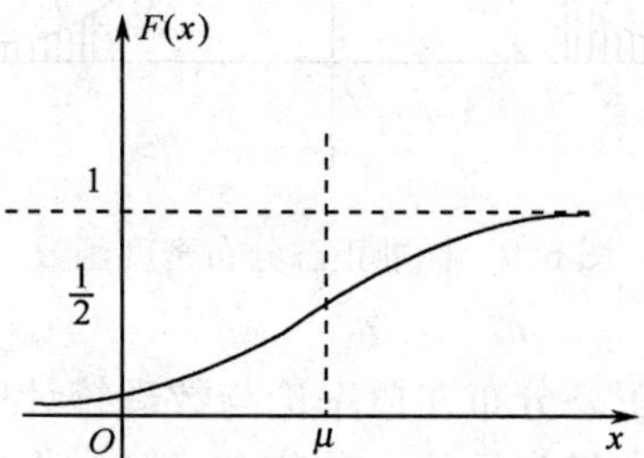

图 6.12　一般正态分布分布函数

定理 6.2.4 ($N(\mu,\sigma^2)$与 $N(0,1)$的分布函数关系)　设 $F(x)$,$\Phi(x)$分别是正态分布 $N(\mu,\sigma^2)$,标准正态分布 $N(0,1)$的分布函数,则有

$$F(x)=\Phi\left(\frac{x-\mu}{\sigma}\right).$$

证

$$F(x)=\frac{1}{\sqrt{2\pi}\sigma}\int_{-\infty}^{x}e^{-\frac{(t-\mu)^2}{2\sigma^2}}dt.$$

令$\dfrac{t-\mu}{\sigma}=y$,则 $\mathrm{d}t=\sigma\mathrm{d}y$

$$F(x)=\frac{1}{\sqrt{2\pi}\sigma}\int_{-\infty}^{\frac{x-\mu}{\sigma}}\sigma\mathrm{e}^{-\frac{y^2}{2}}\mathrm{d}y=\frac{1}{\sqrt{2\pi}}\int_{-\infty}^{\frac{x-\mu}{\sigma}}\mathrm{e}^{-\frac{y^2}{2}}\mathrm{d}y=\Phi\left(\frac{x-\mu}{\sigma}\right).$$

据此定理,如果要求求出 $F(x)$,我们可以改为求 $\Phi\left(\dfrac{x-\mu}{\sigma}\right)$,而后者可从正态分布表查得.

例 6.2.7 1° 设 $X\sim N(0,1)$,求 $\Pr\{X\leqslant 1.84\}$,$\Pr\{X\leqslant 1.2\}$.

解 所求的即是 $\Phi(1.84)$ 与 $\Phi(1.2)$. 由正态分布表立即得 $\Pr\{X\leqslant 1.84\}=0.9671$,$\Pr\{X\leqslant 1.2\}=0.8849$.

2° 设 $X\sim N(0,1)$,求 $\Pr\{-2\leqslant X\leqslant 2\}$.

解 即求

$$\begin{aligned}\Phi(2)-\Phi(-2)&=\Phi(2)-(1-\Phi(2))\\&=2\Phi(2)-1=2\times 0.9772-1=0.9544.\end{aligned}$$

3° 设 $X\sim N(5,2^2)$,求 $\Pr\{-2\leqslant X\leqslant 8\}$.

解 即求

$$\begin{aligned}F(8)-F(-2)&=\Phi\left(\frac{8-5}{2}\right)-\Phi\left(\frac{-2-5}{2}\right)\\&=\Phi(1.5)-\Phi(-3.5)=\Phi(1.5)-(1-\Phi(3.5))\\&=\Phi(1.5)+\Phi(3.5)-1=0.9332+0.9998-1=0.933.\end{aligned}$$

例 6.2.8 某高校是一所著名高校,申请入学且参加综合考试的学生众多,校方只能按考试成绩录取其中的 30%,设学生考试的成绩 $X\sim N(60,10^2)$. 试求出此高校的录取分数线.

解 设分数线是 x(分),则 $\Pr\{X\geqslant x\}=0.3$. 故 $F(x)=0.7$. 注意,$F(x)=\Phi\left(\dfrac{x-60}{10}\right)$,故 $\Phi\left(\dfrac{x-60}{10}\right)=0.7$. 由正态分布表,查得$\dfrac{x-60}{10}=0.52$,因此 $x=65.2$,即此高校的录取分数线是 65.2 分.

下面简单提一下随机变量的函数的概念,目的是希望读者知道一个大意. 但我们需要指出,这部分的内容对真正掌握、理解概率论与数理统计的很多重要概念,如后面要介绍的随机变量的期望、方差以及很多统计方法要用到的一些重要分布是必不可少的.

在统计物理中,已知分子运动速度的绝对值 X 是一个随机变量,如在动能公式 $g(v)=\dfrac{1}{2}mv^2$ 中,v 以 X 代入,则得到 $Y=\dfrac{1}{2}mX^2$. Y 是一个新的随机变量,它是随机变量 X 的函数.

一般地,设 X 是一随机变量,$g(x)$是 $\mathbf{R}$ 上的一实函数,如 $g(x)$满足适当的条件,则随机变量 X 的函数 $g(X)$ 是一个新的随机变量,且当 X 的分布情况已知时,我们也可以讨论 Y 的分布.当 X 是离散型时,情况比较简单.

例 6.2.9 设

$$X \sim \begin{bmatrix} x_1 & x_2 & \cdots & x_k & \cdots \\ p_1 & p_2 & \cdots & p_k & \cdots \end{bmatrix},$$

则

$$Y = g(X) \sim \begin{bmatrix} g(x_1) & g(x_2) & \cdots & g(x_k) & \cdots \\ p_1 & p_2 & \cdots & p_k & \cdots \end{bmatrix}.$$

当所有 $g(x_k)$ 互不相等时,则上式右端即是 Y 的分布列,Y 取值为 $g(x_1), g(x_2), \cdots, g(x_k), \cdots$,且 $\Pr\{Y = g(x_k)\} = p_k,\ k = 1,2,\cdots$.

在很多实际问题中,我们需要同时考虑在同一个样本空间 Ω 上若干个随机变量 $X_1, X_2, \cdots, X_n$,以及这样的多元随机变量的函数.这是由已知的随机变量(或分布)形成新的随机变量(新的分布)的重要手段,几乎所有概率论与数理统计的专门书籍对此都有讨论,读者可以根据需要选择阅读.

6.3 随机变量的数学期望与方差

现由例 6.2.1 说起,我们利用 50 户的人口调查的 50 个数据,可以求出这 50 个数的算术平均数

$$\begin{aligned}\overline{X} &= (2\times 5 + 3\times 8 + 4\times 16 + 5\times 10 + 6\times 6 + 7\times 4 + 8\times 1)/50 \\ &= 4.4,\end{aligned}$$

即 50 户的每户平均人口为 4.4.

如果令 X 为随机任取一户的人口数,则 X 是一个离散型随机变量,且

$$X \sim \begin{bmatrix} 2 & 3 & 4 & 5 & 6 & 7 & 8 \\ 0.10 & 0.16 & 0.32 & 0.20 & 0.12 & 0.08 & 0.02 \end{bmatrix},$$

表明 X 的可能取值 $x_1, x_2, x_3, x_4, x_5, x_6, x_7$ 分别为 2,3,4,5,6,7,8.相应的概率

$$p_k = \Pr\{X = x_k\}, \quad k = 1,2,\cdots,7$$

分别为 0.10,0.16,0.32,0.20,0.12,0.08,0.02.

如果把上面的算术平均数计算式子改写为

$$\begin{aligned}\overline{X} &= 2\times\frac{5}{50} + 3\times\frac{8}{50} + 4\times\frac{16}{50} + 5\times\frac{10}{50} + 6\times\frac{6}{50} + 7\times\frac{4}{50} + 8\times\frac{1}{50} \\ &= 2\times 0.10 + 3\times 0.16 + 4\times 0.32 + 5\times 0.20 \\ &\quad + 6\times 0.12 + 7\times 0.08 + 8\times 0.02,\end{aligned}$$

恰有 $\overline{X} = \sum_{k=1}^{7} x_k p_k$.

这个数反映了人们期望的 X 取值的平均大小，故称之为随机变量 X 的数学期望.下面是随机变量的数学期望的一般定义，分离散型、连续型随机变量两种情形.

定义 6.3.1（离散型随机变量的数学期望） 设 X 为离散型随机变量，如果 $X \sim \begin{bmatrix} x_1 & x_2 & \cdots & x_N \\ p_1 & p_2 & \cdots & p_N \end{bmatrix}$，则记

$$\sum_{k=1}^{N} x_k p_k = EX,$$

如果 $X \sim \begin{bmatrix} x_1 & x_2 & \cdots & x_N & \cdots \\ p_1 & p_2 & \cdots & p_N & \cdots \end{bmatrix}$，且 $\lim\limits_{n\to\infty}\sum\limits_{k=1}^{n} |x_k| p_k$ 存在时，则可证 $\lim\limits_{n\to\infty}\sum\limits_{k=1}^{n} x_k p_k$ 必存在，也记

$$\lim_{n\to\infty}\sum_{k=1}^{n} x_k p_k = EX.$$

我们称 EX 为 X 的数学期望(mathematical expectation).

定义 6.3.2（连续型随机变量的数学期望） 设 X 为连续型随机变量，其密度函数为 $p(x)$，$\int_{-\infty}^{+\infty} |x| p(x)\mathrm{d}x$ 收敛，则 $\int_{-\infty}^{+\infty} xp(x)\mathrm{d}x$ 必收敛，记为 EX，则称

$$EX = \int_{-\infty}^{\infty} xp(x)\mathrm{d}x$$

为 X 的**数学期望**.

注 6.3.1 除了一些特殊的随机变量外，通常的随机变量 X 的数学期望 EX 都存在，故我们不必验证条件，可由定义直接求 EX.

定理 6.3.1（随机变量的函数的数学期望） 设 X 为随机变量，$Y = f(X)$ 也是随机变量，设 Y 的数学期望存在，则

1° 如果 X 为离散型随机变量，且

$$X \sim \begin{bmatrix} x_1 & x_2 & \cdots & x_N \\ p_1 & p_2 & \cdots & p_N \end{bmatrix}, \quad 或 \quad X \sim \begin{bmatrix} x_1 & x_2 & \cdots & x_N & \cdots \\ p_1 & p_2 & \cdots & p_N & \cdots \end{bmatrix}$$

则

$$EY = E(f(X)) = \sum_{k=1}^{N} f(x_k) p_k$$

或

$$EY = \lim_{n\to\infty}\sum_{k=1}^{n} f(x_k) p_k.$$

2° 如果 X 为连续型随机变量，其密度为 $p(x)$，则

$$EY = E(f(X)) = \int_{-\infty}^{\infty} f(x)p(x)\mathrm{d}x.$$

证 1° 由例 6.2.9 及定义 6.3.1 立即可证.

2° 不作要求,略去.

例 6.3.1 一个公司有优惠权投标两项合同 A 和 B. 据测算,如果公司能赢得合同 A,则可获利 140000 元,但为了准备投标材料需花费 5000 元. 如果公司能赢得合同 B,则可获利 100000 元,但为了准备投标材料需花费 2000 元,估计公司能赢得合同 A 的概率是 $\frac{1}{4}$,赢得合同 B 的概率是 $\frac{1}{3}$. 如果公司只能提交一份投标材料,公司应该投标哪项合同,A 还是 B?

解 设 X 是关于合同 A 的获利随机变量,且

$$X \sim \begin{bmatrix} 140000 & -5000 \\ \frac{1}{4} & \frac{3}{4} \end{bmatrix}.$$

设 Y 是关于合同 B 的获利随机变量,且

$$Y \sim \begin{bmatrix} 100000 & -2000 \\ \frac{1}{3} & \frac{2}{3} \end{bmatrix}.$$

注意随机变量取值的原则,收入即获利时随机变量取正值,付出即准备投标材料花费作为负值

$$EX = 140000 \times \frac{1}{4} - 5000 \times \frac{3}{4} = 35000 - 3750 = 31250(\text{元}).$$

$$EY = 100000 \times \frac{1}{3} - 2000 \times \frac{2}{3} = 32000(\text{元}),$$

因此如以获利的期望值作为决策的主要准则,则应选择投标合同 B.

仔细看一下随机变量的数学期望值,容易发现,数学期望值表明随机变量取值的平均水平,说明变量值的集中趋势,知道随机变量的数学期望值对认识随机变量是非常重要的. 但实际问题中还经常需要知道随机变量取值的分散程度,即变量值的离中趋势.

例如,某人为了找工作,调查了甲、乙两单位的人员年薪情况,甲单位 4 人年薪分别是 6000 元,6200 元,6200 元,40000 元; 乙单位 4 人年薪分别是 13600 元,13800 元,14000 元,14400 元,试从工资收入上比较两个单位的优劣.

先看年薪的平均数

$$\bar{X}_{\text{甲}} = \frac{1}{4} \times (6000 + 6200 + 6200 + 40000) = 14600(\text{元}),$$

$$\bar{X}_{\text{乙}} = \frac{1}{4} \times (13600 + 13800 + 14000 + 14400) = 13950(\text{元}).$$

甲单位的年薪平均数高于乙单位的年薪平均数,但显然我们不能简单地断言甲单位优于乙单位,因为乙单位的平均年薪以及每个人的年薪均高于甲单位四个

人中的三个人的年薪,甲单位有一个人的年薪大大高于甲单位的平均年薪,其差的绝对值$=|40000-14600|=25400$(元),如把此人年薪与其他三人年薪相比,相差就更大了.

为了刻画变量值的分散程度,人们引进了随机变量的方差(variance)概念.

定义 6.3.3(随机变量的方差) 设 X 为随机变量,其数学期望为 EX,如果 X 的函数 $f(X)=(X-EX)^2$ 的数学期望存在,记

$$E(f(X)) = E(X-EX)^2,$$

称 $E(f(X))$为 X 的**方差**,记为 DX.称 DX 的算术平方根$\sqrt{DX}$为 X 的**均方差**或**标准差**.

由定理 6.3.1,我们可得如下定理.

定理 6.3.2(方差的计算公式) 设 X 为随机变量,其数学期望为 EX,则

1° 如果 X 为离散型的,当 $X\sim\begin{bmatrix} x_1 & x_2 & \cdots & x_N \\ p_1 & p_2 & \cdots & p_N \end{bmatrix}$时,我们有

$$DX = \sum_{k=1}^{N}(x_k - EX)^2 p_k.$$

当

$$X \sim \begin{bmatrix} x_1 & x_2 & \cdots & x_N & \cdots \\ p_1 & p_2 & \cdots & p_N & \cdots \end{bmatrix}$$

时,我们有

$$DX = \lim_{n\to\infty}\sum_{k=1}^{n}(x_k - EX)^2 p_k.$$

2° 如果 X 为连续型的,且密度函数为 $p(x)$时,我们有

$$DX = \int_{-\infty}^{\infty}(x - EX)^2 p(x)\mathrm{d}x.$$

例 6.3.2 从定义 6.3.3 之前的例中数据,我们可定义两个随机变量 X,Y

$$X \sim \begin{bmatrix} 6000 & 6200 & 40000 \\ \dfrac{1}{4} & \dfrac{1}{2} & \dfrac{1}{4} \end{bmatrix},$$

$$Y \sim \begin{bmatrix} 13600 & 13800 & 14000 & 14400 \\ \dfrac{1}{4} & \dfrac{1}{4} & \dfrac{1}{4} & \dfrac{1}{4} \end{bmatrix}.$$

则

$$EX = 14600,\ EY = 13950.$$

$$DX = (6000 - 14600)^2 \times \frac{1}{4} + (6200 - 14600)^2 \times \frac{1}{2} + (40000 - 14600)^2 \times \frac{1}{4} = 215060000.$$

$$DY = (13600 - 13950)^2 \times \frac{1}{4} + (13800 - 13950)^2 \times \frac{1}{4}$$
$$+ (14000 - 13950)^2 \times \frac{1}{4}$$
$$+ (14400 - 13950)^2 \times \frac{1}{4} = 87500.$$

DX 与 DY 之比达到 2000 倍以上，X 的方差如此之大说明甲单位的人员贫富差别太大了.

利用多元随机变量的函数及有关分析工具，可以证明数学期望与方差有下述重要性质.

定理 6.3.3（随机变量的数学期望的性质）　1° $E(\alpha X+\beta Y)=\alpha EX+\beta EY$（其中 X, Y 为同一样本空间 Ω 上的随机变量，α, β 为任意常数）.

2° 对任意常数 a, b，如 $a \leqslant X \leqslant b$，则 $a \leqslant EX \leqslant b$.

3° 如果 X, Y 为同一样本空间 Ω 上的随机变量，且相互独立，即，如果对任意的 x, y，有 $\Pr(\{X \leqslant x\} \cap \{Y \leqslant y\})=\Pr\{X \leqslant x\} \cdot \Pr\{Y \leqslant y\}$. 则

$$E(XY) = EX \cdot EY.$$

注 6.3.2　易见同一样本空间 Ω 上的随机变量的集合按通常的加法与数乘运算是一实线性空间，由 1°可知，数学期望定义了这个线性空间上的一个线性泛函.

定理 6.3.4（随机变量的方差的性质）　1° 对任意常数 a，$D(a)=0$，$D(aX)=a^2 DX$，$D(X+a)=DX$.

2° $D(X \pm Y)=DX+DY \pm 2E((X-EX)(Y-EY))$.

当 X, Y 相互独立时，则 $D(X \pm Y)=DX+DY$（其中 X, Y 为同一样本空间上的随机变量）.

一般当 $X_1, X_2, \cdots, X_n$ 相互独立时（n 个随机变量相互独立的定义与 $n=2$ 情形类似），有

$$D\left(\sum_{i=1}^{n} X_i\right) = \sum_{i=1}^{n} DX_i.$$

3° $DX=E(X^2)-(EX)^2$.

下面的例子给出常见的随机变量的数学期望与方差.

例 6.3.3　1° X 是两点分布，$X \sim \begin{bmatrix} 0 & 1 \\ q & p \end{bmatrix}$，则

$$EX=p, \qquad DX=pq \quad (\text{其中 } q=1-p).$$

2° X 是二项分布 $B(n, p)$，$\Pr\{X=k\}=C_n^k p^k q^{n-k}$，$k=0,1,\cdots,n$，$q=1-p$，则

$$EX=np, \qquad DX=npq.$$

3° X 是泊松分布，$\Pr\{X=k\}=\dfrac{\lambda^k e^{-\lambda}}{k!}$，　$k=0,1,2,\cdots(\lambda>0$ 常数)，则

$$EX=\lambda, \qquad DX=\lambda.$$

4° X 是均匀分布，$X\sim U[a,b]$，则

$$EX=\frac{a+b}{2}, \qquad DX=\frac{(b-a)^2}{12}.$$

5° X 是指数分布，密度函数 $p(x)=\begin{cases}\lambda e^{-\lambda x}, & x>0\\ 0, & x\leqslant 0\end{cases}$　$(\lambda>0)$，则

$$EX=\frac{1}{\lambda}, \qquad DX=\frac{1}{\lambda^2}.$$

6° X 是正态分布，$X\sim N(\mu,\sigma^2)$，则

$$EX=\mu, \qquad DX=\sigma^2.$$

证　仅以证 5°为例. 由例 4.2.10 知，

$$EX=\int_{-\infty}^{+\infty}xp(x)\,dx=\int_0^{+\infty}\lambda x e^{-\lambda x}\,dx=\frac{1}{\lambda}.$$

由定理 6.3.4 之 3°计算方差的一个公式

$$DX=E(X^2)-(EX)^2,$$

已知 $EX=\dfrac{1}{\lambda}$，故只要再求出 $E(X^2)$ 则可.

由定理 6.3.1，

$$E(X^2)=\int_{-\infty}^{+\infty}x^2p(x)\,dx=\int_0^{+\infty}x^2\lambda e^{-\lambda x}\,dx=\frac{2}{\lambda^2}.$$

因此

$$DX=\frac{2}{\lambda^2}-\left(\frac{1}{\lambda}\right)^2=\frac{1}{\lambda^2}.$$

注意，在公式 $DX=E(X^2)-(EX)^2$ 中，如果已知 DX,EX，则可算出

$$E(X^2)=DX+(EX)^2.$$

在本节最后，我们指出两个重要事实，不加证明.

定理 6.3.5（正态随机变量的线性组合）　1° 设 $X\sim N(\mu,\sigma^2)$，$a\neq 0$，则 $Y=aX+b$ 也是正态分布，且

$$EY=a\mu+b, \qquad DY=a^2\sigma^2,$$

从而

$$Y\sim N(a\mu+b,(a\sigma)^2).$$

特别地，$Y=\dfrac{X-\mu}{\sigma}$，则 $EY=0, DY=1$. 故

$$Y=\frac{X-\mu}{\sigma}\sim N(0,1).$$

2° 设 $X_1, X_2, \cdots, X_n$ 相互独立,且 $X_k \sim N(\mu_k, \sigma_k^2)$, $k=1,2,\cdots,n$, $a_1, a_2, \cdots, a_n$ 不全为 0,则 $\sum_{k=1}^{n} a_k X_k$ 也是正态分布,且

$$\sum_{k=1}^{n} a_k X_k \sim N\left(\sum_{k=1}^{n} a_k \mu_k, \sum_{k=1}^{n} a_k^2 \sigma_k^2\right).$$

定理 6.3.6 (独立同分布中心极限定理的推论)　1° 设 $X_1, X_2, \cdots, X_n$ 为 n 个相互独立且服从同一分布的随机变量, $EX_k = \mu, DX_k = \sigma^2 (k=1,2,\cdots,n)$, μ, σ^2 为常数,则当 n 较大时可以认为 $\sum_{k=1}^{n} X_k$ 近似服从正态分布 $N(n\mu, n\sigma^2)$.

2° 设 X 服从二项分布 $B(n,p)(0<p<1)$

$$\Pr\{X = k\} = C_n^k p^k (1-p)^{n-k},$$

则当 n 较大时,可以认为 X 近似服从正态分布 $N(np, np(1-p))$. 因此

$$\sum_{k=k_1}^{k_2} C_n^k p^k (1-p)^{n-k} = \Pr\{k_1 \leqslant X \leqslant k_2\} \approx F(k_2) - F(k_1),$$

式中, $F(x)$ 是正态分布 $N(np, np(1-p))$ 的分布函数.

注意,因为二项分布是离散型分布,故上述近似公式常修正为

$$\sum_{k=k_1}^{k_2} C_n^k p^k (1-p)^{n-k} \approx F\left(k_2 + \frac{1}{2}\right) - F\left(k_1 - \frac{1}{2}\right).$$

证　1° 由独立同分布的中心极限定理可得(独立同分布的中心极限定理读者可在很多概率论与数理统计的书籍中找到).

2° 因为 X 表示 n 重伯努利试验中事件 A 发生的次数,令

$$X_i = \begin{cases} 1, & \text{第 } i \text{ 次试验中 } A \text{ 发生}, \\ 0, & \text{第 } i \text{ 次试验中 } A \text{ 未发生}, \end{cases} \qquad i = 1,2,\cdots,n.$$

从而我们可把服从二项分布 $B(n,p)(0<p<1)$ 的随机变量 X 表为 n 个随机变量 $X_1, X_2, \cdots, X_n$ 之和,即

$$X = \sum_{i=1}^{n} X_i.$$

注意 $X_1, X_2, \cdots, X_n$ 相互独立,且均服从两点分布, $EX_i = p, DX_i = p(1-p)$, 满足 1°中条件,故由 1°, 2°立即得证.

定理 6.3.6 中 2°提供了二项分布随机变量落入某范围的一个有用的近似公式,当 n 很大时,这比先计算 $C_n^k p^k (1-p)^{n-k}$ 再求和显然要方便得多. 定理 6.3.6 中 1°在大样本理论以及求解实际问题中有非常广泛的应用.

例 6.3.4　共有 10000 人参加某保险公司的人寿保险,每人每年付 1200 元保

险费,据统计资料,在一年内一个人死亡的概率是0.006.一个人投保一年内死亡时,其家属可向此保险公司领得赔偿费10万元.试问(1)此保险公司亏本的概率有多大?(2)此保险公司每年的利润大于400万元的概率是多少?

解 设

$$X_i = \begin{cases} 1, & \text{第 } i \text{ 个人在投保一年内死亡}, \\ 0, & \text{第 } i \text{ 个人在投保一年内未死亡}, \end{cases} \qquad i = 1,2,\cdots,10000.$$

则 X_i 均服从两点分布, $EX_i = p = 0.006$, $DX_i = p(1-p) = 0.006 \times 0.994$, X_1, $X_2, \cdots, X_{10000}$ 是相互独立的,满足定理6.3.6中1°中条件.

注意,一年内投保人死亡总数为 $\sum_{i=1}^{10000} X_i$,保险公司一年内收入的保险费总数为 $10000 \times 1200 = 12 \times 10^6$ 元,一年内赔偿费为 $10^5 \sum_{i=1}^{10000} X_i$,因此

(1) 保险公司亏本的概率为

$$\Pr\left\{10^5 \sum_{i=1}^{10000} X_i > 12 \times 10^6\right\},$$

即 $\Pr\left\{\sum_{i=1}^{10000} X_i > 120\right\}$. 因为 $EX_i = 0.006$,故

$$E\left[\sum_{i=1}^{10000} X_i\right] = 10000 \times 0.006 = 60,$$

因为 $DX_i = 0.006 \times 0.994$,又 $X_1, X_2, \cdots, X_{10000}$ 相互独立,故

$$D\left[\sum_{i=1}^{10000} X_i\right] = 10000 \times 0.006 \times 0.994,$$

即

$$D\left[\sum_{i=1}^{10000} X_i\right] = 6 \times 9.94.$$

由定理6.3.6

$$\Pr\left\{10^5 \sum_{i=1}^{10000} X_i > 12 \times 10^6\right\} = \Pr\left\{\sum_{i=1}^{10000} X_i > 120\right\} \approx 1 - F(120),$$

$F(x)$ 是 $N(60, 6 \times 9.94)$ 的分布函数.因此,所求概率为

$$1 - \Phi\left(\frac{120 - 60}{\sqrt{6 \times 9.94}}\right) \approx 0.$$

保险公司亏本的概率几乎为0.

(2) 保险公司每年的利润大于400万元,这等价于

$$12 \times 10^6 - 10^5 \sum_{i=1}^{10000} X_i > 4 \times 10^6,$$

故

$$\sum_{i=1}^{10000} X_i < 80.$$

又显然

$$\sum_{i=1}^{10000} X_i \geqslant 0,$$

因此所求概率为

$$\Pr\left\{0 \leqslant \sum_{i=1}^{10000} X_i < 80\right\} \approx F(80) - F(0)$$

$$= \Phi\left(\frac{80-60}{\sqrt{6 \times 9.94}}\right) - \Phi\left(\frac{0-60}{\sqrt{6 \times 9.94}}\right) = \Phi(2.59) - \Phi(-7.77)$$

$$= \Phi(2.59) - (1 - \Phi(7.77)) \approx \Phi(2.59) = 0.9952.$$

*6.4　数学期望值的估计与假设检验

本章最后一节我们以简短的篇幅介绍随机变量的数学期望值的估计与假设检验(estimation and test of a statistical hypothesis).目的是让读者了解数理统计的一些重要思想方法.

数理统计是概率论的基本理论的应用,其主要任务是根据试验或观察得到的数据,对研究对象的客观规律性作出种种合理的估计与判断.

先介绍几个常用的术语.

定义 6.4.1(统计总体)　研究对象的全体称为**总体**(population),其中的每个元素称为个体,个体常用其数量指标即数字表示,且由数字组成的总体常赋有一定的概率分布.这样的总体称为统计总体,且有相应的随机变量.

今后我们将不去区别总体和相应的随机变量.

总体分有限总体和无限总体,当数量很大时,有限总体可视为无限总体.为了对总体的分布(分布列、分布函数或密度函数,期望与方差等)进行研究,必须对总体进行抽样观察,总体中被抽样的这一部分个体的集合称为样本(或子样),取得样本的过程叫抽样,样本中个体的个数称为样本的容量,容量为 n 的样本常表为 $(X_1, X_2, \cdots, X_n)$.

为了利用样本对总体的分布进行推断,从总体中抽取样本必须是随机的.例如,想了解南京大学全体学生身高的分布情况,抽样时应是随机的,不能只在学校的篮球队员或排球队员中抽查.因为抽样是随机的,故在抽取之前并不知道 n 个

个体 $X_1, X_2, \cdots, X_n$ 究竟是什么，故样本 $(X_1, X_2, \cdots, X_n)$ 是一组随机变量.

样本(sample)一般应满足两点要求：1. 代表性，要求每个分量 X_i 与总体 X 有相同的分布；2. 独立性，要求 $X_1, X_2, \cdots, X_n$ 是相互独立的. 在实际抽样中这两点要求是容易办到的.

定义 6.4.2（简单随机样本） 设 $(X_1, X_2, \cdots, X_n)$ 是来源于总体 X 的一个样本，如果满足上面所说的代表性与独立性两点要求，则称 $(X_1, X_2, \cdots, X_n)$ 为一个**简单随机样本**，或简称**样本**.

当一次抽样完成以后，我们得到 n 个具体的数据 $(x_1, x_2, \cdots, x_n)$ 称为样本 $(X_1, X_2, \cdots, X_n)$ 的一组样本值或观察值.

为了对总体的性质能进行有效的推断，我们需要研究的应该主要是用简单随机样本 $(X_1, X_2, \cdots, X_n)$ 表示的策略或方法，因为 $X_1, X_2, \cdots, X_n$ 也是随机变量，故可以想象由多元随机变量的函数形成的一些重要分布将成为统计中的重要工具.

定义 6.4.3（统计量） 设 $(X_1, X_2, \cdots, X_n)$ 是总体 X 的一个样本，$g(x_1, x_2, \cdots, x_n)$ 是一个不含任何未知参数的 n 元函数（如连续函数），则称随机变量 $g(X_1, X_2, \cdots, X_n)$ 为**统计量**(statistic).

数理统计中有很多有用的统计量，例如，$\overline{X} = \frac{1}{n}\sum_{i=1}^{n} X_i$ 称为样本均值，其他的此处就不一一列举了.

由数学期望 EX 的实质，我们有理由利用统计量 $\overline{X} = \frac{1}{n}\sum_{i=1}^{n} X_i$ 作为 EX 的一个估计量. 如果有一组具体的样本值 $(x_1, x_2, \cdots, x_n)$，则 $\bar{x} = \frac{1}{n}\sum_{i=1}^{n} x_i$ 是 EX 的一个具体估计值，EX 的这种估计量及估计值称为 EX 的点估计.

一般而言，点估计 $\overline{X} = \frac{1}{n}\sum_{i=1}^{n} X_i$ 或 $\bar{x} = \frac{1}{n}\sum_{i=1}^{n} x_i$ 不可能正好等于 EX. 人们自然会问：$\overline{X}$ 与 EX 或 $\bar{x}$ 与 EX 到底可能相差多少？我们能否用一个区间来估计 EX 呢？这就是 EX 的**区间估计**问题.

因为实际问题中很多指标即随机变量服从正态分布，所以我们着重对正态总体的情形进行讨论.

设 X 是一正态总体，由定理 6.3.5 可知，统计量样本均值 $\overline{X} = \frac{1}{n}\sum_{i=1}^{n} X_i$ 也是正态随机变量，且 $E\overline{X} = EX, D\overline{X} = \frac{DX}{n}$. 因此仍据定理 6.3.5，当方差 DX 已知时

$$U = \frac{\overline{X} - EX}{\sqrt{\frac{DX}{n}}} \sim N(0,1).$$

现在我们要利用 $\overline{X}$ 对 X 的数学期望 EX 作区间估计. 由正态分布表, 得

$$\Pr\{|U| < 1.96\} = 0.95 = 1 - 0.05.$$

注意 $|U| < 1.96$ 等价于

$$|\overline{X} - EX| = |EX - \overline{X}| < 1.96 \times \sqrt{\frac{DX}{n}},$$

因此

$$\overline{X} - 1.96 \times \sqrt{\frac{DX}{n}} < EX < \overline{X} + 1.96 \times \sqrt{\frac{DX}{n}},$$

且

$$\Pr\left\{\overline{X} - 1.96 \times \sqrt{\frac{DX}{n}} < EX < \overline{X} + 1.96\sqrt{\frac{DX}{n}}\right\} = 0.95.$$

这时我们称区间

$$\left(\overline{X} - 1.96 \times \sqrt{\frac{DX}{n}}, \overline{X} + 1.96 \times \sqrt{\frac{DX}{n}}\right)$$

为 EX 的置信度为 0.95 的置信区间. 这意味着如果做 100 次抽样, 每次抽 n 个个体, 每次得一个 $\bar{x} = \frac{1}{n}(x_1 + x_2 + \cdots + x_n)$, 共得到 100 个区间

$$\left(\bar{x} - 1.96 \times \sqrt{\frac{DX}{n}}, \bar{x} + 1.96\sqrt{\frac{DX}{n}}\right),$$

其中大约有 95 个区间包含 EX.

一般地, 如果给定 $\alpha(0 < \alpha < 1)$, 如 $\alpha = 0.10$, $\alpha = 0.5$, 欲求 r 使得

$$\Pr\{|U| < r\} = 1 - \alpha,$$

即 $\Pr\{U < r\} = 1 - \frac{\alpha}{2}$. 设 $\Phi(x)$ 是标准正态分布的分布函数, 则 $\Phi(r) = 1 - \frac{\alpha}{2}$. 因为 r 与 $\frac{\alpha}{2}$ 有关, 故常记 $r = u_{\frac{\alpha}{2}}$. 例如, $\alpha = 0.05$ 时

$$1 - \frac{\alpha}{2} = 0.975, \quad u_{\frac{\alpha}{2}} = 1.96.$$

如记 $DX = \sigma^2$ 且 σ^2 为已知, 则由 $|U| < u_{\frac{\alpha}{2}}$ 立即得

$$\overline{X} - u_{\frac{\alpha}{2}}\frac{\sigma}{\sqrt{n}} < EX < \overline{X} + u_{\frac{\alpha}{2}}\frac{\sigma}{\sqrt{n}},$$

且

$$\Pr\left\{\overline{X} - u_{\frac{\alpha}{2}}\frac{\sigma}{\sqrt{n}} < EX < \overline{X} + u_{\frac{\alpha}{2}}\frac{\sigma}{\sqrt{n}}\right\} = 1 - \alpha,$$

这时我们也称 $\left(\overline{X} - u_{\frac{\alpha}{2}}\frac{\sigma}{\sqrt{n}}, \overline{X} + u_{\frac{\alpha}{2}}\frac{\sigma}{\sqrt{n}}\right)$ 为 EX 的置信度为 $1 - \alpha$ 的置信区间(confidence interval). 由此我们得到下面的结论.

定理 6.4.1（正态分布 X 的数学期望 EX 的置信区间表示）

1° 设 X 是一正态分布，其方差 $DX=\sigma^2$ 为已知，$(X_1,X_2,\cdots,X_n)$是总体 X 的随机样本，如数 $u_{\frac{\alpha}{2}}$ 满足 $\Phi(u_{\frac{\alpha}{2}})=1-\frac{\alpha}{2}$（其中 $\Phi(x)$为标准正态分布的分布函数），则我们可以得到 X 的数学期望 EX 的**置信度**为 $1-\alpha$ 的**置信区间**为

$$\left(\overline{X}-u_{\frac{\alpha}{2}}\frac{\sigma}{\sqrt{n}},\ \overline{X}+u_{\frac{\alpha}{2}}\frac{\sigma}{\sqrt{n}}\right).$$

2° 设 X 是一随机变量，具有数学期望 EX 与方差 DX，且 $DX=\sigma^2$ 为已知，$(X_1,X_2,\cdots,X_n)$是总体 X 的一个大样本（如 $n\geqslant 50$）. 则 1°中结论仍成立.

证 1° 已证.

2° 利用定理 6.3.6 之 1°，再按本定理 1°相同的方法可证.

例 6.4.1 设某机器零件的平均高度服从正态分布 $N(\mu,0.4^2)$，现从中抽取 20 只零件，算得 $\bar{x}=32.3$ 毫米，求此零件平均高度 μ 的置信度为 95% 的置信区间.

解 已知 $\sigma=0.4$，$\alpha=0.05$，$\bar{x}=32.3$，易查得 $u_{0.025}=1.96$，又 $n=20$，故所求置信区间为

$$\left(32.3-1.96\times\frac{0.4}{\sqrt{20}},\ 32.3+1.96\times\frac{0.4}{\sqrt{20}}\right),$$

即(32.12, 32.48).

下面我们介绍一个统计检验问题.

例 6.4.2 某厂自动装包机在正常工作时，每包重量服从正态分布 $N(105,1.5^2)$，今从一批产品中随机检测 9 包结果如下（单位：斤）：104，106，109，104，105，108，108，102，109. 如果认为均方差保持常数 1.5，试讨论该机工作是否正常？

解 首先由已知样本计算得 $\bar{x}=106.1$，看起来 $\bar{x}$ 与 $\mu_0=105$ 相差不大. 但是要判断工作是否正常，则我们就要设法定出一个常数 r，使得当 $|\bar{x}-\mu_0|<r$ 时，认为机器工作正常，反之如 $|\bar{x}-\mu_0|\geqslant r$，则认为机器工作不正常.

如何定出数 r 呢？我们首先假设 $\mu_0=105$，即假设机器工作正常. 在上述假设成立的条件下，则由一个随机样本作一次检验显示机器工作不正常是小概率事件. 然后用"小概率事件在一次试验中是不可能发生的"这个原则以及"拒绝情形小概率"这个具体作法定出 r.

设 $\alpha=0.05$（小概率）

$$\Pr\{|\overline{X}-\mu_0|<r\}=1-\alpha,$$

类似讨论置信区间的过程，我们有

$$U=\frac{\overline{X}-\mu_0}{\sigma/\sqrt{n}}\sim N(0,1),$$

于是

$$\Pr\left\{\left|\frac{\overline{X}-\mu_0}{\sigma/\sqrt{n}}\right|<u_{\frac{\alpha}{2}}\right\}=1-\alpha,$$

由 α 及正态分布表可查得 $u_{\frac{\alpha}{2}}$，得 $r=u_{\frac{\alpha}{2}}\cdot\frac{\sigma}{\sqrt{n}}$. 因此

当 $|\overline{x}-\mu_0|<u_{\frac{\alpha}{2}}\cdot\frac{\sigma}{\sqrt{n}}$ 时，我们接受假设：$\mu_0=105$，认为机器工作正常.

如果 $|\overline{x}-\mu_0|\geqslant u_{\frac{\alpha}{2}}\cdot\frac{\sigma}{\sqrt{n}}$，则我们拒绝原假设，即判断机器工作不正常.

由 $\alpha=0.05, u_{0.025}=1.96, \sigma=1.5, n=9$，得

$$r=1.96\times\frac{1.5}{\sqrt{9}}=0.98,\ |\overline{x}-\mu_0|=106.1-105=1.1>r=0.98.$$

在 $\alpha=0.05$ 情况下，$\overline{x}-\mu_0=1.1\notin(-0.98,0.98)$. 因此，我们说在**显著水平** $\alpha=0.05$ 情况下，认为机器工作不正常或说拒绝原假设.

例 6.4.3（正态分布 $X\sim N(\mu_0,\sigma^2)$，当 σ^2 已知时，检验 $EX=\mu_0$ 的范例）　在上面讨论的自动装包机例子中，试在显著水平 $\alpha=0.01$ 情况下，讨论该机器工作是否正常？

解　(1) **给出原假设** $\mu=\mu_0=105$.

(2) **选择合适的检验统计量**令 $U=\dfrac{\overline{X}-\mu_0}{\sigma/\sqrt{n}}(\sigma=1.5,\ n=9, \mu_0=105)$.

(3) 由 $\alpha=0.01$, $\frac{\alpha}{2}=0.005$, $\Phi\left(u_{\frac{\alpha}{2}}\right)=1-\frac{\alpha}{2}=0.995$，查得**分位数** $u_{\frac{\alpha}{2}}=2.58$.

(4) U 的**接受域**为 $\left(-u_{\frac{\alpha}{2}}, u_{\frac{\alpha}{2}}\right)=(-2.58,2.58)$.

(5) 由已知数据，$\overline{x}=106.1, \mu_0=105, \sigma=1.5, n=9$ 得到一次试验中相应的 U 之值

$$U=\frac{\overline{x}-\mu_0}{\sigma/\sqrt{n}}=2.2\in(-2.58,2.58).$$

(6) 因此，在显著水平 $\alpha=0.01$ 情况下，接受原假设，认为机器工作正常.

注 6.4.1　1° 比较例 6.4.3（显著水平 $\alpha=0.01$）与例 6.4.2（显著水平 $\alpha=0.05$）的情形，得到的结论截然相反. 原因在于，当显著水平 α 由 0.05 变小到 0.01 时，$1-\frac{\alpha}{2}$ 由 0.975 增至 0.995. 相应地，$\overline{X}-105$ 的接受域由 $(-0.98,0.98)$ 扩大为 $(-1.29,1.29)$，而由样本得到的统计量的值 $\overline{x}-105=1.1$ 未改变. 或者说当显著水平由 0.05 变小到 0.01 时，U 的接受域由 $(-1.96,1.96)$ 扩大为 $(-2.58,2.58)$，而由样本得到的统计量的值 $U=2.2$ 未改变.

2° 例 6.4.3 中的检验方法对一般的随机变量的大样本情形也适用.

习 题 6

(A)

1. 一群 110 个死亡男性对象的死因的医学调查资料如下：

死因	死亡时年龄/岁		
	40 以下	40～60	60 以上
心脏病	4	9	14
癌症	2	4	8
中风	1	2	5
流感或肺炎	0	1	2
糖尿病	1	0	1
肺结核	0	1	0
其他	17	14	24

如果随机选取一个对象，求下列事件的概率.

(1) 死于癌症？

(2) 40～60 组中死于心脏病？

(3) 属于 60 以上死亡组？

(4) 死于糖尿病？

(5) 死于中风或者心脏病？

(6) 死亡者是 40 岁以下或死于癌症的？

2. 一个盒子里有 4 只红球及 6 只其他的球，求随机抽出的两个球都是红球的概率.

3. 一只骰子连掷 4 次，求 4 次中出现的数字全不相同的概率.

4. 一批 100 只灯泡中有 96 只正品及 4 只次品，从中任取 5 只检验，求恰有 3 只正品 2 只次品的概率.

5. 某城市的电话号码由 0,1,2,…,9 这十个数字中任意 7 位数字组成，随机选取一户的电话号码. 试求下列事件的概率.

(1) 数字各不相同(事件 A)；

(2) 不含 3 和 7(事件 B)；

(3) 6 恰好出现三次(事件 C)；

(4) 首位数字不是 0(事件 D).

6. 某班有 35 个学生，假设每人的生日在一年 365 天中每一天都是等可能的. 试求至少有 2 个人在同一天过生日的概率.

7. 设有 5 名男生和 5 名女生随意地排成一行，求男女生恰好能互相间隔开的概率.

8. 5 道选择题，每道题列出 3 个答案，其中只有一个是对的. 某学生全凭猜测，每道题随机选了一个答案，问他恰答对 2 道题的概率.

9. 设 6 件产品中有 2 件次品,采用不放回抽样,每次抽一件,连抽两次,记 A 为第一次抽到正品的事件,B 为第二次抽到正品的事件,试求 $P(A)$,$P(AB)$,$P(B|A)$,$P(B)$,$P(\bar{B})$.

10. 设有 120 个学生,80 个人选修法语,60 个人选修数学,20 个人同时选修法语和数学,现随机选择一学生,如果假设他已选修了数学,问此人选修法语的概率.

11. 仓库中备有甲地供应的毛胚 80 件和乙地供应的毛胚 16 件,今任意取 2 件加工(作两次抽取,每次抽取一件,第一次取出后不放回).

(1) 求加工的两件都是用甲地的毛胚的概率;

(2) 已知加工的两件中有一件是甲地的毛胚,求加工的两件全是甲地的毛胚的概率.

12. 某系学生中男生占 55%,女生占 45%.学生会为了通过一项提议,采用全体学生参加投票表决的方法,据资料可以相信,男生中的 60%将赞成此项提议,女生中的 30%将赞成此项提议,求此项提议被表决通过的概率.

13. 在一批电子元件中,甲类占 80%,乙类占 12%,丙类占 8%,这三类元件的使用寿命能达到指定要求的概率分别是 0.9,0.8,0.7. 今任取一个元件,求使用寿命能达到指定寿命的概率.

14. 在数字通讯中,信号由数字 0 和 1 的序列构成.已知信号 0 发出的概率为发出信号 1 的 1.5 倍,又由于外界随机干扰,接收到的信号可能出错,发出 0 收到 1,或发出 1 收到 0,假定这两种错收的概率分别是 0.1 和 0.2.

(1) 求收到信号 0 的概率.

(2) 已知收到信号 1 时,求发出的信号也是 1 的概率.

15. 设有甲乙两位身体健康的长寿老人,假设甲至少能再活 20 年的概率是$\frac{1}{2}$,乙至少能再活 20 年的概率是$\frac{1}{3}$,求下列事件的概率.

(1) 甲、乙两位老人都能至少再活 20 年的概率;

(2) 至少有一位老人能至少再活 20 年的概率;

(3) 只有甲能至少再活 20 年的概率;

(4) 两人都不能至少再活 20 年的概率.

16. 6 个独立工作的元件中,每一元件损坏的概率都是 p.如果将这 6 个元件两两串联之后再并联成一个电路,求此电路能够通畅的概率.

17. 盒中有 6 只灯泡,其中 2 只是废品.现从中随机取出 3 只灯泡,则抽出的废品灯泡数 X 是一随机变量.试求 X 的分布函数 $F(x)$,并求 $\Pr\{X>1\}$,$\Pr\{0<X\leqslant 2\}$.

18. 已知 $X\sim\begin{pmatrix}0 & 1 & 2\\ 0.1 & 0.7 & 0.2\end{pmatrix}$,求 X 的分布函数.

19. 已知 X 的分布函数 $F(x)=\begin{cases}0, & x<0,\\ \frac{1}{3}, & 0\leqslant x<2,\\ \frac{2}{3}, & 2\leqslant x<3,\\ 1 & x\geqslant 3,\end{cases}$ 求 X 的分布列.

20. 设有 12 台独立运行的机器,在半小时内每台机器出故障的概率都是 0.1,求机器出故障的台数不超过 2 的概率.

21. 设连续型随机变量 X 的密度为

$$p(x)=\frac{A}{e^{x}+e^{-x}} \qquad (-\infty<x<\infty),$$

试求(1)常数 A；(2) $\Pr\left\{0<X<\frac{1}{2}\ln 3\right\}$；(3) 分布函数 $F(x)$.

22. 设连续型随机变量 X 的分布函数为

$$F(x)=\begin{cases}0, & x\leqslant -a,\\ A+B\arcsin\dfrac{x}{a}, & -a<x\leqslant a, \qquad a>0,\\ 1, & x>a,\end{cases}$$

求(1) 常数 A,B；(2) $\Pr\left\{|X|<\frac{a}{2}\right\}$，(3) 密度 $p(x)$.

23. 设随机变量 X 的密度为

$$p(x)=\begin{cases}x, & 0\leqslant x\leqslant 1,\\ 2-x, & 1<x\leqslant 2,\\ 0, & \text{其他},\end{cases}$$

求(1) X 的分布函数 $F(x)$；(2) $\Pr\{X\leqslant 1.5\}$；(3) $\Pr\{0.5<X<1.7\}$；(4) $\Pr\{X>0.4\}$；(5) 试画出 $p(x)$ 及 $F(x)$ 的草图.

24. 设随机变量 X 的分布函数为

$$F(x)=\begin{cases}0, & x<0,\\ x, & 0\leqslant x<1,\\ 1, & x\geqslant 1,\end{cases}$$

求 X 的密度 $p(x)$，且画出 $p(x)$ 与 $F(x)$ 的图形.

25. 设随机变量 $X\sim N(0,1)$，计算

(1) $\Pr\{0.02<X<2.33\}$；

(2) $\Pr\{-2.8<X<-1.21\}$；

(3) 求 a,b,c 使得 $\Pr\{|X|<a\}=0.96$，$\Pr\{X>-b\}=0.96$，$\Pr\{X<c\}=0.96$.

26. 设随机变量 $X\sim N(108,9)$，求

(1) $\Pr\{101.1<X<117.6\}$；

(2) a，使得 $\Pr\{|X-a|>a\}=0.01$；

(3) a，使得 $\Pr\{X<a\}=0.20$.

27. 设一种竞赛的成绩 $X\sim N(76,15^2)$，按规则决定其中 15% 可获一等奖，10% 没有任何奖励，问应如何划出所需要的分数线？

28. 设随机变量 $X\sim\begin{pmatrix}1 & 2 & 3\\ 0.1 & 0.7 & 0.2\end{pmatrix}$，求

(1) $Y=X^2+2$，$Z=\dfrac{1}{X}$ 的分布列；

(2) EX,EY,EZ,DX,DY.

29. 西方的一种赌博游戏轮盘赌装置含有一个轮盘及一只球，轮盘划分为 38 小块，其中 18 块是红色的，18 块是黑色的，2 块既非红色也非黑色，分别画上 0 及 00. 某人以 1 元赌黑色的，

轮子旋转后,如球落入此人所选择的黑色小块区域,则此人可收取 2 元(即获利 1 元),否则此人空手而归.

(1) 求出游戏对此人的期望值;

(2) 如果此人下注了 100 次,其期望值是多少?

30. 设随机变量 X 的密度为

$$p(x)=\begin{cases}1+x, & -1\leqslant x<0,\\ 1-x, & 0\leqslant x<1,\\ 0, & \text{其他},\end{cases}$$

求 EX,DX.

31. 设随机变量 X 的密度为

$$p(x)=\begin{cases}a+bx^2, & 0\leqslant x<1,\\ 0, & \text{其他},\end{cases}$$

又已知 $EX=\frac{3}{5}$,求 a,b 的值.

32. 设随机变量 X,Y 相互独立,$X\sim N(0,1)$,$Y\sim N(-2,1)$,求

(1) $Z=2X+Y$ 的密度;

(2) $\Pr\{|2X+Y|<\sqrt{5}\}$.

33. 某炮群对敌方目标进行多次炮击,在每次射击中,炮弹命中目标的数学期望值为 2,均方差为 1.5,求射击 100 次时,命中目标的炮弹颗数在 180 颗到 220 颗之间的概率近似值.

34. 一复杂系统由 n 个相互独立起作用的部件组成,每个部件的可靠性(即部件正常工作的概率)为 0.9,且必须至少 80% 的部件工作才能使整个系统工作,问

(1) n 至少为多大时,才能使系统的可靠性不低于 0.95?

(2) 如果该系统由 85 个部件组成,则该系统的可靠性是多少?

(B)

1. 某年级新来 15 名学生,其中有 3 名优秀运动员,现将这 15 名学生任意平均分到三个班中去,试求下列事件的概率.

(1) 每个班各分到一名优秀运动员(事件 A);

(2) 三名优秀运动员分在同一班(事件 B).

2. 某人有 n 把外形相似的钥匙,其中只有一把可打开家门,某日酒醉后回家,每次从这几把钥匙中任取一把去开门.试求此人在第 k 次才把门打开的概率.若他逐把无放回地试开,其结果又如何?

3. 同时掷两颗骰子.

(1) 求至少出现一个 4 点的情况下两个点数之和是偶数的概率;

(2) 求两个点数之和是偶数的概率.

4. 继续上题.

(1) 求两个点数之和是 7 的概率;

(2) 求至少出现一个 4 点的情况下两个点数之和是 7 的概率.

5. 一医生知道某种疾病患者的自然痊愈率为 0.25,为了试验一种新药是否有效,把它给 10

个病人服用，他事先决定，若这 10 人中至少有 4 人治好，则认为此药有效. 求(1)虽然新药有效，把痊愈率提高为 0.35，但通过试验却被否定的概率；(2)新药完全无效，但通过试验判为有效的概率.

6. 设 $X \sim \begin{pmatrix} -1 & 0 & 1 \\ 0.2 & 0.7 & 0.1 \end{pmatrix}$，$Y \sim \begin{pmatrix} -1 & 0 & 1 \\ 0.1 & 0.7 & 0.2 \end{pmatrix}$，求 $E(X^2 + Y^2)$.

7. 设轰炸机向敌方某铁路投弹，炸弹落地点与铁路距离 X 的密度函数为

$$p(x) = \begin{cases} \dfrac{100 - |X|}{10000}, & |X| \leqslant 100, \\ 0, & |X| > 100, \end{cases}$$

若炸弹落在铁路两旁 40 公里内，将使敌方铁路交通受到破坏，现投弹 3 颗，求敌方铁路受到破坏的概率.

8. 假设用户打一次公用电话所用时间 X(单位：分)服从 $\lambda = \dfrac{1}{10}$ 的指数分布 $E(\lambda)$，若甲刚好在乙之前走进公用电话亭，试求下列事件的概率(1) 乙等待 10 分钟以上；(2) 乙已等了 10 分钟，还需再等 10 分钟以上.

9. 一工厂生产的某种设备的寿命 X(以年计)服从指数分布，密度函数为

$$p(x) = \begin{cases} \dfrac{1}{4} e^{-\frac{x}{4}}, & x > 0, \\ 0, & x \leqslant 0. \end{cases}$$

工厂规定，出售的设备在售出一年之内损坏可予以调换. 若工厂售出一台设备赢利 100 元，调换一台设备厂方需花费 300 元. 试求厂方出售一台设备的赢利数学期望.

10. 已知 10 件产品中有 3 件是次品，今从中任取 3 件产品，以 X 记其中的次品数，求 $E(X)$.

11. 设某种清漆的 9 个样品，其干燥时间以小时计分别为 6.0，5.7，5.8，6.5，7.0，6.3，5.6，6.1，5.0. 设干燥时间母体服从正态分布 $N(\mu, \sigma^2)$，且由以往经验知 $\sigma = 0.6$(小时)，求 μ 的置信度为 0.95 的置信区间.

12. 设在原工艺条件下产品质量指标服从正态分布 $N(5, 0.1^2)$. 今试用新工艺，测得容量 $n = 100$ 的样本，其样本均值 $\bar{x} = 4.975$，如果认为新工艺未改变分布的方差，试以显著水平 $\alpha = 5\%$ 检验，新工艺条件下，质量指标的数学期望值仍等于 5.

第 7 章　线性方程组与矩阵

这一章中,我们将从解二元线性方程组的消元法得到启发,引进矩阵这一非常有用的数学工具,并类似于普通的实数运算定义矩阵运算,进而利用矩阵运算讨论、研究如何求解线性方程组的一般方法.本章最后,我们还将对线性代数中另一基本概念行列式作简单介绍,供有兴趣的读者阅读参考.

7.1　解线性方程组的高斯消元法

我们知道,实平面 $\mathbf{R}^2$ 上的一条直线 L 的方程

$$ax + by + c = 0$$

是包含两个未知数 x,y 的一次方程,也称二元线性方程(linear equation with two variables).直线 L 的图形即$\{(x,y):x,y$ 满足 $ax+by+c=0\}$是方程 $ax+by+c=0$ 的解集,是 $\mathbf{R}^2$ 的一个真子集.

显然,由两个线性方程

$$a_1x + b_1y + c_1 = 0$$

及

$$a_2x + b_2y + c_2 = 0$$

组成的线性方程组的解集是 $a_1x+b_1y+c_1=0$ 的解集与 $a_2x+b_2y+c_2=0$ 的解集的交集,如何求解这个交集呢?我们从具体例子入手.

例 7.1.1　某班学生总数 160 人,由修读某门课程的成绩单知,男生中有 15% 的人得 A,女生中有 20% 的人得 A,该班得 A 的学生总数为 27 人,问该班男、女生各有多少人?

解　设该班男生人数为 x,女生人数为 y,则可得二元线性方程组

$$\begin{cases} 0.15x + 0.2y = 27, \\ x + y = 160. \end{cases}$$

解法一　我们用作图的方法,求出两条直线的交集,有三种可能.

a. 两条直线恰有一个交点,交点的坐标(x,y)即为方程组的解.但是,一般作图法不一定能求得精确解.

b. 两条直线重合.此时直线上的任一点的坐标(x,y)均是解.

c. 两条直线平行而不重合.此时方程组无解.

解法一这种方法称为几何方法.在数学问题的讨论、研究中有重要作用,虽然

有时得到的定量结果不够精确,但往往能得到或帮助猜出一些重要的定性性质(当然有时还要加以严格证明),同学们在学习中值得经常加以体会.但要注意,此法对 n 元($n>3$)方程组,已完全不可行.

解法二　变量代换法

由方程 $x+y=160$ 得 $x=160-y$,代入第一个方程,得

$$0.15(160-y)+0.2y=27,$$

化简得 $0.05y=3$,故 $y=60$,进而得到 $x=160-60=100$.

解法三　高斯消元法(Gauss elimination method)

我们首先交换两个方程的位置,得同解方程组

$$\begin{cases} x+y=160, & (1)\\ 0.15x+0.2y=27, & (2)\end{cases}$$

保留式(1),式(2)+(-0.15)×式(1),得同解方程组

$$\begin{cases} x+y=160, & (3)\\ 0.05y=3, & (4)\end{cases}$$

保留式(3),将式(4)遍乘 20 得同解方程组

$$\begin{cases} x+y=160, & (5)\\ y=60, & (6)\end{cases}$$

保留式(6),式(5)+(-1)×式(6)得同解方程组

$$\begin{cases} x+0y=100,\\ 0x+y=60,\end{cases}$$

故 $x=100, y=60$.

注 7.1.1 (解线性方程组的高斯消元法的矩阵写法, C. Gauss, 1777～1855, 德国人)　例 7.1.1 中的法一提供了解集本质的说明,但作为具体实施求解方法,不能推广到四元以上方程组的情形.

解法二本质上与解法三一样,也是逐步消元法.但对多元线性方程组,变量代换的过程将会变得十分复杂.而在实际应用中碰到的线性方程组包含的未知数的个数较多,所含的方程的数量也可能较大,因此一般求解线性方程组需要借助计算机.解法三所使用的计算过程正是使用计算机求解线性方程组的一个适用的有效方法.

解法三的过程中我们反复使用了解线性方程组的下述所谓**初等变换**而保持方程组的同解性.

1. 交换方程组中任意两个方程的位置;
2. 方程组的任意一个方程可遍乘一个非零常数;
3. 任一方程可代之以此方程加上另一个方程的常数倍.

我们使用上述初等变换的目标是逐步把原方程组化为同解的最简单的阶梯形

方程组.如上面例子的最后情形就是常见的情形之一:第一个方程中第一个未知数前系数为 1,其余未知数前的系数为 0;第二个方程中第二个未知数前的系数为 1,其余未知数前的系数为 0;….

显然,利用上述初等变换解线性方程组的每一过程中我们可以不写未知数,而只写未知数前的系数与右边的常数项,且每一过程加上一个括号.于是全过程如下

$$\begin{pmatrix}0.15 & 0.2 & \vdots & 27\\ 1 & 1 & \vdots & 160\end{pmatrix}\xrightarrow{L_1\leftrightarrow L_2}\begin{pmatrix}1 & 1 & \vdots & 160\\ 0.15 & 0.2 & \vdots & 27\end{pmatrix}$$

$$\xrightarrow{L_2-0.15L_1}\begin{pmatrix}1 & 1 & \vdots & 160\\ 0 & 0.05 & \vdots & 3\end{pmatrix}\xrightarrow{20L_2}\begin{pmatrix}1 & 1 & \vdots & 160\\ 0 & 1 & \vdots & 60\end{pmatrix}$$

$$\xrightarrow{L_1-L_2}\begin{pmatrix}1 & 0 & \vdots & 100\\ 0 & 1 & \vdots & 60\end{pmatrix},$$

故最后得原方程组的同解方程组 $x=100, y=60$. 此即原方程组的解.

上述过程中的 L_1 表示第一行的所有数,L_2 含义类似,其他记号的含义是明显的.

前面的$\begin{pmatrix}0.15 & 0.2\\ 1 & 1\end{pmatrix}$称为相应方程组的系数矩阵.$\begin{pmatrix}0.15 & 0.2 & 27\\ 1 & 1 & 160\end{pmatrix}$称为相应方程组的增广矩阵.用高斯消元法解方程组的过程就是设法用矩阵的初等行变换把方程组的增广矩阵化为最后的最简单的阶梯形矩阵.矩阵的**初等行变换**是指

1. 交换矩阵中的两行;
2. 矩阵中任一行可遍乘一个非零常数;
3. 矩阵中的任一行可代之以此行加上另一行的常数倍.

关于高斯消元法,现再举一例示之

例 7.1.2　解线性方程组 $\begin{cases}2x_1+2x_2-3x_3=9\\ x_1+2x_2+x_3=4\\ 3x_1+9x_2+2x_3=19\end{cases}$.

解

$$\begin{pmatrix}2 & 2 & -3 & \vdots & 9\\ 1 & 2 & 1 & \vdots & 4\\ 3 & 9 & 2 & \vdots & 19\end{pmatrix}\xrightarrow{L_2\leftrightarrow L_1}\begin{pmatrix}1 & 2 & 1 & \vdots & 4\\ 2 & 2 & -3 & \vdots & 9\\ 3 & 9 & 2 & \vdots & 19\end{pmatrix}$$

$$\xrightarrow[L_3-3L_1]{L_2-2L_1}\begin{pmatrix}1 & 2 & 1 & \vdots & 4\\ 0 & -2 & -5 & \vdots & 1\\ 0 & 3 & -1 & \vdots & 7\end{pmatrix}\xrightarrow[2L_3]{3L_2}\begin{pmatrix}1 & 2 & 1 & \vdots & 4\\ 0 & -6 & -15 & \vdots & 3\\ 0 & 6 & -2 & \vdots & 14\end{pmatrix}$$

$$\xrightarrow[-\frac{1}{3}L_2]{L_3+L_2}\begin{pmatrix}1 & 2 & 1 & \vdots & 4\\ 0 & 2 & 5 & \vdots & -1\\ 0 & 0 & -17 & \vdots & 17\end{pmatrix}\xrightarrow{-\frac{1}{17}L_3}\begin{pmatrix}1 & 2 & 1 & \vdots & 4\\ 0 & 2 & 5 & \vdots & -1\\ 0 & 0 & 1 & \vdots & -1\end{pmatrix}$$

$$\xrightarrow{L_2-5L_3}\left(\begin{array}{ccc:c}1&2&1&4\\0&2&0&4\\0&0&1&-1\end{array}\right)\xrightarrow[\frac{1}{2}L_2]{L_1-L_2}\left(\begin{array}{ccc:c}1&0&1&0\\0&1&0&2\\0&0&1&-1\end{array}\right)$$

$$\xrightarrow{L_1-L_3}\left(\begin{array}{ccc:c}1&0&0&1\\0&1&0&2\\0&0&1&-1\end{array}\right).$$

因此,方程组的解为 $x_1=1,x_2=2,x_3=-1$.

注意,任意给定的一个线性方程组不一定有解(见例 7.3.3),即使有解,解也不必惟一(见例 7.3.1,例 7.3.2).

7.2 矩阵与矩阵运算

注 7.1.1 中的矩阵$\begin{pmatrix}0.15&0.2&27\\1&1&160\end{pmatrix}$有两行三列,例如,第一行指(0.15 0.2 27),第三列指$\begin{pmatrix}27\\160\end{pmatrix}$,此矩阵称为 2×3 矩阵.

下面我们将给出矩阵与矩阵运算(matrix and matrix operation)的一般定义.这里我们指出,矩阵作为一种计算方法的工具,在广泛的不同领域,如经济学、心理学、统计学、工程学、物理学及数学的很多分支中都有应用.由前面的注 7.1.1 及例 7.1.2,我们已初步见到矩阵在研究线性方程组时的重要作用.

定义 7.2.1 (矩阵) 一个 m 行 n 列**矩阵 $\boldsymbol{A}$** 是指

$$\boldsymbol{A}=\begin{bmatrix}a_{11}&a_{12}&\cdots&a_{1n}\\a_{21}&a_{22}&\cdots&a_{2n}\\\vdots&\vdots&&\vdots\\a_{m1}&a_{m2}&\cdots&a_{mn}\end{bmatrix},$$

其中所有的 a_{ij} 均是实数.我们也可把矩阵 $\boldsymbol{A}$ 的上述表示中方括号改为圆括号表示.上述矩阵 $\boldsymbol{A}$ 也可简单地记为 $\boldsymbol{A}=[a_{ij}]$ 或 $\boldsymbol{A}=(a_{ij})$. m 行 n 列矩阵常简称为 $m\times n$ 矩阵.

特别地,$n\times n$ 矩阵称为 n 阶方阵,只有一行(row)的矩阵称为**行向量**,只有一列(column)的矩阵称为**列向量**(这与第 1 章中的 $\mathbf{R}^n$ 中元素称为向量相一致).

矩阵可以看成数的推广,它在应用中之所以有用,主要是由于可以用某些确定的方法把它们结合起来,这就是我们将要定义的矩阵的运算:矩阵的加法、数乘、矩阵的乘法.读者需要注意矩阵运算具有普通的数的运算的某些规则,但不是所有的规则.

如果固定任意的 m,n,我们在所有的 $m\times n$ 矩阵所组成的集合 M 上定义加法与数乘两种运算以后，则 M 将成为一实线性空间.

定义 7.2.2（矩阵的加法，数乘）　设 $\boldsymbol{A},\boldsymbol{B}\in M$，$\boldsymbol{A}=(a_{ij})$，$\boldsymbol{B}=(b_{ij})$，类似于 $\mathbf{R}^n$ 中向量的加法与数乘的定义，我们作如下规定：

1° 当 $\boldsymbol{A}$ 与 $\boldsymbol{B}$ 中每一对应的元素相同时，即 $a_{ij}=b_{ij}$，$i=1,\cdots,m,j=1,\cdots,n$. 则说 $\boldsymbol{A}$ 与 $\boldsymbol{B}$ 相等，记为 $\boldsymbol{A}=\boldsymbol{B}$；

2° $\boldsymbol{A}+\boldsymbol{B}$ 定义为 $\boldsymbol{A}+\boldsymbol{B}=(c_{ij})$，其中 $c_{ij}=a_{ij}+b_{ij}$，$i=1,\cdots,m,j=1,\cdots,n$. 矩阵 $\boldsymbol{A}+\boldsymbol{B}$ 称为**矩阵 $\boldsymbol{A}$ 与 $\boldsymbol{B}$ 之和**；

3° $a\boldsymbol{A}$ 定义为 (aa_{ij})，$i=1,\cdots,m,j=1,\cdots,n$（$a$ 为任意实数）. 矩阵 $a\boldsymbol{A}$ 称为**数 a 与矩阵 $\boldsymbol{A}$ 的数量乘积**（简称为数乘）.

当所有 $a_{ij}=0$ 时，记 $\boldsymbol{A}=\boldsymbol{O}$，称为零矩阵，视为 M 中的零元素. 易验证 M 按上面定义的加法与数乘，满足线性空间的八条性质.

加法与数乘举例如下：

令

$$\boldsymbol{A}=\begin{pmatrix}1 & 2\\ 0 & 4\end{pmatrix},\ \boldsymbol{B}=\begin{pmatrix}-1 & -2\\ 0 & -4\end{pmatrix},\quad \boldsymbol{C}=\begin{pmatrix}3 & 4 & 5\\ 1 & 2 & 6\end{pmatrix},$$

则

$$\boldsymbol{A}+\boldsymbol{B}=\begin{pmatrix}1+(-1) & 2+(-2)\\ 0+0 & 4+(-4)\end{pmatrix}=\begin{pmatrix}0 & 0\\ 0 & 0\end{pmatrix},$$

$$k\boldsymbol{C}=\begin{pmatrix}3k & 4k & 5k\\ k & 2k & 6k\end{pmatrix}.$$

为了定义两个矩阵的乘法，我们首先定义两个向量的乘法. 这是最简单的矩阵乘法. 同时，我们定义两个向量的内积.

定义 7.2.3（向量的乘法与向量的内积）　设 $\boldsymbol{\alpha}$ 是 $1\times n$ 矩阵，即 n 维行向量，$\boldsymbol{\beta}$ 是 $n\times 1$ 矩阵，即 n 维列向量. 令

$$\boldsymbol{\alpha}=(a_1,a_2,\cdots,a_n),\quad \boldsymbol{\beta}=\begin{pmatrix}b_1\\ b_2\\ \vdots\\ b_n\end{pmatrix}.$$

为了表示清楚，我们在行向量的各分量之间加了逗号. 我们定义行向量 $\boldsymbol{\alpha}$ 与列向量 $\boldsymbol{\beta}$ 的乘积 $\boldsymbol{\alpha\beta}$ 为一实数，$\boldsymbol{\alpha\beta}=a_1b_1+a_2b_2+\cdots+a_nb_n$，注意，$\boldsymbol{\alpha}$ 的列数与 $\boldsymbol{\beta}$ 的行数相同，且 $\boldsymbol{\alpha}$ 在左边，$\boldsymbol{\beta}$ 在右边. 如果

$$\boldsymbol{\alpha}=(a_1,a_2,\cdots,a_n),\quad \boldsymbol{x}=(x_1,x_2,\cdots,x_n),$$

则 $\boldsymbol{\alpha},\boldsymbol{x}\in\mathbf{R}^n$，令

$$\langle \boldsymbol{\alpha}, \boldsymbol{x} \rangle = \boldsymbol{\alpha}\boldsymbol{x}^{\mathrm{T}} = a_1x_1 + a_2x_2 + \cdots + a_nx_n,$$

其中

$$\boldsymbol{x}^{\mathrm{T}} = \begin{pmatrix} x_1 \\ x_2 \\ \vdots \\ x_n \end{pmatrix}.$$

我们称$\langle \boldsymbol{\alpha}, \boldsymbol{x} \rangle$为向量 $\boldsymbol{\alpha}$ 与向量 $\boldsymbol{x}$ 的**内积**(或**点积**),显然$\langle \boldsymbol{x}, \boldsymbol{\alpha} \rangle$也有意义且$\langle \boldsymbol{\alpha}, \boldsymbol{x} \rangle = \langle \boldsymbol{x}, \boldsymbol{\alpha} \rangle$. 当$\langle \boldsymbol{\alpha}, \boldsymbol{\beta} \rangle = 0$ 时,我们称 $\boldsymbol{\alpha}, \boldsymbol{\beta}$ 直交.

例如

$$\boldsymbol{\alpha} = (1,2,3), \quad \boldsymbol{\beta} = \begin{pmatrix} 2 \\ 1 \\ 4 \end{pmatrix}, \quad \boldsymbol{r} = (3,7,5),$$

则

$$\boldsymbol{\alpha}\boldsymbol{\beta} = 1 \times 2 + 2 \times 1 + 3 \times 4 = 16, \quad \langle \boldsymbol{\alpha}, \boldsymbol{r} \rangle = 1 \times 3 + 2 \times 7 + 3 \times 5 = 32.$$

注意,如果 $\boldsymbol{s} = (0,1)$, $\boldsymbol{\alpha}$ 如上,则$\langle \boldsymbol{\alpha}, \boldsymbol{s} \rangle$无定义,即 $\boldsymbol{\alpha}$ 与 $\boldsymbol{s}^{\mathrm{T}}$ 的乘积不能定义.

下面的几个向量是 $\mathbf{R}^n$ 中一组特殊的向量.

设 $\boldsymbol{e}_i \in \mathbf{R}^n$, $i = 1, \cdots, n$,其中

$$\boldsymbol{e}_1 = (1,0,\cdots,0), \quad \boldsymbol{e}_2 = (0,1,0,\cdots,0), \quad \boldsymbol{e}_n = (0,\cdots,0,1),$$

则

$$\langle \boldsymbol{e}_i, \boldsymbol{e}_j \rangle = 0 \qquad (i \neq j),$$

这表明当 $i \neq j$ 时, $\boldsymbol{e}_i$ 与 $\boldsymbol{e}_j$ 直交. 当 $n = 2, 3$ 时,向量的直交与几何中的垂直是一致的. 因为可以证明 $\mathbf{R}^n$ 中任一元素 $\boldsymbol{x} = (x_1, \cdots, x_n)$可惟一表示为

$$\boldsymbol{x} = x_1\boldsymbol{e}_1 + x_2\boldsymbol{e}_2 + \cdots + x_n\boldsymbol{e}_n,$$

故向量组$\{\boldsymbol{e}_1, \boldsymbol{e}_2, \cdots, \boldsymbol{e}_n\}$称为空间 $\mathbf{R}^n$ 的自然基底, $x_1, x_2, \cdots, x_n$ 称为 x 在上述基底下的坐标,它们是平面直角坐标系与空间直角坐标系的自然推广.

在定义 7.2.3 中,如果让 $\boldsymbol{x}$ 在 $\mathbf{R}^n$ 上变化, $\boldsymbol{\alpha}$ 在 $\mathbf{R}^n$ 中固定,则$\langle \boldsymbol{\alpha}, \boldsymbol{x} \rangle$是 $\mathbf{R}^n$ 到 $\mathbf{R}$ 的一个函数. 按定义,易验证$\langle \boldsymbol{\alpha}, \boldsymbol{x} \rangle$是 $\mathbf{R}^n$ 上的一个线性泛函.

下面定义一般的矩阵乘法.

定义 7.2.4 (矩阵的乘法) 设 $\boldsymbol{A}$ 是 $m \times n$ 矩阵, $\boldsymbol{B}$ 是 $n \times l$ 矩阵,我们定义 $\boldsymbol{A}$ 与 $\boldsymbol{B}$ 的**乘积** $\boldsymbol{AB}$ 为 $m \times l$ 矩阵, $\boldsymbol{AB}$ 中的元素 c_{ij} 是 $\boldsymbol{A}$ 的第 i 个行向量与 $\boldsymbol{B}$ 的第 j 个列向量的乘积, $i = 1, \cdots, m$, $j = 1, \cdots, l$.

例如,设 $\boldsymbol{A}$ 是 3×4 矩阵

$$\boldsymbol{A} = \begin{pmatrix} 1 & 0 & 2 & -1 \\ 0 & 1 & -1 & 3 \\ -1 & 2 & 0 & 1 \end{pmatrix},$$

$\boldsymbol{B}$ 为 4×2 矩阵

$$\boldsymbol{B}=\begin{pmatrix}1&2\\2&1\\0&3\\1&4\end{pmatrix},$$

则 $\boldsymbol{AB}$ 是 3×2 矩阵. 设 $\boldsymbol{AB}=(c_{ij})$,则

$$c_{11}=(1,0,2,-1)\begin{pmatrix}1\\2\\0\\1\end{pmatrix}=0,\ \cdots,c_{32}=(-1,2,0,1)\begin{pmatrix}2\\1\\3\\4\end{pmatrix}=4,\ \boldsymbol{AB}=\begin{pmatrix}0&4\\5&10\\4&4\end{pmatrix}.$$

与行向量和列向量的乘法相类似,一般地,矩阵 $\boldsymbol{A}$ 和 $\boldsymbol{B}$ 的乘法不满足交换律. $\boldsymbol{AB}$ 可定义时,$\boldsymbol{BA}$ 不必一定有定义,即使 $\boldsymbol{BA}$ 也有定义,也不必有 $\boldsymbol{AB}=\boldsymbol{BA}$ 成立.

例如,$\boldsymbol{A}=\begin{pmatrix}1&2&3\\2&-1&1\\0&2&4\end{pmatrix}$, $\boldsymbol{B}=\begin{pmatrix}2&1&-1\\0&2&1\\1&0&-2\end{pmatrix}$, 则

$\boldsymbol{AB}=\begin{pmatrix}5&5&-5\\5&0&-5\\4&4&-6\end{pmatrix}$, $\boldsymbol{BA}=\begin{pmatrix}4&1&3\\4&0&6\\1&-2&-5\end{pmatrix}$. 显然,$\boldsymbol{AB}\neq\boldsymbol{BA}$.

注意,当 $\boldsymbol{A},\boldsymbol{B}$ 均是 n 阶方阵时,则 $\boldsymbol{AB},\boldsymbol{BA}$ 均可定义. 特别地,如 $\boldsymbol{A}$ 是 $n\times n$ 矩阵,则 $\boldsymbol{AA},\boldsymbol{AAA},\cdots$等均可定义,且可分别记为 $\boldsymbol{A}^2,\boldsymbol{A}^3$ 等.

对角线上元素均为 1,其余元素均为 0 的方阵称为单位方阵,一般记为 $\boldsymbol{I}$. 如二阶单位方阵 $\boldsymbol{I}=\begin{pmatrix}1&0\\0&1\end{pmatrix}$, 三阶单位方阵 $\boldsymbol{I}=\begin{pmatrix}1&0&0\\0&1&0\\0&0&1\end{pmatrix}$. 设 $\boldsymbol{A}$ 为 $m\times n$ 矩阵,当 $\boldsymbol{I}$ 为 $m\times m$ 矩阵时,则 $\boldsymbol{IA}=\boldsymbol{A}$;当 $\boldsymbol{I}$ 为 $n\times n$ 矩阵时,则 $\boldsymbol{AI}=\boldsymbol{A}$;当 $\boldsymbol{I}$ 与 $\boldsymbol{A}$ 为同阶方阵时,则 $\boldsymbol{IA}=\boldsymbol{AI}=\boldsymbol{A}$.

关于矩阵的乘法,当乘积有定义时,可以证明有下列运算规律:

定理 7.2.1 (矩阵乘法的规律)　当下面的矩阵运算有定义时,则有

1° 乘法结合律 $(\boldsymbol{AB})\boldsymbol{C}=\boldsymbol{A}(\boldsymbol{BC})$;

2° 分配律 $(\boldsymbol{A}+\boldsymbol{B})\boldsymbol{C}=\boldsymbol{AC}+\boldsymbol{BC},\boldsymbol{C}(\boldsymbol{A}+\boldsymbol{B})=\boldsymbol{CA}+\boldsymbol{CB}$;

3° $a(\boldsymbol{AB})=(a\boldsymbol{A})\boldsymbol{B}=\boldsymbol{A}(a\boldsymbol{B})$.

特别地,设 $\boldsymbol{A}$ 为 $m\times n$ 矩阵,$\boldsymbol{x}=\begin{pmatrix}x_1\\x_2\\\vdots\\x_n\end{pmatrix}$, $\boldsymbol{y}=\begin{pmatrix}y_1\\y_2\\\vdots\\y_n\end{pmatrix}$, 则

$$A(ax) = aAx,\ A(x+y) = Ax + Ay,$$

因此 A 是从 $\mathbf{R}^n$ 到 $\mathbf{R}^m$ 的一个线性映射. 注意,此处我们为了应用矩阵的乘法,需要把 $\mathbf{R}^n,\mathbf{R}^m$ 中的任一元素表示为列向量的形式.

进而我们指出,任一线性方程组可借助矩阵乘法简单地表示.

考察下述线性方程组

$$\begin{cases} a_{11}x_1 + a_{12}x_2 + \cdots + a_{1n}x_n = b_1, \\ a_{21}x_1 + a_{22}x_2 + \cdots + a_{2n}x_n = b_2, \\ \cdots\cdots \\ a_{m1}x_1 + a_{m2}x_2 + \cdots + a_{mn}x_n = b_m \end{cases} \tag{1}$$

与

$$\begin{cases} a_{11}x_1 + a_{12}x_2 + \cdots + a_{1n}x_n = 0, \\ a_{21}x_1 + a_{22}x_2 + \cdots + a_{2n}x_n = 0, \\ \cdots\cdots \\ a_{m1}x_1 + a_{m2}x_2 + \cdots + a_{mn}x_n = 0. \end{cases} \tag{2}$$

令

$$\boldsymbol{A} = \begin{pmatrix} a_{11} & a_{12} & \cdots & a_{1n} \\ a_{21} & a_{22} & \cdots & a_{2n} \\ \vdots & \vdots & & \vdots \\ a_{m1} & a_{m2} & \cdots & a_{mn} \end{pmatrix},\ \boldsymbol{x} = \begin{pmatrix} x_1 \\ x_2 \\ \vdots \\ x_n \end{pmatrix},\ \boldsymbol{b} = \begin{pmatrix} b_1 \\ b_2 \\ \vdots \\ b_m \end{pmatrix},\ \boldsymbol{\theta} = \begin{pmatrix} 0 \\ 0 \\ \vdots \\ 0 \end{pmatrix}.$$

则上述线性方程组(1)和(2)可简单表示为

$$\boldsymbol{Ax} = \boldsymbol{b} \quad 及 \quad \boldsymbol{Ax} = \boldsymbol{\theta}.$$

$\boldsymbol{A}$ 称为方程组的系数矩阵,$\boldsymbol{x}$ 为未知数列向量,$\boldsymbol{x}\in\mathbf{R}^n$,$\boldsymbol{b}$ 为已知列向量,$\boldsymbol{b}\in\mathbf{R}^m$,如 $\boldsymbol{b}\neq\boldsymbol{\theta}$,则称 $\boldsymbol{Ax}=\boldsymbol{b}$ 为非齐次线性方程组. 满足 $\boldsymbol{Ax}=\boldsymbol{b}$ 或满足 $\boldsymbol{Ax}=\boldsymbol{\theta}$ 的列向量 $\boldsymbol{x}$ 称为**解向量**. 一个线性方程组的所有解向量的集合简称为**解集**.

由矩阵乘法的运算规律,可知线性方程组的解集有下述性质.

定理 7.2.2 (线性方程组的解集的性质) 设 $\boldsymbol{Ax}=\boldsymbol{b}$ 如上,则按照列向量的加法与数乘,有

1° $\boldsymbol{Ax}=\boldsymbol{\theta}$ 的解集为 $\mathbf{R}^n$ 的一个线性子空间.

2° 设 $\boldsymbol{\alpha},\boldsymbol{\beta}\in\mathbf{R}^n$, $\boldsymbol{A\alpha}=\boldsymbol{\theta}$, $\boldsymbol{A\beta}=\boldsymbol{b}$,则 $\boldsymbol{A}(\boldsymbol{\alpha}+\boldsymbol{\beta})=\boldsymbol{b}$,即非齐次线性方程组 $\boldsymbol{Ax}=\boldsymbol{b}$ 的任一解与对应的齐次线性方程组的任一解之和仍是 $\boldsymbol{Ax}=\boldsymbol{b}$ 的一个解.

3° 设 $\boldsymbol{r}$ 为 $\boldsymbol{Ax}=\boldsymbol{b}$ 的一个解,则 $\boldsymbol{Ax}=\boldsymbol{b}$ 的任一解可表示为 $\boldsymbol{Ax}=\boldsymbol{\theta}$ 的一个解与 $\boldsymbol{r}$ 之和.

读者注意,因为 $\boldsymbol{Ax}=\boldsymbol{b}$ 只是线性方程组(1)的另一种表示,$\boldsymbol{Ax}=\boldsymbol{\theta}$ 只是对应的齐次线性方程组(2)的另一种表示,因此对于线性方程组(1)和(2),不管他们的

解集表示为列向量的集合还是表示为行向量的集合，都具有定理 7.2.2 中叙述的性质.

例 7.2.1　生产三种不同的月饼，设每只月饼含有五种原料 A, B, C, D, E，具体如下表(单位略去)：

品种	成分				
	A	B	C	D	E
甲	3	2	1	1	0
乙	1	1	1	1	1
丙	2	1	2	1	1

1° 如果根据定单，该店需要生产 600 只甲种月饼，750 只乙种月饼，500 只丙种月饼，该店需要每种原料各多少单位？

2° 如果原料 A, B, C, D, E 的每单位的价格分别为 1.00，0.80，0.60，0.50，0.70(元)，该店生产月饼的原料成本为多少元？

3° 如甲、乙、丙三种月饼的价格每只分别为 7.60，6.20，7.20 元，在不考虑其他成本时，该店完成定单的利润是多少？

解　1° 令 $\boldsymbol{A}=\begin{pmatrix}3&2&1&1&0\\1&1&1&1&1\\2&1&2&1&1\end{pmatrix}$，$\boldsymbol{\alpha}=(600,\ 750,\ 500)$，由

$$\boldsymbol{\alpha A}=(600,750,500)\begin{pmatrix}3&2&1&1&0\\1&1&1&1&1\\2&1&2&1&1\end{pmatrix}=(3550,\ 2450,\ 2350,\ 1850,\ 1250),$$

故需 A, B, C, D, E 五种原料分别为 3550，2450，2350，1850，1250(单位).

2° 令 $\boldsymbol{\beta}=(1,\ 0.8,\ 0.6,\ 0.5,\ 0.7)$，则原料成本为

$\boldsymbol{\alpha A\beta}^{\mathrm{T}}=\langle\boldsymbol{\alpha A},\boldsymbol{\beta}\rangle=3550\times1+2450\times0.8+2350\times0.6+1850\times0.5+1250\times0.7=8720$(元).

3° 令 $\boldsymbol{r}=(7.60,\ 6.20,\ 7.20)$，则完成定单的销售额为

$\langle\boldsymbol{\alpha},\boldsymbol{r}\rangle=600\times7.60+750\times6.20+500\times7.20=12810$(元)，

故利润为 $12810-8720=4090$(元).

例 7.2.2　教学管理部门中有人认为应该了解课程学分数与选此课程的学生数的乘积，即教学总学分数，作为衡量教师工作量的依据之一，从而对所需教师的编制能有大概的估计.

设有 m 门课程,供 n 个不同系的学生修读.令

$$\boldsymbol{A}=\begin{pmatrix} a_{11} & a_{12} & \cdots & a_{1n} \\ a_{21} & a_{22} & \cdots & a_{2n} \\ \vdots & \vdots & & \vdots \\ a_{m1} & a_{m2} & \cdots & a_{mn} \end{pmatrix},$$

式中,a_{ij}表示第j系的学生修读第i门课程按人平均学分数(根据历史资料),设今年秋季 n 个系的招生人数限制分别为 $b_1,b_2,\cdots,b_n$,试求今年秋季学期每门课程的总学分数.

解 令 $\boldsymbol{\beta}=\begin{pmatrix} b_1 \\ b_2 \\ \vdots \\ b_n \end{pmatrix}$,现求 $\boldsymbol{A\beta}$.

$$\boldsymbol{A\beta}=\begin{pmatrix} a_{11} & a_{12} & \cdots & a_{1n} \\ a_{21} & a_{22} & \cdots & a_{2n} \\ \vdots & \vdots & & \vdots \\ a_{m1} & a_{m2} & \cdots & a_{mn} \end{pmatrix}\begin{pmatrix} b_1 \\ b_2 \\ \vdots \\ b_n \end{pmatrix}$$

为一 m 维列向量,记为$\begin{pmatrix} c_1 \\ c_2 \\ \vdots \\ c_m \end{pmatrix}$.

例如,$c_1=a_{11}b_1+a_{12}b_2+\cdots+a_{1n}b_n$ 为第一门课程的教学总学分数.因此从第一门课程到第 m 门课程的教学总学分数依次为$c_1,c_2,\cdots,c_m$.

注意如依据课程性质的不同,确定第 i 门课程的教师平均每人应完成教学总学分数为t_i,则第 i 门课程需要安排的教师数为p_i,$p_i=\dfrac{c_i}{t_i}$.

7.3 基础解系与通解

此节我们将通过另外几个解三元及四元线性方程组的具体例子体现:高斯消元法对解三元或更多元的线性方程组确实是适用的,特别是方程组有无穷多组解的情形.我们不过多地费时费力对一般情形进行叙述,只通过例子进行初步的归纳讨论,得到稍微一般的结论,给出齐次线性方程组的基础解系与非齐次线性方程组通解(system of fundamental solutions and general solution)的求法.

例 7.3.1 解齐次线性方程组

$$\begin{cases} x+y+z=0, \\ x-2y+4z=0, \\ 2x+5y-z=0. \end{cases}$$

解　令

$$A=\begin{pmatrix} 1 & 1 & 1 & 0 \\ 1 & -2 & 4 & 0 \\ 2 & 5 & -1 & 0 \end{pmatrix} \xrightarrow[L_3-2L_1]{L_2-L_1} \begin{pmatrix} 1 & 1 & 1 & 0 \\ 0 & -3 & 3 & 0 \\ 0 & 3 & -3 & 0 \end{pmatrix}$$

$$\xrightarrow{L_3+L_2} \begin{pmatrix} 1 & 1 & 1 & 0 \\ 0 & -3 & 3 & 0 \\ 0 & 0 & 0 & 0 \end{pmatrix} \xrightarrow{\frac{1}{3}L_2} \begin{pmatrix} 1 & 1 & 1 & 0 \\ 0 & -1 & 1 & 0 \\ 0 & 0 & 0 & 0 \end{pmatrix}$$

$$\xrightarrow{L_1+L_2} \begin{pmatrix} 1 & 0 & 2 & 0 \\ 0 & -1 & 1 & 0 \\ 0 & 0 & 0 & 0 \end{pmatrix}.$$

于是我们得到原方程组的一个同解方程组

$$\begin{cases} x+2z=0, \\ -y+z=0. \end{cases}$$

故原方程组的全部解,即通解为 $x=-2z, y=z$,其中 z 可取任意实数,z 称为自由未知量.显而易见,上述方程组有无穷多组解.例如,令 $z=0$,我们得到解 $x=0, y=0, z=0$. 令 $z=1$,我们得到解 $x=-2, y=1, z=1$.

例 7.3.2　解非齐次线性方程组

$$\begin{cases} x_1+2x_2-x_3+2x_4=1, \\ 2x_1+4x_2+x_3+x_4=5, \\ -x_1-2x_2-2x_3+x_4=-4. \end{cases}$$

解　方程组的增广矩阵 $A=\begin{pmatrix} 1 & 2 & -1 & 2 & 1 \\ 2 & 4 & 1 & 1 & 5 \\ -1 & -2 & -2 & 1 & -4 \end{pmatrix}$.

下面用矩阵的初等行变换把 A 化为阶梯形.

$$A \xrightarrow[L_3+L_1]{L_2-2L_1} \begin{pmatrix} 1 & 2 & -1 & 2 & 1 \\ 0 & 0 & 3 & -3 & 3 \\ 0 & 0 & -3 & 3 & -3 \end{pmatrix} \xrightarrow{L_3+L_2} \begin{pmatrix} 1 & 2 & -1 & 2 & 1 \\ 0 & 0 & 3 & -3 & 3 \\ 0 & 0 & 0 & 0 & 0 \end{pmatrix}$$

$$\xrightarrow{\frac{1}{3}L_2} \begin{pmatrix} 1 & 2 & -1 & 2 & 1 \\ 0 & 0 & 1 & -1 & 1 \\ 0 & 0 & 0 & 0 & 0 \end{pmatrix} \xrightarrow{L_1+L_2} \begin{pmatrix} 1 & 2 & 0 & 1 & 2 \\ 0 & 0 & 1 & -1 & 1 \\ 0 & 0 & 0 & 0 & 0 \end{pmatrix}.$$

于是我们得到原方程组的同解方程组(阶梯形方程组,不计零行)

$$\begin{cases} x_1 + 2x_2 + x_4 = 2, \\ x_3 - x_4 = 1. \end{cases}$$

先解对应的齐次线性方程组

$$\begin{cases} x_1 + 2x_2 + x_4 = 0, \\ x_3 - x_4 = 0, \end{cases}$$

其通解为

$$x_1 = -2x_2 - x_4, x_3 = x_4, \tag{1}$$

其中 x_2, x_4 是一组自由未知量.

现在我们进行一些分析,改变一下解的形式,得到对应齐次线性方程组的通解的另一种形式.

我们可把对应的齐次线性方程组的解表示为行向量

$$\begin{aligned}(x_1, x_2, x_3, x_4) &= (-2x_2 - x_4, x_2, x_4, x_4) \\ &= (-2x_2, x_2, 0, 0) + (-x_4, 0, x_4, x_4) \\ &= x_2(-2,1,0,0) + x_4(-1,0,1,1).\end{aligned}$$

记 $\boldsymbol{\alpha}_1 = (-2,1,0,0)$, $\boldsymbol{\alpha}_2 = (-1,0,1,1)$,则对应的齐次线性方程组的通解可表示为 $(x_1, x_2, x_3, x_4) = x_2\boldsymbol{\alpha}_1 + x_4\boldsymbol{\alpha}_2$,一般地我们写通解为

$$(x_1, x_2, x_3, x_4) = k_1\boldsymbol{\alpha}_1 + k_2\boldsymbol{\alpha}_2,$$

式中,$\boldsymbol{\alpha}_1, \boldsymbol{\alpha}_2$ 如上,k_1, k_2 为任意实数.

下面我们用另一种方法获得齐次线性方程组的上述通解.首先,我们解得

$$\begin{cases} x_1 = -2x_2 - x_4, \\ x_3 = x_4. \end{cases}$$

之后,按角标次序排好自由未知量 (x_2, x_4).

然后,分别令 $(x_2, x_4) = (1,0)$, $(x_2, x_4) = (0,1)$,求相应的 x_1, x_3 的值.当

$$(x_2, x_4) = (1,0)$$

时,求得

$$x_1 = -2, x_3 = 0.$$

当

$$(x_2, x_4) = (0,1)$$

时,求得

$$x_1 = -1, x_3 = 1.$$

从而得到齐次线性方程组的两组特别的解,简称特解,$\boldsymbol{\alpha}_1 = (-2,1,0,0)$,$\boldsymbol{\alpha}_2 = (-1,0,1,1)$.因此**齐次线性方程组的通解**可表为

$$(x_1, x_2, x_3, x_4) = k_1\boldsymbol{\alpha}_1 + k_2\boldsymbol{\alpha}_2, \tag{2}$$

式中，$\boldsymbol{\alpha}_1,\boldsymbol{\alpha}_2$ 如上，k_1,k_2 为任意实数.

现在回到原来的非齐次线性方程组. 首先由上面得到的同解方程组

$$\begin{cases} x_1 + 2x_2 + x_4 = 2, \\ x_3 - x_4 = 1 \end{cases}$$

得到原**非齐次线性方程组的通解**

$$\begin{aligned} x_1 &= 2 - 2x_2 - x_4, \\ x_3 &= 1 + x_4, \end{aligned} \tag{3}$$

式中，x_2,x_4 是一组自由未知量，这是非齐次线性方程组的通解的第一种形式.

下面我们把原非齐次线性方程组的通解改写为另一种形式.

在上述通解中，因 x_2,x_4 是一组自由未知量，故可令 $x_2=0=x_4$，从而 $x_1=2$，$x_3=1$，因此 $\boldsymbol{\gamma}=(2,0,1,0)$是原非齐次线性方程组的一个特解.

前面已知对应的齐次线性方程组的通解为

$$(x_1,x_2,x_3,x_4) = k_1\boldsymbol{\alpha}_1 + k_2\boldsymbol{\alpha}_2.$$

因此利用定理 7.2.2 容易证明，原**非齐次线性方程组的通解**为

$$(x_1,x_2,x_3,x_4) = k_1\boldsymbol{\alpha}_1 + k_2\boldsymbol{\alpha}_2 + \boldsymbol{r}, \tag{4}$$

式中，$\boldsymbol{\alpha}_1,\boldsymbol{\alpha}_2,\boldsymbol{r}$ 如上，k_1,k_2 为任意实数.

注 7.3.1（线性方程组的通解与基础解系）　由例 7.3.2 可见，对任一齐次线性方程组与非齐次线性方程组，我们可用高斯消元法求解.

当齐次线性方程组有无穷多组解时，我们可把其通解表为类似于例 7.3.2 中的两种形式(1)和(2).

前一种形式的通解(1)中包含有自由未知量. 我们可以指出：利用矩阵的初等行变换化成最终的阶梯形方程组（不计零行）所含方程的个数 r 与通解中所含的自由未知量的个数 s 之和与原方程组所含的未知数的个数 n 相等. 即 $n=r+s$.

对应的齐次线性方程组的后一种形式的通解(2)由齐次线性方程组的若干个特解表示而成，运用例 7.3.2 中那样的方法求得的若干个特解所组成的集合（如例 7.3.2 中的 $\boldsymbol{\alpha}_1,\boldsymbol{\alpha}_2$）称为**齐次线性方程组的基础解系**. 基础解系中所含特解的个数正好就是第一种形式的通解中自由未知量的个数.

类似于齐次线性方程组情形，当非齐次线性方程组有无穷多组解时，我们也可把其解表示为类似于例 7.3.2 中的两种形式(3)和(4).

解一个线性方程组，当有无穷多组解时，我们到底应把解写为哪一种形式，应视题目的要求而定. 如果题目中要求齐次线性方程组的基础解系，或要求用对应齐次线性方程组的基础解系与非齐次方程组的一个特解写出非齐次方程组的通解时，则必须用(2)和(4)形式.

下面的一个例子表明，一个给定的线性方程组可能无解.

例 7.3.3 解线性方程组 $\begin{cases}2x+y=3,\\4x+2y=5.\end{cases}$

解 令

$$A=\begin{pmatrix}2&1&3\\4&2&5\end{pmatrix},$$

则

$$A\xrightarrow{L_2-2L_1}\begin{pmatrix}2&1&3\\0&0&-1\end{pmatrix},$$

得同解方程组

$$\begin{cases}2x+y=3,\\0\cdot x+0\cdot y=-1.\end{cases}$$

第二个方程 $0x+0y=-1$ 是一个矛盾方程.因此原方程组无解.

由此例可见,一个给定的线性方程组可能无解.当我们用高斯消元法,或用矩阵的初等行变换,最后得到的同解的阶梯形方程组中出现矛盾时,则原方程组无解.例如,此例中出现 $0=-1$,就是这种情形.

7.4 方阵的逆矩阵

定义 7.4.1(方阵的逆矩阵(inverse of a square matrix)) 设 A,B 是同阶方阵,如果 $AB=I$,且 $BA=I$,则说 A 是**可逆的**,B 称为 A 的逆矩阵,记为 A^{-1},此时 $A^{-1}=B$.由定义可知,如 B 是 A 的**逆矩阵**,则 A 也是 B 的逆矩阵.

易证,如 A 存在逆矩阵,则逆矩阵必是惟一的.

可证,B 是 A 的逆矩阵的充分必要条件是 $AB=I$,$BA=I$ 之一成立.因此,要验证 B 是 A 的逆矩阵,我们只要验证 $AB=I$ 或 $BA=I$ 一个式子即可.

例 7.4.1 1° 令 $A=\begin{pmatrix}2&3\\1&2\end{pmatrix}$, $B=\begin{pmatrix}2&-3\\-1&2\end{pmatrix}$.因

$$AB=\begin{pmatrix}2&3\\1&2\end{pmatrix}\begin{pmatrix}2&-3\\-1&2\end{pmatrix}=\begin{pmatrix}1&0\\0&1\end{pmatrix},$$

故 A,B 互为逆矩阵.

2° 易验证 $\begin{pmatrix}1&3&0\\0&1&2\\0&0&1\end{pmatrix}$ 是 $\begin{pmatrix}1&-3&6\\0&1&-2\\0&0&1\end{pmatrix}$ 的逆矩阵.

例 7.4.2 令 $A=\begin{pmatrix}1&2\\2&4\end{pmatrix}$,则可证 A 是不可逆的.

证 用反证法,设 A 可逆,则存在 $B=\begin{pmatrix}x_1&x_2\\x_3&x_4\end{pmatrix}$ 使得 $\begin{pmatrix}1&2\\2&4\end{pmatrix}\begin{pmatrix}x_1&x_2\\x_3&x_4\end{pmatrix}=I$.

即

$$\begin{pmatrix} x_1 + 2x_3 & x_2 + 2x_4 \\ 2x_1 + 4x_3 & 2x_2 + 4x_4 \end{pmatrix} = \begin{pmatrix} 1 & 0 \\ 0 & 1 \end{pmatrix}.$$

因此得到线性方程组

$$\begin{cases} x_1 + 2x_3 = 1, & (1) \\ 2x_1 + 4x_3 = 0, & (2) \\ x_2 + 2x_4 = 0, & (3) \\ 2x_2 + 4x_4 = 1. & (4) \end{cases}$$

(2) $-2\times$(1)得 $0=-2$,得到矛盾,上述线性方程组无解.因此 $\boldsymbol{A}$ 是不可逆的.

下面的定理述而不证.由之,我们可得到一个求逆矩阵的可行方法.

定理 7.4.1　设 $\boldsymbol{A}$ 是 n 阶方阵.如果通过矩阵的初等行变换,$\boldsymbol{A}$ 可化为对角线上全是 1 的 n 阶阶梯形方阵,则 $\boldsymbol{A}$ 必是可逆的,反之也对.$\boldsymbol{A}^{-1}$ 的一个求法如下:设 n 阶方阵 $\boldsymbol{A}$ 可逆,令 $\boldsymbol{I}$ 是 n 阶单位方阵,把 $\boldsymbol{I}$ 附加在 $\boldsymbol{A}$ 的右边,拼成一个 $n\times 2n$ 矩阵 $\boldsymbol{C}=[\boldsymbol{A} \vdots \boldsymbol{I}]$.对 $\boldsymbol{C}$ 施行初等行变换,把左边的 $\boldsymbol{A}$ 变为 $\boldsymbol{I}$ 的同时把右边的 $\boldsymbol{I}$ 变为一个新的矩阵 $\boldsymbol{B}$,则 $\boldsymbol{A}^{-1}=\boldsymbol{B}$.

例 7.4.3　试求 $\begin{pmatrix} 1 & 2 & 1 \\ -1 & 1 & 1 \\ 2 & 3 & 1 \end{pmatrix}$ 的逆矩阵.

解　因为已知矩阵是 3 阶方阵,故我们放 3 阶单位方阵在其右边,拼成一个 3×6 矩阵 $\boldsymbol{C}$

$$\boldsymbol{C} = \left(\begin{array}{ccc:ccc} 1 & 2 & 1 & 1 & 0 & 0 \\ -1 & 1 & 1 & 0 & 1 & 0 \\ 2 & 3 & 1 & 0 & 0 & 1 \end{array}\right).$$

对 $\boldsymbol{C}$ 施行初等行变换

$$\boldsymbol{C} \xrightarrow[L_3 - 2L_1]{L_2 + L_1} \begin{pmatrix} 1 & 2 & 1 & 1 & 0 & 0 \\ 0 & 3 & 2 & 1 & 1 & 0 \\ 0 & -1 & -1 & -2 & 0 & 1 \end{pmatrix}$$

$$\xrightarrow[L_2 + 2L_3]{L_1 + 2L_3} \begin{pmatrix} 1 & 0 & -1 & -3 & 0 & 2 \\ 0 & 1 & 0 & -3 & 1 & 2 \\ 0 & -1 & -1 & -2 & 0 & 1 \end{pmatrix} \xrightarrow{L_3 + L_2} \begin{pmatrix} 1 & 0 & -1 & -3 & 0 & 2 \\ 0 & 1 & 0 & -3 & 1 & 2 \\ 0 & 0 & -1 & -5 & 1 & 3 \end{pmatrix}$$

$$\xrightarrow{-L_3} \begin{pmatrix} 1 & 0 & -1 & -3 & 0 & 2 \\ 0 & 1 & 0 & -3 & 1 & 2 \\ 0 & 0 & 1 & 5 & -1 & -3 \end{pmatrix} \xrightarrow{L_1 + L_3} \begin{pmatrix} 1 & 0 & 0 & 2 & -1 & -1 \\ 0 & 1 & 0 & -3 & 1 & 2 \\ 0 & 0 & 1 & 5 & -1 & -3 \end{pmatrix}.$$

因此，$\begin{pmatrix} 1 & 2 & 1 \\ -1 & 1 & 1 \\ 2 & 3 & 1 \end{pmatrix}$的逆矩阵是$\begin{pmatrix} 2 & -1 & -1 \\ -3 & 1 & 2 \\ 5 & -1 & -3 \end{pmatrix}$.

定理 7.4.2（逆矩阵存在的一个充要条件） 设 $\boldsymbol{A}$ 是 n 阶方阵，$\boldsymbol{x}=\begin{pmatrix} x_1 \\ x_2 \\ \vdots \\ x_n \end{pmatrix}$，如果存在 n 维列向量 $\boldsymbol{b}=\begin{pmatrix} b_1 \\ b_2 \\ \vdots \\ b_n \end{pmatrix}$ 使得线性方程组 $\boldsymbol{Ax}=\boldsymbol{b}$ 有惟一一组解，则

1° $\boldsymbol{A}$ 是可逆的，且 $\boldsymbol{x}=\boldsymbol{A}^{-1}\boldsymbol{b}$.

2° 对任意列向量 $\boldsymbol{y}=\begin{pmatrix} y_1 \\ y_2 \\ \vdots \\ y_n \end{pmatrix}$，$\boldsymbol{Ax}=\boldsymbol{y}$ 均有惟一一组解 $\boldsymbol{x}=\boldsymbol{A}^{-1}\boldsymbol{y}$.

证 1° 因 $\boldsymbol{Ax}=\boldsymbol{b}$ 有惟一一组解，故由注 7.3.1，我们可用高斯消元法求得解. 由 $\boldsymbol{Ax}=\boldsymbol{b}$ 的增广矩阵化为阶梯形矩阵的过程知，系数矩阵必可用矩阵的初等行变换化为对角线上元素全为 1 的阶梯形矩阵. 从而据定理 7.4.1，$\boldsymbol{A}^{-1}$必存在.

在 $\boldsymbol{Ax}=\boldsymbol{b}$ 两边左乘方阵 $\boldsymbol{A}^{-1}$，得

$$\boldsymbol{A}^{-1}\boldsymbol{Ax} = \boldsymbol{A}^{-1}\boldsymbol{b}.$$

由矩阵乘法的性质，$(\boldsymbol{A}^{-1}\boldsymbol{A})\boldsymbol{x}=\boldsymbol{A}^{-1}\boldsymbol{b}$，$\boldsymbol{A}^{-1}\boldsymbol{A}=\boldsymbol{I}$，$\boldsymbol{Ix}=\boldsymbol{x}$，故 $\boldsymbol{x}=\boldsymbol{A}^{-1}\boldsymbol{b}$.

2°的结论用类似 1°的后半部分方法可证.

例 7.4.4 已知下述线性方程组

$$\begin{cases} x+2y+z=0, \\ -x+y+z=-4, \\ 2x+3y+z=1 \end{cases}$$

有惟一一组解，试求之.

解 令

$$\boldsymbol{A}=\begin{pmatrix} 1 & 2 & 1 \\ -1 & 1 & 1 \\ 2 & 3 & 1 \end{pmatrix},\quad \boldsymbol{X}=\begin{pmatrix} x \\ y \\ z \end{pmatrix},\quad \boldsymbol{b}=\begin{pmatrix} 0 \\ -4 \\ 1 \end{pmatrix}.$$

则方程组可表为 $\boldsymbol{AX}=\boldsymbol{b}$.

由已知，$\boldsymbol{AX}=\boldsymbol{b}$ 有惟一一组解，据定理 7.4.2，$\boldsymbol{A}^{-1}$必存在.

由例 7.4.3

$$A^{-1}=\begin{pmatrix}2&-1&-1\\-3&1&-2\\5&-1&-3\end{pmatrix}.$$

由定理 7.4.2,已知方程组的解 $\boldsymbol{X}=\boldsymbol{A}^{-1}\boldsymbol{b}$. 经计算得 $\boldsymbol{X}=\begin{pmatrix}3\\-2\\1\end{pmatrix}$,即 $x=3$, $y=-2,z=1$.

注 7.4.1　定理 7.4.2 中线性方程组的解法可以推广到更一般情形. 设 $\boldsymbol{A}$, $\boldsymbol{X}$, $\boldsymbol{B}$ 均为 n 阶方阵. 当 $\boldsymbol{A}$, $\boldsymbol{B}$ 已知, $\boldsymbol{X}$ 未知时,我们称 $\boldsymbol{AX}=\boldsymbol{B}$ 为矩阵方程.

易见,当 $\boldsymbol{A}^{-1}$存在时,上述矩阵方程可解,且 $\boldsymbol{X}=\boldsymbol{A}^{-1}\boldsymbol{B}$.

例如

$$\begin{pmatrix}3&0&8\\3&-1&6\\-2&0&5\end{pmatrix}\boldsymbol{X}=\begin{pmatrix}1&-1&2\\-1&3&4\\-2&0&5\end{pmatrix},$$

因

$$\begin{pmatrix}3&0&8\\3&-1&6\\-2&0&-5\end{pmatrix}^{-1}=\begin{pmatrix}-5&0&-8\\-3&-1&6\\2&0&3\end{pmatrix},$$

故

$$\boldsymbol{X}=\begin{pmatrix}3&0&8\\3&-1&6\\-2&0&-5\end{pmatrix}^{-1}\begin{pmatrix}1&-1&2\\-1&3&4\\-2&0&5\end{pmatrix}$$
$$=\begin{pmatrix}-5&0&-8\\-3&-1&-6\\2&0&3\end{pmatrix}\begin{pmatrix}1&-1&2\\-1&3&4\\-2&0&5\end{pmatrix}$$
$$=\begin{pmatrix}11&5&-50\\10&0&-40\\-4&-2&19\end{pmatrix}.$$

例 7.4.5　设一运输公司有甲、乙、丙三种不同类型的汽车,专门运输 A, B, C 三种不同类型的商品. 已知每部甲汽车可装 A 商品 8 件, B 商品 5 件, C 商品 3 件,每部乙汽车可装 A 商品 6 件, B 商品 4 件, C 商品 6 件,每部丙汽车可装 A 商品 10 件, B 商品 2 件, C 商品 4 件. 现有 A 商品 46 件, B 商品 25 件, C 商品 25 件需要运输,试求所需使用的甲、乙、丙汽车数.

解　设所需使用的汽车数分别为 x, y, z,则可得方程组

$$\begin{cases}8x+6y+10z=46,\\5x+4y+2z=25,\\3x+6y+4z=25.\end{cases}$$

令

$$\boldsymbol{A}=\begin{pmatrix}8&6&10\\5&4&2\\3&6&4\end{pmatrix},\quad \boldsymbol{X}=\begin{pmatrix}x\\y\\z\end{pmatrix},\quad \boldsymbol{b}=\begin{pmatrix}46\\25\\25\end{pmatrix},$$

则上述方程组可表为 $\boldsymbol{AX}=\boldsymbol{b}$.

因为可求得

$$\boldsymbol{A}^{-1}=\begin{pmatrix}\frac{2}{64}&\frac{18}{64}&-\frac{14}{64}\\-\frac{7}{64}&\frac{1}{64}&\frac{17}{64}\\\frac{9}{64}&-\frac{15}{64}&\frac{1}{64}\end{pmatrix},$$

故 $\boldsymbol{X}=\boldsymbol{A}^{-1}\boldsymbol{b}=\begin{pmatrix}3\\2\\1\end{pmatrix}$.

因此,所需使用的甲、乙、丙三种类型的汽车数分别为 3,2,1.

注 7.4.2 对照高斯消元法与例 7.4.5 之方法,似乎用例 7.4.5 中先求逆矩阵再给出方程组之解的方法没有多大好处. 但值得注意的是,一旦 $\boldsymbol{A}^{-1}$已求得,当列向量 $\boldsymbol{b}$ 改变时,例如,写为 $\boldsymbol{y}$,我们可以反复使用 $\boldsymbol{A}^{-1}$而求得 $\boldsymbol{AX}=\boldsymbol{y}$ 的解 $\boldsymbol{X}=\boldsymbol{A}^{-1}\boldsymbol{y}$,而不需每次都用消元法解方程. 例如,上述运输公司需运输 132 件 A 商品,54 件 B 商品,70 件 C 商品,则由

$$\boldsymbol{X}=\boldsymbol{A}^{-1}\begin{pmatrix}132\\54\\70\end{pmatrix}=\begin{pmatrix}4\\5\\7\end{pmatrix}$$

可知,运输公司需安排 4 辆甲类汽车,5 辆乙类汽车,7 辆丙类汽车.

我们由此例再一次体会到抽象的数学方法的作用.

7.5 矩阵运算在经济学中的一个应用

前面我们主要以矩阵运算为工具,讨论了求解线性方程组的问题,得到了比较圆满的方法与结论. 这里我们指出,矩阵运算在现代经济学理论中也一直起着重要作用,特别在所谓投入产出分析中意义更加重大. 投入产出分析中的第一个重大工作是著名经济学家 Wassily Leontief 所完成的. 由于运用投入产出分析而对经济学

理论的研究做出的贡献，Wassily Leontief 于 1973 年获得了诺贝尔经济学奖. 为使读者较多了解数学在经济学研究中的越来越大的作用，进一步提高学习数学的兴趣，特选编一点关于 Leontief 投入产出矩阵内容，作为矩阵运算的另一实际应用，供读者学习参考.

设一个经济系统由 n 个工业组成，如钢铁、汽车制造、彩电生产、运输业等组成，每一工业使用它所需要的材料(即投入)而只生产一种产品(即产出)，而每产品又可以作为以上 n 个工业中的一个"投入"材料而被使用.

以下的矩阵称为一个 Leontief 投入产出矩阵(Leontief input-output matrix)

$$
\begin{array}{cc} & \text{产出} \\ & \begin{array}{cccc} 1 & 2 & \cdots & n \end{array} \\ \text{投入} \begin{array}{c} 1 \\ 2 \\ \vdots \\ n \end{array} & \begin{pmatrix} a_{11} & a_{12} & \cdots & a_{1n} \\ a_{21} & a_{22} & \cdots & a_{2n} \\ \vdots & \vdots & & \vdots \\ a_{n1} & a_{n2} & \cdots & a_{nn} \end{pmatrix} \end{array}
$$

式中，a_{ij} 是第 i 个工业生产一个单位量的产品(作为产出)所需要的 n 个投入中第 j 个投入的分量且这些分量满足适当的条件.

现设 x_i 为第 i 个工业产出的第 i 产品的单位总数，$i = 1,2,\cdots,n$. 下面将把经济系统分为两类，闭的 Leontief 系统与开的 Leontief 系统.

首先讨论闭的 Leontief 系统. 对应的数学模型是

$$
\begin{cases} x_1 = a_{11}x_1 + a_{12}x_2 + \cdots + a_{1n}x_n, \\ x_2 = a_{21}x_1 + a_{22}x_2 + \cdots + a_{2n}x_n, \\ \qquad \cdots\cdots \\ x_n = a_{n1}x_1 + a_{n2}x_2 + \cdots + a_{nn}x_n, \end{cases}
$$

其中系数满足

$$
\sum_{i=1}^{n} a_{ij} = 1, \qquad j = 1,2,\cdots,n. \tag{1}
$$

上述模型可运用矩阵的记号简单地表为

$$
\boldsymbol{X} = \boldsymbol{AX},
$$

其中

$$
\boldsymbol{X} = \begin{pmatrix} x_1 \\ x_2 \\ \vdots \\ x_n \end{pmatrix}, \quad \boldsymbol{A} = \begin{pmatrix} a_{11} & a_{12} & \cdots & a_{1n} \\ a_{21} & a_{22} & \cdots & a_{2n} \\ \vdots & \vdots & & \vdots \\ a_{n1} & a_{n2} & \cdots & a_{nn} \end{pmatrix},
$$

$\boldsymbol{A}$ 中每一列的元素之和为 1.

现用 $n=2$ 的实际例子来说明闭的 Leontief 系统的思路.

例 7.5.1 设有一乡村小镇,假定只有一个农民生产食品,一个工人生产布匹.农民使用他所生产食品的二分之一,其余二分之一为工人所用.工人使用他所生产的布匹的三分之二,其余的三分之一为农民所用.试给出这一闭的 Leontief 系统的数学模型.

解 Leontief 投入产出矩阵为

$$\boldsymbol{A}=\begin{pmatrix}\frac{1}{2} & \frac{1}{3}\\ \frac{1}{2} & \frac{2}{3}\end{pmatrix}.$$

此矩阵表明,农民为了生产食品,必须使用他所生产的食品的一半和工人所生产的布匹的三分之一;工人为了生产布匹,必须使用农民生产的食品的一半和自己生产的布匹的三分之二.令 x_1 表示生产的食品的单位总数,x_2 表示生产的布匹的单位总数,则上述所用系统的数学模型为

$$x_1=\frac{1}{2}x_1+\frac{1}{3}x_2,$$

$$x_2=\frac{1}{2}x_1+\frac{2}{3}x_2.$$

令 $\boldsymbol{X}=\begin{pmatrix}x_1\\ x_2\end{pmatrix}$,则方程组可表为 $(\boldsymbol{I}-\boldsymbol{A})\boldsymbol{X}=\boldsymbol{\theta}$,必有非零解.

注 7.5.1 设闭的 Leontief 系统的矩阵为 $\begin{pmatrix}a_{11} & a_{12}\\ a_{21} & a_{22}\end{pmatrix}$,其中 $a_{11}+a_{21}=1$, $a_{12}+a_{22}=1$,令 $\boldsymbol{X}=\begin{pmatrix}x_1\\ x_2\end{pmatrix}$,$\boldsymbol{I}$ 为二阶单位方阵,则可证 $(\boldsymbol{I}-\boldsymbol{A})\boldsymbol{X}=\boldsymbol{\theta}$ 必有非零解.

读者试进一步思考,设 $\boldsymbol{A}$ 为闭的 Leontief 系统中 n 阶投入产出矩阵,$\boldsymbol{X}=\begin{pmatrix}x_1\\ x_2\\ \vdots\\ x_n\end{pmatrix}$,$\boldsymbol{I}$ 为 n 阶单位方阵,$(\boldsymbol{I}-\boldsymbol{A})\boldsymbol{X}=\boldsymbol{\theta}$ 是否必有非零解?

现介绍所谓开的 Leontief 系统.这一系统是由如前的 n 个工业以及另一消费者所组成.我们令 $\boldsymbol{D}=\begin{pmatrix}d_1\\ d_2\\ \vdots\\ d_n\end{pmatrix}$ 表示消费者需求,$\boldsymbol{A}$,$\boldsymbol{X}$ 如前,则开的 Leontief 系统的

数学模型为

$$X = AX + D,$$

即

$$(I - A)X = D.$$

如此方程组有解 X, X 的每一分量 $x_i > 0$,则意味这一经济系统能够满足消费者需求.注意,在开的 Leontief 系统中的矩阵 A 不再满足闭的 Leontief 系统中的条件(1).

例 7.5.2　设上例中的农民与工人决定出卖他们的部分产品给其他消费者.例如,农民需要三分之一食品,工人需要三分之一食品,而其余的三分之一食品可卖给消费者;工人需要二分之一布匹,农民需要四分之一布匹,其余的四分之一布匹可卖给消费者,试给出这一开的 Leontief 系统的数学模型.

解　上述的 Leontief 投入产出矩阵为

$$A = \begin{pmatrix} \frac{1}{3} & \frac{1}{4} \\ \frac{1}{3} & \frac{1}{2} \end{pmatrix}.$$

设 $X = \begin{pmatrix} x_1 \\ x_2 \end{pmatrix}$ 及 I 如例 7.5.1,令 $D = \begin{pmatrix} d_1 \\ d_2 \end{pmatrix}$,其中 d_1, d_2 分别表示消费者需求的食品与布匹,则开的 Leontief 系统的数学模型为

$$AX + D = X,$$

即 $(I - A)X = D$.要解决的基本问题是:给定一个消费需求 D 后,是否存在 $X = \begin{pmatrix} x_1 \\ x_2 \end{pmatrix}$,满足 $(I - A)X = D$?

一种答案是:如果 $(I - A)^{-1}$ 存在,则 $X = (I - A)^{-1}D$.如果又有 $(I - A)^{-1}D$ 分量均非负,则上述基本问题的答案是肯定的.

此例中,$I - A = \begin{pmatrix} \frac{2}{3} & -\frac{1}{4} \\ -\frac{1}{3} & \frac{1}{2} \end{pmatrix}$,其逆矩阵存在,且 $(I - A)^{-1} = \begin{pmatrix} 2 & 1 \\ \frac{4}{3} & \frac{8}{3} \end{pmatrix}$.如 $D = \begin{pmatrix} 300 \\ 500 \end{pmatrix}$,则所求的

$$X = \begin{pmatrix} x_1 \\ x_2 \end{pmatrix} = \begin{pmatrix} 2 & 1 \\ \frac{4}{3} & \frac{8}{3} \end{pmatrix} \begin{pmatrix} 300 \\ 500 \end{pmatrix} = \begin{pmatrix} 1100 \\ 1733.3 \end{pmatrix}.$$

因此,农民必须生产 1100 个单位的食品,工人必须生产 1733.3 个单位的布匹才能满足需要.

*7.6 行列式

此节中,我们将介绍线性代数中另一个最基本的概念:行列式(determinant).行列式是研究线性方程组的另一个重要工具.作为研究同一种对象的两个重要工具,行列式与矩阵本身的讨论相互之间也必然有千丝万缕的联系.历史上,行列式的发明早于矩阵的发明.行列式是关孝和(Seki Takakazu,1642～1708,日本人)1683年首先提出的.莱布尼茨在发明了微积分之后,于1693年也独立地发明了行列式.行列式理论后来被范德蒙德(A. T. Vandermonde,1735～1796,法国人)系统化了.范德蒙德的研究使行列式的研究与线性方程组求解相分离而成为独立的数学对象.因此他被认为是行列式理论的奠基人.

下面我们将首先由一个二元线性方程组的求解过程的启发引进二阶行列式,然后给出 n 阶行列式的一种定义,简单介绍行列式的一些重要性质与应用,包括解线性方程组的克拉默法则,方阵的逆矩阵存在的一个用行列式表示的充要条件.

例 7.6.1 《唐阙史》中有一段青州尚书杨损用一个二元线性方程组考试提升官员的记载.杨损以任人惟贤著称,他对部下的评价,是以舆论对他们功过的评议为标准的.一次,要提升一名小吏,"有吏两人,众推合授,较其岁月,职次,功绩违犯无少差异者",杨损采取了通过考试择优录取的方法,他当众出了一道题(公元855年),两人中有一人因率先获得正确答案而得到提升,考题如下:

有一人傍晚走入树林中,听到几个盗贼在商议如何分配他们偷来的布匹:如果每人分六匹,则余五匹,如果每人分七匹,则少八匹,问贼与布的数目各是多少?

解 设布匹数为 x_1,贼人数为 x_2. 则由已知条件,可得线性方程组

$$\begin{cases} x_1 - 6x_2 = 5, \\ x_1 - 7x_2 = -8. \end{cases}$$

由

$$\begin{pmatrix} 1 & -6 & 5 \\ 1 & -7 & -8 \end{pmatrix} \xrightarrow[(-6)L_2]{(-7)L_1} \begin{pmatrix} 1\times(-7) & (-6)\times(-7) & 5\times(-7) \\ 1\times(-6) & (-7)\times(-6) & (-8)\times(-6) \end{pmatrix}$$

$$\xrightarrow{L_1-L_2} \begin{pmatrix} 1\times(-7)-1\times(-6) & 0 & 5\times(-7)-(-8)\times(-6) \\ 1\times(-6) & (-7)\times(-6) & (-8)\times(-6) \end{pmatrix}$$

得

$$[1\times(-7)-1\times(-6)]x_1 = 5\times(-7)-(-8)\times(-6).$$

因此

$$x_1 = \frac{5\times(-7)-(-8)\times(-6)}{1\times(-7)-1\times(-6)} = \frac{-35-48}{-1} = 83.$$

观察上式中 x_1 的表达式中的分子分母,对照原方程组的系数矩阵

$$A=\begin{pmatrix}1 & -6\\ 1 & -7\end{pmatrix}.$$

x_1 的表达式的分母 $1\times(-7)-1\times(-6)$ 正好是系数矩阵 $\boldsymbol{A}$ 中两条对角线上元素乘积之差,记为 $\begin{vmatrix}1 & -6\\ 1 & -7\end{vmatrix}$,简记为 $|\boldsymbol{A}|$.

x_1 的表达式的分子 $5\times(-7)-(-8)\times(-6)$ 正好是 $\boldsymbol{A}_1=\begin{pmatrix}5 & -6\\ -8 & -7\end{pmatrix}$ 中两条对角线上元素乘积之差,记为 $\begin{vmatrix}5 & -6\\ -8 & -7\end{vmatrix}$,简记为 $|\boldsymbol{A}_1|$. 注意,$\boldsymbol{A}_1$ 是在 $\boldsymbol{A}$ 中用 $\begin{pmatrix}5\\ -8\end{pmatrix}$ 代替第一列 $\begin{pmatrix}1\\ 1\end{pmatrix}$ 得到的. 这样,$x_1=\dfrac{|\boldsymbol{A}_1|}{|\boldsymbol{A}|}=83$(匹). 类似可得

$$x_2=\frac{|\boldsymbol{A}_2|}{|\boldsymbol{A}|}=\frac{\begin{vmatrix}1 & 5\\ 1 & -8\end{vmatrix}}{\begin{vmatrix}1 & -6\\ 1 & -7\end{vmatrix}}=\frac{1\times(-8)-5\times 1}{1\times(-7)-(-6)\times 1}=\frac{-13}{-1}=13(\text{人}).$$

由例 7.6.1 启发,我们可以给出二阶行列式的定义.

定义 7.6.1 (二阶行列式)　设 $\boldsymbol{A}=\begin{bmatrix}a_{11} & a_{12}\\ a_{21} & a_{22}\end{bmatrix}$ 为二阶方阵,则方阵 $\boldsymbol{A}$ 的行列式 $|\boldsymbol{A}|$ 定义为一个数,$|\boldsymbol{A}|=a_{11}a_{22}-a_{12}a_{21}$,表示为 $\begin{vmatrix}a_{11} & a_{12}\\ a_{21} & a_{22}\end{vmatrix}$,称为**二阶行列式**.

类似于例 7.6.1 解法可解三元线性方程组,由之启发我们可以定义三阶行列式.

定义 7.6.2 (三阶行列式)　设 $\boldsymbol{A}=\begin{bmatrix}a_{11} & a_{12} & a_{13}\\ a_{21} & a_{22} & a_{23}\\ a_{31} & a_{32} & a_{33}\end{bmatrix}$ 为三阶方阵,则方阵 $\boldsymbol{A}$ 的行列式 $|\boldsymbol{A}|$ 定义为下面的数

$$|\boldsymbol{A}|=a_{11}a_{22}a_{33}+a_{12}a_{23}a_{31}+a_{13}a_{21}a_{32}-a_{11}a_{23}a_{32}-a_{12}a_{21}a_{33}-a_{13}a_{22}a_{31},$$

表示为

$$\begin{vmatrix}a_{11} & a_{12} & a_{13}\\ a_{21} & a_{22} & a_{23}\\ a_{31} & a_{32} & a_{33}\end{vmatrix},$$

称为**三阶行列式**.

从二阶行列式和三阶行列式的上述定义中可以看出,二阶行列式的值为 2 项之代数和,每项都是既不同行又不同列的元素的乘积;三阶行列式的值为 6 项之代数和,每项也都是既不同行又不同列的元素的乘积.计算二阶行列式的展开式项数 $2=2!$,计算三阶行列式的展开式项数 $6=3!$.剩下的问题是每项之前的正、负号如何确定?

注 7.6.1 三阶行列式的展开式六项中每项可写成

$$a_{1j_1}a_{2j_2}a_{3j_3},$$

式中,第二个下标列 $j_1j_2j_3$ 是 1,2,3 的一个排列.如果把 1,2,3 的一个排列中某两个数互相交换位置,其他的数保持不动,就得到另一个排列,这种作法称为对排列 1,2,3 施行一个对换.为了得到 $j_1j_2j_3$ 可把 1,2,3 施行若干次对换,当 $j_1j_2j_3$ 给定时,所需对换次数 j 的奇偶性是确定的[7],令

$$\tau(j_1j_2j_3)=\begin{cases}1, & j\text{ 是奇数},\\ 2, & j\text{ 是偶数}.\end{cases}$$

则易见,三阶行列式

$$|\boldsymbol{A}|=\sum_{(j_1j_2j_3)}(-1)^{\tau(j_1j_2j_3)}a_{1j_1}a_{2j_2}a_{3j_3},$$

求和是对 1,2,3 所有可能的排列 $j_1j_2j_3$ 进行的,例如

$$+a_{13}a_{21}a_{32}=(-1)^{\tau(312)}a_{13}a_{21}a_{32}=(-1)^2a_{13}a_{21}a_{32},$$

$$-a_{11}a_{23}a_{32}=(-1)^{\tau(132)}a_{11}a_{23}a_{32}=(-1)^1a_{11}a_{23}a_{32},$$

$$-a_{12}a_{21}a_{33}=(-1)^{\tau(213)}a_{12}a_{21}a_{33}=(-1)^1a_{12}a_{21}a_{33}.$$

类似地,二阶行列式

$$\begin{vmatrix}a_{11} & a_{12}\\ a_{21} & a_{22}\end{vmatrix}=\sum_{(j_1j_2)}(-1)^{\tau(j_1j_2)}a_{1j_1}a_{2j_2}.$$

为了定义 n 阶行列式,我们首先对 $1,2,\cdots,n$ 的任一排列 $j_1j_2\cdots j_n$,定义 $\tau(j_1j_2\cdots j_n)$.为了得到 $j_1j_2\cdots j_n$,可把 $1,2,\cdots,n$ 施行若干次对换,当 $j_1j_2\cdots j_n$ 给定时,所需对换次数 j 的奇偶性是确定的[7],令

$$\tau(j_1j_2\cdots j_n)=\begin{cases}1, & j\text{ 是奇数},\\ 2, & j\text{ 是偶数}.\end{cases}$$

现在我们给出 n 阶行列式的定义.

定义 7.6.3（n 阶行列式） 设 $\boldsymbol{A}=\begin{pmatrix}a_{11} & a_{12} & \cdots & a_{1n}\\ a_{21} & a_{22} & \cdots & a_{2n}\\ \vdots & \vdots & & \vdots\\ a_{n1} & a_{n2} & \cdots & a_{nn}\end{pmatrix}$ 是 n 阶方阵,则 $\boldsymbol{A}$

的 n 阶行列式 $|\boldsymbol{A}|$ 定义为

$$|\boldsymbol{A}| = \sum_{(j_1j_2\cdots j_n)} (-1)^{\tau(j_1j_2\cdots j_n)} a_{1j_1}a_{2j_2}\cdots a_{nj_n},$$

其中求和是对 $1,2,3,\cdots,n$ 的所有可能的排列，显然共有 $n!$ 项，上述行列式 $|\boldsymbol{A}|$ 通常表示为

$$|\boldsymbol{A}| = \begin{vmatrix} a_{11} & a_{12} & \cdots & a_{1n} \\ a_{21} & a_{22} & \cdots & a_{2n} \\ \vdots & \vdots & & \vdots \\ a_{n1} & a_{n2} & \cdots & a_{nn} \end{vmatrix}.$$

$n=1$ 时，$\boldsymbol{A}=[a]$，则规定 $\boldsymbol{A}$ 的行列式 $|\boldsymbol{A}|=a$.

由定义 7.6.3，显然，当 $n=2,3$ 时，定义 7.6.3 分别与定义 7.6.1，定义 7.6.2 一致.

定理 7.6.1（行列式的性质）　1° 如果方阵 $\boldsymbol{A}$ 的某一行（如第 p 行）的各个元素乘以数 λ，其他各行保持不变，得到方阵 $\boldsymbol{B}$，则

$$|\boldsymbol{B}| = \lambda|\boldsymbol{A}|.$$

因此，如果方阵 $\boldsymbol{A}$ 有一行元素均为零，则 $|\boldsymbol{A}|=0$.

2° 设 $\boldsymbol{A},\boldsymbol{B},\boldsymbol{C}$ 是同阶方阵，且除了第 p 行之外，$\boldsymbol{A},\boldsymbol{B},\boldsymbol{C}$ 中的对应元素都相同，记为 $a_{i1},a_{i2},\cdots,a_{in}$，$i\neq p$，$\boldsymbol{A}$ 的第 p 行元素为 $a_{p1},a_{p2},\cdots,a_{pn}$，$\boldsymbol{B}$ 的第 p 行元素为 $b_{p1},b_{p2},\cdots,b_{pn}$，$\boldsymbol{C}$ 的第 p 行元素为 $a_{p1}+b_{p1},a_{p2}+b_{p2},\cdots,a_{pn}+b_{pn}$，则

$$|\boldsymbol{A}|+|\boldsymbol{B}|=|\boldsymbol{C}|.$$

3° 如果在方阵 $\boldsymbol{A}$ 中交换其中两行，其他各行保持不变，得到方阵 $\boldsymbol{B}$，则 $|\boldsymbol{B}|=-|\boldsymbol{A}|$.

4° 如果方阵 $\boldsymbol{A}$ 的某两行是相等的，则 $|\boldsymbol{A}|=0$. 因此，再结合 1°，则有：如果方阵 $\boldsymbol{A}$ 中有两行成比例，则 $|\boldsymbol{A}|=0$.

5° 把方阵 $\boldsymbol{A}$ 的某行代之以此行加上别的一行的常数倍数，其他各行保持不变，得到方阵 $\boldsymbol{B}$，则 $|\boldsymbol{B}|=|\boldsymbol{A}|$.

6° 把方阵 $\boldsymbol{A}$ 的行、列互换，得到的方阵记为 $\boldsymbol{A}^{\mathrm{T}}$，称为 $\boldsymbol{A}$ 的转置. 即，对所有的 i,j，$\boldsymbol{A}$ 的第 i 行是 $\boldsymbol{A}^{\mathrm{T}}$ 的第 i 列，$\boldsymbol{A}$ 的第 j 列是 $\boldsymbol{A}^{\mathrm{T}}$ 的第 j 行，则 $|\boldsymbol{A}^{\mathrm{T}}|=|\mathrm{A}|$.

7° 前五条 1° 到 5° 有关行的性质对列也同样成立.

证　6° 的证明有点困难，此处述而不证. 其他各条的证明都很容易. 这里仅给出 1° 与 2° 的证明为例.

1° 由定义 7.6.3

$$|\boldsymbol{B}| = \sum_{(j_1j_2\cdots j_n)} (-1)^{\tau(j_1j_2\cdots j_n)} a_{1j_1}\cdots(\lambda a_{pj_p})\cdots a_{nj_n}$$

$$= \lambda \sum_{(j_1 j_2 \cdots j_n)} (-1)^{\tau(j_1 j_2 \cdots j_n)} a_{1j_1} \cdots a_{pj_p} \cdots a_{nj_n} = \lambda \mid \boldsymbol{A} \mid.$$

2°由定义 7.6.3

$$\begin{aligned} \mid \boldsymbol{C} \mid &= \sum_{(j_1 j_2 \cdots j_n)} (-1)^{\tau(j_1 j_2 \cdots j_n)} a_{1j_1} \cdots (a_{pj_p} + b_{pj_p}) \cdots a_{nj_n} \\ &= \sum_{(j_1 j_2 \cdots j_n)} (-1)^{\tau(j_1 j_2 \cdots j_n)} a_{1j_1} \cdots a_{pj_p} \cdots a_{nj_n} \\ &\quad + \sum_{(j_1 j_2 \cdots j_n)} (-1)^{\tau(j_1 j_2 \cdots j_n)} a_{1j_1} \cdots b_{pj_p} \cdots a_{nj_n} \\ &= \mid \boldsymbol{A} \mid + \mid \boldsymbol{B} \mid. \end{aligned}$$

注 7.6.2 矩阵 $\boldsymbol{A}$ 的行列式 $|\boldsymbol{A}|$ 可视为 $\boldsymbol{A}$ 中 n 个行向量的函数，令

$$\boldsymbol{\alpha}_i = (a_{i1}, a_{i2}, \cdots, a_{in}),\ i = 1, 2, \cdots, n,$$

则 $|\boldsymbol{A}|$ 可写为

$$\mid \boldsymbol{A} \mid = f(\boldsymbol{\alpha}_1, \boldsymbol{\alpha}_2, \cdots, \boldsymbol{\alpha}_n),$$

由定理 7.6.1 之 1°及 2°知，$|\boldsymbol{A}|$ 关于 $\boldsymbol{A}$ 中任一个行向量是线性的. 例如，有

$$\begin{aligned} f(\lambda\boldsymbol{\alpha}_1 + \mu\boldsymbol{\beta}_1, \boldsymbol{\alpha}_2, \cdots, \boldsymbol{\alpha}_n) &= f(\lambda\boldsymbol{\alpha}_1, \boldsymbol{\alpha}_2, \cdots, \boldsymbol{\alpha}_n) + f(\mu\boldsymbol{\beta}_1, \boldsymbol{\alpha}_2, \cdots, \boldsymbol{\alpha}_n) \\ &= \lambda f(\boldsymbol{\alpha}_1, \boldsymbol{\alpha}_2, \cdots, \boldsymbol{\alpha}_n) + \mu f(\boldsymbol{\beta}_1, \boldsymbol{\alpha}_2, \cdots, \boldsymbol{\alpha}_n). \end{aligned}$$

如果用上述记号，$|\boldsymbol{A}| = f(\boldsymbol{\alpha}_1, \boldsymbol{\alpha}_2, \cdots, \boldsymbol{\alpha}_n)$，则定理 7.6.1 中 3°, 4°, 5°也可简单地表述. 例如，有

$$\begin{aligned} & f(\boldsymbol{\alpha}_2, \boldsymbol{\alpha}_1, \boldsymbol{\alpha}_3, \cdots, \boldsymbol{\alpha}_n) = -f(\boldsymbol{\alpha}_1, \boldsymbol{\alpha}_2, \boldsymbol{\alpha}_3, \cdots, \boldsymbol{\alpha}_n), \\ & f(\boldsymbol{\alpha}_1, \lambda\boldsymbol{\alpha}_1, \boldsymbol{\alpha}_3, \cdots, \boldsymbol{\alpha}_n) = 0 \quad (\lambda \text{ 为任何实数}), \\ & f(\boldsymbol{\alpha}_1 + \lambda\boldsymbol{\alpha}_2, \boldsymbol{\alpha}_2, \boldsymbol{\alpha}_3, \cdots, \boldsymbol{\alpha}_n) = f(\boldsymbol{\alpha}_1, \boldsymbol{\alpha}_2, \cdots, \boldsymbol{\alpha}_n). \end{aligned}$$

例 7.6.2（行列式的计算） 1° 计算下三角形行列式，

$$|\boldsymbol{A}| = \begin{vmatrix} a_{11} & 0 & \cdots & 0 & 0 \\ a_{21} & a_{22} & \cdots & 0 & 0 \\ \vdots & \vdots & & \vdots & \vdots \\ a_{n-1,1} & a_{n-1,2} & \cdots & a_{n-1,n-1} & 0 \\ a_{n1} & a_{n2} & \cdots & a_{n,n-1} & a_{nn} \end{vmatrix}.$$

解 由定义 7.6.3

$$\mid \boldsymbol{A} \mid = \sum_{(j_1 j_2 \cdots j_n)} (-1)^{\tau(j_1 j_2 \cdots j_n)} a_{1j_1} a_{2j_2} \cdots a_{nj_n}.$$

先看 a_{1j_1} 的可能情形，a_{1j_1} 为 $|\boldsymbol{A}|$ 的第一行中元素，当 $j_1 \neq 1$ 时，$a_{1j_1} = 0$，故

$$|\mathbf{A}| = \sum_{(1j_2\cdots j_n)} (-1)^{\tau(1j_2\cdots j_n)} a_{11}a_{2j_2}\cdots a_{nj_n}.$$

再看 a_{2j_2} 的可能情形，当 $j_2\neq 1, j_2\neq 2$ 时，$a_{2j_2}=0$，但 $j_1j_2\cdots j_n$ 为 $1,2,\cdots,n$ 的一个排列，已有 $j_1=1$，故 $j_2\neq 1$. 因此

$$|\mathbf{A}| = \sum_{(12j_3\cdots j_n)} (-1)^{\tau(12j_3\cdots j_n)} a_{11}a_{22}a_{3j_3}\cdots a_{nj_n},$$

类似上述过程逐步推下去，得到 $|\mathbf{A}| = (-1)^{\tau(123\cdots n)} a_{11}a_{22}\cdots a_{nn} = a_{11}a_{22}\cdots a_{nn}$.

由定理 7.6.1 中 6°或直接用定义 7.6.3 可得上三角形行列式 $|\mathbf{A}^{\mathrm{T}}| = a_{11}a_{22}\cdots a_{nn}$.

计算一般行列式的常用方法是利用行列式的性质定理 7.6.1，把行列式化成上三角形行列式或下三角形行列式来计算，参见下面例 2°.

2° 计算行列式 $\begin{vmatrix} 1 & 2 & 3 & 4 \\ 2 & 3 & 4 & 1 \\ 3 & 4 & 1 & 2 \\ 4 & 1 & 2 & 3 \end{vmatrix}$.

解

$$\begin{vmatrix} 1 & 2 & 3 & 4 \\ 2 & 3 & 4 & 1 \\ 3 & 4 & 1 & 2 \\ 4 & 1 & 2 & 3 \end{vmatrix} \xlongequal{L_4+L_3+L_2+L_1} \begin{vmatrix} 1 & 2 & 3 & 4 \\ 2 & 3 & 4 & 1 \\ 3 & 4 & 1 & 2 \\ 10 & 10 & 10 & 10 \end{vmatrix}$$

$$= 10\begin{vmatrix} 1 & 2 & 3 & 4 \\ 2 & 3 & 4 & 1 \\ 3 & 4 & 1 & 2 \\ 1 & 1 & 1 & 1 \end{vmatrix} \xlongequal{L_1\leftrightarrow L_2} -10\begin{vmatrix} 1 & 1 & 1 & 1 \\ 2 & 3 & 4 & 1 \\ 3 & 4 & 1 & 2 \\ 1 & 2 & 3 & 4 \end{vmatrix} \xlongequal[L_4-L_1]{L_2-2L_1 \\ L_3-3L_1} -10\begin{vmatrix} 1 & 1 & 1 & 1 \\ 0 & 1 & 2 & -1 \\ 0 & 1 & -2 & -1 \\ 0 & 1 & 2 & 3 \end{vmatrix}$$

$$\xlongequal[L_4-L_2]{L_3-L_2} -10\begin{vmatrix} 1 & 1 & 1 & 1 \\ 0 & 1 & 2 & -1 \\ 0 & 0 & -4 & 0 \\ 0 & 0 & 0 & 4 \end{vmatrix} = (-10)\times 1\times 1\times(-4)\times 4 = 160.$$

注 7.6.3　行列式还有其他等价的定义方法及其他重要性质，此处就不一一讨论了. 有兴趣的读者可参见文献[7].

下面给出行列式的两个重要应用，述而不证.

定理 7.6.2（方阵可逆的一个充要条件）　设 $\mathbf{A}$ 为 n 阶方阵，则 $\mathbf{A}$ 的逆矩阵 $\mathbf{A}^{-1}$ 存在的充要条件是 $|\mathbf{A}|\neq 0$.

定理 7.6.3（克拉默法则，G. Cramer, 1704～1752，瑞士人）　1° 设 $\mathbf{A}$ 是 n 阶

方阵,$\boldsymbol{x}=\begin{pmatrix}x_1\\x_2\\\vdots\\x_n\end{pmatrix}$,$\boldsymbol{b}=\begin{pmatrix}b_1\\b_2\\\vdots\\b_n\end{pmatrix}$.如果$|\boldsymbol{A}|\neq 0$,则线性方程组$\boldsymbol{Ax}=\boldsymbol{b}$有惟一一组解,且解为

$$x_1=\frac{|\boldsymbol{A}_1|}{|\boldsymbol{A}|},\ x_2=\frac{|\boldsymbol{A}_2|}{|\boldsymbol{A}|},\cdots,x_n=\frac{|\boldsymbol{A}_n|}{|\boldsymbol{A}|}.$$

式中,$\boldsymbol{A}_k$是将系数矩阵$\boldsymbol{A}$中第k列换为常数列$\boldsymbol{b}$所得到的矩阵.

2° 设$\boldsymbol{A}$是n阶方阵,$\boldsymbol{x}$为n维列向量.如果存在n维列向量$\boldsymbol{b}$使得方程组$\boldsymbol{Ax}=\boldsymbol{b}$有惟一一组解,则$|\boldsymbol{A}|\neq 0$.

例 7.6.3(克拉默法则的应用) 求解线性方程组

$$\begin{cases}x_1+2x_2+x_3=-2,\\2x_1+x_2+3x_3=1,\\x_1+x_2+x_3=0.\end{cases}$$

解

$$|\boldsymbol{A}|=\begin{vmatrix}1&2&1\\2&1&3\\1&1&1\end{vmatrix}\xlongequal[L_3-L_1]{L_2-2L_1}\begin{vmatrix}1&2&1\\0&-3&1\\0&-1&0\end{vmatrix}\xlongequal{L_2\leftrightarrow L_3}-\begin{vmatrix}1&2&1\\0&-1&0\\0&-3&1\end{vmatrix}$$

$$\xlongequal{L_3-3L_2}-\begin{vmatrix}1&2&1\\0&-1&0\\0&0&1\end{vmatrix}=1,$$

$$|\boldsymbol{A}_1|=\begin{vmatrix}-2&2&1\\1&1&3\\0&1&1\end{vmatrix}=-2+0+1+6-2-0=3,$$

易见

$$|\boldsymbol{A}_2|=\begin{vmatrix}1&-2&1\\2&1&3\\1&0&1\end{vmatrix}=-2,\quad |\boldsymbol{A}_3|=\begin{vmatrix}1&2&-2\\2&1&1\\1&1&0\end{vmatrix}=-1.$$

由克拉默法则,得

$$x_1=\frac{|\boldsymbol{A}_1|}{|\boldsymbol{A}|}=\frac{3}{1}=3,\ x_2=\frac{|\boldsymbol{A}_2|}{|\boldsymbol{A}|}=\frac{-2}{1}=-2,\ x_3=\frac{|\boldsymbol{A}_3|}{|\boldsymbol{A}|}=\frac{-1}{1}=-1.$$

习 题 7

(A)

1. 解下列线性方程组.

(1) $\begin{cases}3x+y+z=1,\\ x+3y+z=1,\\ x+y+3z=1;\end{cases}$　　(2) $\begin{cases}x_1+2x_2+x_3=-2,\\ 2x_1+x_2+3x_3=1,\\ x_1+x_2+x_3=0;\end{cases}$

(3) $\begin{cases}2x_1-3x_2+x_3=10,\\ x_1+4x_2-2x_3=-8,\\ 3x_1+2x_2-x_3=1;\end{cases}$　　(4) $\begin{cases}x_1-3x_2+4x_3-5x_4=0,\\ x_1-x_2-x_3+2x_4=0,\\ x_1+2x_2+5x_4=0,\\ 2x_1-x_2+3x_3-2x_4=0.\end{cases}$

2. 计算

(1) $\begin{pmatrix}2&1&0\\1&1&2\\-1&2&1\end{pmatrix}+\begin{pmatrix}3&1&-2\\3&-2&1\\-3&1&-1\end{pmatrix}$;

(2) 求 $\boldsymbol{X}$ 使得 $\begin{pmatrix}2&1&1\\3&1&2\\-1&0&1\end{pmatrix}+\boldsymbol{X}-\begin{pmatrix}2&3&0\\-1&0&-1\\2&-1&1\end{pmatrix}=\begin{pmatrix}1&2&3\\4&5&6\\-3&-1&2\end{pmatrix}$.

3. (1) 求 $\begin{pmatrix}3&1&1\\2&1&2\\1&2&3\end{pmatrix}\begin{pmatrix}-1&1&1\\1&2&-1\\1&1&0\end{pmatrix}$;

(2) 设 $\boldsymbol{A}=\begin{pmatrix}2&4\\1&-1\\3&1\end{pmatrix}$, $\boldsymbol{B}=\begin{pmatrix}2&3&1\\2&1&0\end{pmatrix}$, $\boldsymbol{C}=\begin{pmatrix}2&1&3\\4&-1&-2\\-1&0&1\end{pmatrix}$,求 $\boldsymbol{AB}$,$(\boldsymbol{AB})\boldsymbol{C}$,$\boldsymbol{BC}$,$\boldsymbol{A}(\boldsymbol{BC})$.

4. (1) 如果可能,执行下面的运算.如果不可能,解释原因.

a. $(1,3)\begin{pmatrix}4&2&3\\-1&0&2\end{pmatrix}$;　　b. $\begin{pmatrix}4&2&3\\-1&0&2\end{pmatrix}+(1,3)$;

c. $5\begin{pmatrix}4&2&3\\-1&0&2\end{pmatrix}+\begin{pmatrix}3\\-1\end{pmatrix}(1,7,5)$;　　d. $\begin{pmatrix}3&2\\4&1\end{pmatrix}\begin{pmatrix}3\\1\end{pmatrix}$;

e. $\begin{pmatrix}3&2&5\\1&6&7\\0&5&-2\end{pmatrix}+\begin{pmatrix}-2&5&1\\1&2&3\\3&2&1\end{pmatrix}$;　　f. $\begin{pmatrix}2&1\\3&5\end{pmatrix}+\begin{pmatrix}3&0&5\\2&1&3\\5&2&1\end{pmatrix}$.

(2) 如有定义,求出下面的二矢量的内积$\langle\boldsymbol{\alpha},\boldsymbol{\beta}\rangle$,且表为矩阵乘法形式.

a. $\boldsymbol{\alpha}=(3,-2,5)$, $\boldsymbol{\beta}=(3,4)$;　　b. $\boldsymbol{\alpha}=(3,2,5)$, $\boldsymbol{\beta}=(1,0,4,1)$;

c. $\boldsymbol{\alpha}=(3,-2,5)$,$\boldsymbol{\beta}=(1,0,4)$.

5. 求解下面式子中的未知量,或未知向量,或未知矩阵.

(1) 求 x 满足$(3,-2,0,5)\begin{pmatrix}4\\5\\3\\x\end{pmatrix}=-13$;

(2) $\begin{pmatrix}x\\y\\z\end{pmatrix}=4\begin{pmatrix}-1\\2\\5\end{pmatrix}$;

(3) $\begin{pmatrix}3\\4\end{pmatrix}+\begin{pmatrix}x\\y\end{pmatrix}=\begin{pmatrix}7\\10\end{pmatrix}$;

(4) $\begin{pmatrix}3&5\\2&1\end{pmatrix}\boldsymbol{X}=\begin{pmatrix}-9\\1\end{pmatrix}$;

(5) $\begin{pmatrix}3&7&2&5\\4&-1&2&0\end{pmatrix}+\boldsymbol{X}=\begin{pmatrix}-1&3&2&1\\0&2&3&1\end{pmatrix}$.

6. (1) 令 $\boldsymbol{A}=\begin{pmatrix}1&-2\\2&0\end{pmatrix}$, $\boldsymbol{B}=\begin{pmatrix}-1&2\\1&1\end{pmatrix}$, $\boldsymbol{C}=\begin{pmatrix}-1&2\\2&1\end{pmatrix}$,计算

a. $\boldsymbol{AB}$ 与 $\boldsymbol{BA}$;　　b. $(\boldsymbol{AB})\boldsymbol{C}$, $\boldsymbol{BC}$, $\boldsymbol{A}(\boldsymbol{BC})$;

c. $\boldsymbol{A}^2$, $\boldsymbol{B}^2$, $\boldsymbol{A}^3$;　d. $(\boldsymbol{A}+\boldsymbol{B})^2$ 与 $(\boldsymbol{A}+\boldsymbol{B})(\boldsymbol{A}-\boldsymbol{B})$.

(2) 由上一小题的事实,你能得出关于矩阵运算的哪些结论?

7. 图 7.1 表示五个城市之间直飞的航线. 如果 $\boldsymbol{M}$ 表示下述矩阵

$$\begin{array}{c} \\ A\\B\\C\\D\\E\end{array}\begin{array}{c}\begin{matrix}A&B&C&D&E\end{matrix}\\ \begin{bmatrix}0&1&1&1&0\\1&0&0&0&1\\1&0&0&1&1\\1&0&1&0&1\\0&1&1&1&0\end{bmatrix}\end{array}$$

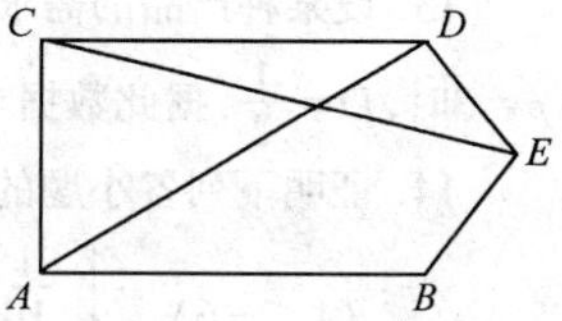

图 7.1

试求出 $\boldsymbol{M}^2$,并解释 $\boldsymbol{M}^2$ 的实际意义.

8. 解下列方程组.

(1) $\begin{cases}x+z=1,\\y-2z=3,\\3x+y+z=6;\end{cases}$　　(2) $\begin{cases}x-y+z=4,\\2x+y-2z=6.\end{cases}$

9. 求下列齐次方程组的一个基础解系,并用之写出方程组的通解.

(1) $\begin{cases}x+3y=10,\\2x+6y=20,\\2x+4y-2z=12;\end{cases}$

(2) $\begin{cases}x_1-2x_2+3x_3-4x_4=0,\\x_2-x_3+x_4=0,\\x_1+3x_2-3x_4=0,\\x_1-4x_2+3x_3-2x_4=0;\end{cases}$

(3) $x_1+x_2+x_3+x_4+x_5=0$;

(4) $\begin{cases} x_1+2x_2+3x_3+3x_4+7x_5=0, \\ 3x_1+2x_2+x_3+x_4-3x_5=0, \\ x_2+2x_3+2x_4+6x_5=0, \\ 5x_1+4x_2+3x_3+3x_4-x_5=0. \end{cases}$

10. 用对应的齐次线性方程组的一个基础解系与非齐次线性方程组的一个特解表出下列线性方程组的通解.

(1) $\begin{cases} x-2y-3z=-3, \\ 7x-14y-21z=-21, \\ 11x-22y-33z=-33; \end{cases}$　　(2) $\begin{cases} 2x_1+x_2-x_3+x_4=1, \\ x_1+2x_2+x_3-x_4=2, \\ x_1+x_2+2x_3+x_4=3; \end{cases}$

(3) $x_1+2x_2+3x_3+4x_4+5x_5=1$.

11. 设 $\boldsymbol{A}=\begin{pmatrix} 1 & 1 & 1 & 1 \\ 3 & 1 & 2 & 0 \\ 1 & 3 & 2 & 4 \\ 0 & 2 & 1 & 3 \end{pmatrix}$，$\boldsymbol{x}=\begin{pmatrix} x_1 \\ x_2 \\ x_3 \\ x_4 \end{pmatrix}$，$\boldsymbol{b}=\begin{pmatrix} p \\ 4 \\ 0 \\ q \end{pmatrix}$. 试问当 p,q 为何值时线性方程组 $\boldsymbol{Ax}=\boldsymbol{b}$ 有解,有解时用对应齐次线性方程组的基础解系表出方程组的全部解.

12. 某人现有 12400 元投资买进三种债券 A,B,C. 三种债券的年利率分别为 9%,10%,11%. 一年期满后,他从 B 种债券的获利比从 C 种债券的获利多 100 元,三种债券的获利总数为 1250 元. 问此人买进的三种债券各是多少元?

13. 设某种产品的需求曲线为 $D=ap^2+bp+c$,且已知 $p=1$ 时,$D=2$; $p=2$ 时,$D=1$; $p=3$时,$D=\frac{1}{2}$. 据此数据求出需求曲线,且预测当 $p=4$ 时的 D 是多少?

14. 证明下列各小题的矩阵互为逆矩阵

(1) $\begin{pmatrix} 4 & -6 \\ 2 & 2 \end{pmatrix}$和$\begin{pmatrix} \frac{1}{10} & \frac{3}{10} \\ -\frac{1}{10} & \frac{2}{10} \end{pmatrix}$;

(2) $\begin{pmatrix} 5 & 7 \\ 3 & 4 \end{pmatrix}$和$\begin{pmatrix} -4 & 7 \\ 3 & -5 \end{pmatrix}$;

(3) $\begin{pmatrix} 2 & 0 & 2 \\ 4 & 2 & 0 \\ 2 & -2 & 2 \end{pmatrix}$和$\begin{pmatrix} -\frac{1}{4} & \frac{1}{4} & \frac{1}{4} \\ \frac{1}{2} & 0 & -\frac{1}{2} \\ \frac{3}{4} & -\frac{1}{4} & -\frac{1}{4} \end{pmatrix}$;

(4) $\begin{pmatrix} a_{11} & a_{12} \\ a_{21} & a_{22} \end{pmatrix}$和$\begin{pmatrix} \frac{a_{22}}{\Delta} & \frac{-a_{12}}{\Delta} \\ \frac{-a_{21}}{\Delta} & \frac{a_{11}}{\Delta} \end{pmatrix}$,其中 $\Delta=a_{11}a_{22}-a_{12}a_{21}\neq 0$.

15. 试求下列矩阵的逆矩阵(如果存在).

(1) $\begin{pmatrix} 0 & 0 & 1 \\ 0 & 1 & 0 \\ 1 & 0 & 0 \end{pmatrix}$;　　(2) $\begin{pmatrix} 1 & 0 & 1 \\ 0 & 1 & 0 \\ 1 & 0 & 0 \end{pmatrix}$;

(3) $\begin{pmatrix}1&-1&1\\1&1&1\\1&1&1\end{pmatrix}$; (4) $\begin{pmatrix}1&-1&2\\3&1&0\\2&3&1\end{pmatrix}$.

16. 已知下列方程组的系数矩阵存在逆矩阵,分别求之,并用之解方程.

(1) $\begin{cases}x-y+3z=8,\\2x+y+2z=6,\\x+2y+z=0;\end{cases}$ (2) $\begin{cases}x-y+3z=a,\\2x+y+2z=b,\\x+2y+z=c;\end{cases}$

(3) $\begin{cases}-2x-3y+z=3,\\x+2y+z=1,\\-x-y+3z=6.\end{cases}$

17. 求 $\boldsymbol{X}$ 使 $\begin{pmatrix}3&0&8\\3&-1&6\\-2&0&-5\end{pmatrix}\boldsymbol{X}=\begin{pmatrix}1&-1&2\\-1&3&4\\-2&0&5\end{pmatrix}$.

(B)

1. 设 $\boldsymbol{AB}=\boldsymbol{BA}$,证明:

(1) $(\boldsymbol{A}+\boldsymbol{B})^2=\boldsymbol{A}^2+2\boldsymbol{AB}+\boldsymbol{B}^2$,

(2) $(\boldsymbol{A}+\boldsymbol{B})(\boldsymbol{A}-\boldsymbol{B})=\boldsymbol{A}^2-\boldsymbol{B}^2$.

2. 设 $\boldsymbol{A}$ 为 n 阶方阵,$\boldsymbol{I}$ 为 n 阶单位矩阵,证明:$(\boldsymbol{A}-\boldsymbol{I})(\boldsymbol{A}^2+\boldsymbol{A}+\boldsymbol{I})=\boldsymbol{A}^3-\boldsymbol{I}$.

3. 已知 $\boldsymbol{A}^{-1}=\begin{pmatrix}2&3&4\\2&1&1\\-1&1&2\end{pmatrix}$,求 $\boldsymbol{A}$.

4. 设 $\boldsymbol{A}=\begin{pmatrix}1&0&1\\0&2&0\\1&0&1\end{pmatrix}$,矩阵 $\boldsymbol{X}$ 满足 $\boldsymbol{AX}+\boldsymbol{I}=\boldsymbol{A}^2+\boldsymbol{X}$,试求 $\boldsymbol{X}$.

5. 决定相应行列式中的下列各项前面的正负号.

(1) $a_{11}a_{23}a_{34}a_{42}$; (2) $a_{14}a_{23}a_{31}a_{42}$;

(3) $a_{12}a_{21}a_{34}a_{45}a_{53}$.

6. 用行列式的定义计算下列行列式.

(1) $\begin{vmatrix}0&a_1&0&0&0\\0&0&a_2&0&0\\0&0&0&0&a_3\\a_4&0&0&0&0\\0&0&0&a_5&0\end{vmatrix}$; (2) $\begin{vmatrix}0&1&0&\cdots&0\\0&0&2&\cdots&0\\\vdots&\vdots&\vdots&&\vdots\\0&0&0&\cdots&n-1\\n&0&0&\cdots&0\end{vmatrix}$.

7. 计算下列行列式.

(1) $\begin{vmatrix}1&1&-1&3\\-1&-1&2&1\\2&5&2&4\\1&2&3&2\end{vmatrix}$; (2) $\begin{vmatrix}1&4&9&16\\4&9&16&25\\9&16&25&36\\16&25&36&49\end{vmatrix}$;

(3) $\begin{vmatrix} 5 & 0 & 4 & 2 \\ 1 & -1 & 2 & 1 \\ 4 & 1 & 2 & 0 \\ 1 & 1 & 1 & 1 \end{vmatrix}$； (4) $\begin{vmatrix} 1 & \frac{1}{2} & 0 & 1 & -1 \\ 2 & 0 & -1 & 1 & 1 \\ 3 & 2 & 1 & \frac{1}{2} & -\frac{1}{2} \\ 1 & 0 & 1 & -1 & 1 \\ 1 & -1 & 0 & 1 & 2 \end{vmatrix}$.

8. 用克拉默法则求解方程组

$$\begin{cases} x_1 + x_2 - 2x_3 = -3, \\ 5x_1 - 2x_2 + 7x_3 = 22, \\ 2x_1 - 5x_2 + 4x_3 = 4. \end{cases}$$

9. 分别用克拉默法则和高斯消元法解方程组

$$\begin{cases} x_1 + x_2 + x_3 + x_4 = 1, \\ -x_1 + x_2 + x_3 + x_4 = -1, \\ -x_1 - x_2 + x_3 + x_4 = -3, \\ -x_1 - x_2 - x_3 + x_4 = -3. \end{cases}$$

10. 行列式有下述重要性质：设 $\boldsymbol{A}, \boldsymbol{B}$ 是同阶方阵，则 $|\boldsymbol{AB}| = |\boldsymbol{A}| \cdot |\boldsymbol{B}|$.
试利用上述性质证明：如果 $\boldsymbol{A}$ 为奇数阶方阵，且 $|\boldsymbol{A}| = 1, \boldsymbol{A}^{\mathrm{T}} = \boldsymbol{A}^{-1}$，则 $\boldsymbol{I} - \boldsymbol{A}$ 不可逆.

11. 用对应齐次线性方程组的一个基础解系表出下述线性方程组的通解.

$$\begin{cases} x_1 - 5x_2 + 2x_3 - 3x_4 = 11, \\ -3x_1 + x_2 - 4x_3 + 2x_4 = -5, \\ -x_1 - 9x_2 - 4x_4 = 17, \\ 5x_1 + 3x_2 + 6x_3 - x_4 = -1. \end{cases}$$

12. 试求下列矩阵的逆矩阵(如果存在).

(1) $\begin{pmatrix} 1 & 0 & 1 & 1 \\ 0 & 1 & 0 & 0 \\ 1 & 0 & 1 & 0 \\ 1 & 1 & 1 & 1 \end{pmatrix}$； (2) $\begin{pmatrix} 1 & 1 & 0 & 5 \\ 1 & 1 & 1 & 2 \\ 1 & -1 & 2 & 3 \\ 1 & 0 & 2 & 4 \end{pmatrix}$.

参 考 文 献

1 R C Buck, E F Buck. Advanced Calculus. New York: McGraw-Hill Book Company,1978

2 高祖新,陈华钧.概率论与数理统计(讲义).1994

3 黄正中.高等数学(上、下册). 北京:人民教育出版社,1979

4 方企勤.数学分析(第一册).北京:高等教育出版社,1987

5 Lev S Pontrjagin. Learning Higher Mathematics. Berlin Heidelberg New York: Springer-Verlag, 1984

6 W Rudin. Principles of Mathematical Analysis. New York: McGraw-Hill Book Company, 1976

7 王萼芳.高等代数教程(上).北京:清华大学出版社,1997

8 R E wheeler, W D Peeples, Jr. Modern Mathematics with Applications to Business and the Social Sciences. Monterey, California: Brooks/Cole Publishing Company, 1986

9 吴可杰.统计学原理. 南京:南京大学出版社,1994

10 姚天行,滕利邦,朱乃谦.大学数学教程(文一讲义,上、下册).1999

11 张天岭.大学数学教程(文二讲义上册).1999

12 庄亚栋,王慕三.数学分析(上册、中册、下册).北京:高等教育出版社,1990

13 鲁又文.数学古今谈.天津:天津科学技术出版社,1984

14 李文林.数学史教程.北京:高等教育出版社,施普林格出版社,2000

15 王迺信.微积分.北京:高等教育出版社,2000

16 姚天行,孔敏,滕利邦,朱乃谦.大学数学(微积分部分).北京:科学出版社,2002

17 赵树嫄.微积分(修订本).北京:中国人民大学出版社,2001

附录 A 二元函数的可微性

在此附录中我们将对一元函数的导数概念作本质的推广,定义二元函数的可微性,并在可微的条件下给出求复合函数的偏导数的链式法则的证明.

考察定理 5.2.2 的结论,人们自然会对照一元函数 $y=f(x)$ 在 x_0 处可微情形,提出下面的问题.

当 $z=f(x,y)$ 在 (x_0,y_0) 的两个一阶偏导数存在时,定理 5.2.2 的结论是否必成立?

由下面的例 A.1 可知,回答是否定的.

例 A.1 令 $z=f(x,y)=\sqrt{|xy|}$,证明:$f'_x(0,0)$,$f'_y(0,0)$ 均存在,但定理 5.2.2 的结论不成立.

证 因 $f(0,0)=0$, $f(x,0)=0$, $f(0,y)=0$,故

$$f'_x(0,0)=\lim_{x\to 0}\frac{f(x,0)-f(0,0)}{x-0}=0,$$

$$f'_y(0,0)=\lim_{y\to 0}\frac{f(0,y)-f(0,0)}{y-0}=0,$$

$$\Delta z-f'_x(0,0)\Delta x-f'_y(0,0)\Delta y=\Delta z=\sqrt{|xy|}.$$

注意,$\rho=\sqrt{x^2+y^2}$,现证定理 5.2.2 的结论不成立.等价地,即证明

$$\lim_{\rho\to 0}\frac{\Delta z-f'_x(0,0)\Delta x-f'_y(0,0)\Delta y}{\rho}=0$$

不成立.在 $\frac{\sqrt{|xy|}}{\rho}=\frac{\sqrt{|xy|}}{\sqrt{x^2+y^2}}$ 中,令 $y=x$,则得到函数 $\frac{\sqrt{x^2}}{\sqrt{2x^2}}=\frac{1}{\sqrt{2}}\to\frac{1}{\sqrt{2}}$ (当 $x\to 0$ 时).因此,在例 A.1 的条件下定理 5.2.2 的结论不成立,虽然此例中 $f'_x(0,0)$,$f'_y(0,0)$ 均存在.

定理 5.2.2 后面的结论表明,在两个偏导数连续的条件下,有

$$f(x,y)=f(x_0,y_0)+f'_x(x_0,y_0)(x-x_0)+f'_y(x_0,y_0)(y-y_0)+o(\rho).$$

这意味着 $z=f(x,y)$ 在 (x_0,y_0) 附近可用二元一次函数

$$f(x_0,y_0)+f'_x(x_0,y_0)(x-x_0)+f'_y(x_0,y_0)(y-y_0)$$

作线性近似.

由一元函数的可微性的讨论,如定理 3.4.1 与注 3.4.2 的启发,我们利用定理 5.2.2 的结论给出 $z=f(x,y)$ 在 (x_0,y_0) 处可微的定义.

定义 A.1（二元函数的可微性与全微分）　设 $z=f(x,y)$ 在 $P_0=(x_0,y_0)$ 的某邻域 $U_r(P_0)$ 上有定义，且 $f'_x(x_0,y_0)$，$f'_y(x_0,y_0)$ 存在，令

$$\Delta z = f(x,y) - f(x_0,y_0),\ \Delta x = x - x_0, \Delta y = y - y_0,$$

$$\rho = \sqrt{(\Delta x)^2 + (\Delta y)^2}.$$

如果

$$\Delta z = f'_x(x_0,y_0)\Delta x + f'_y(x_0,y_0)\Delta y + \alpha(\Delta x,\Delta y)\Delta x + \beta(\Delta x,\Delta y)\Delta y,$$

式中，α,β 满足下述条件：$\alpha(0,0)=0=\beta(0,0)$，且当 $\rho\to 0$ 时，$\alpha\to 0,\beta\to 0$，则称 $z=f(x,y)$ 在 (x_0,y_0) 处**可微**.

当 $f(x,y)$ 在 (x_0,y_0) 可微时，记 $f'_x(x_0,y_0)\Delta x+f'_y(x_0,y_0)\Delta y$ 为 $\mathrm{d}z$，我们称 $\mathrm{d}z$ 为 $z=f(x,y)$ 在点 (x_0,y_0) 的**全微分**. 也记为

$$\mathrm{d}z = f'_x(x_0,y_0)\mathrm{d}x + f'_y(x_0,y_0)\mathrm{d}y.$$

在给出二元函数的可微性定义之后，定理 5.2.2 可简单地重述如下.

定理 A.1　设 $z=f(x,y)$ 的两个一阶偏导数作为二元函数在 $P_0=(x_0,y_0)$ 连续，则 $z=f(x,y)$ 在 P_0 必可微.

另外，由可微性定义知，如函数 $z=f(x,y)$ 在 $P_0=(x_0,y_0)$ 可微，则 $f'_x(x_0,y_0)$，$f'_y(x_0,y_0)$ 必存在.

我们容易得到下面的结论.

定理 A.2（可微性与连续性关系）　设 $z=f(x,y)$ 在 $P_0=(x_0,y_0)$ 可微，则 $f(x,y)$ 在 P_0 必连续.

证　由可微与连续的定义立即可得.

由一元函数的复合函数的求导链式法则，我们立即可得如下定理.

定理 A.3（求偏导数的链式法则）　设 $z=f(u)$，$u=\varphi(x,y)$ 满足函数复合的条件，又 $z=f(u)$ 可导，$u=\varphi(x,y)$ 的偏导数 $\dfrac{\partial u}{\partial x},\dfrac{\partial u}{\partial y}$ 存在，则

$$\frac{\partial z}{\partial x} = f'(u)\Big|_{u=\varphi(x,y)}\cdot\frac{\partial u}{\partial x},$$

$$\frac{\partial z}{\partial y} = f'(u)\Big|_{u=\varphi(x,y)}\cdot\frac{\partial u}{\partial y}.$$

为了简便起见，人们经常使用二元函数可微或可微函数的说法，而不限于指明函数在某一固定点可微.

下面我们证明较一般的链式法则.

定理 A.4（求偏导数的链式法则）　设 $z=f(u,v)$ 是可微函数，$u=\varphi(x)$，$v=\psi(x)$ 满足函数复合的条件，又 $\varphi(x)$ 与 $\psi(x)$ 的导数都存在，则

$$\frac{\mathrm{d}z}{\mathrm{d}x} = \frac{\partial z}{\partial u}\Big|_{\substack{u=\varphi(x)\\ v=\psi(x)}}\cdot\frac{\mathrm{d}u}{\mathrm{d}x} + \frac{\partial z}{\partial v}\Big|_{\substack{u=\varphi(x)\\ v=\psi(x)}}\cdot\frac{\mathrm{d}v}{\mathrm{d}x}.$$

证

$$z = f(u,v) = f(\varphi(x),\psi(x)),$$

记为 $F(x)$,注意

$$\frac{\mathrm{d}z}{\mathrm{d}x} = \lim_{\Delta x \to 0}\frac{\Delta z}{\Delta x} = \lim_{\Delta x \to 0}\frac{F(x+\Delta x)-F(x)}{\Delta x}.$$

由

$$u=\varphi(x), v=\psi(x), \Delta u=\varphi(x+\Delta x)-\varphi(x), \Delta v=\psi(x+\Delta x)-\psi(x),$$
$$\varphi(x+\Delta x)=u+\Delta u, \psi(x+\Delta x)=v+\Delta v$$

得

$$\begin{aligned} F(x+\Delta x)-F(x) &= f(\varphi(x+\Delta x),\psi(x+\Delta x))-f(\varphi(x),\psi(x)) \\ &= f(u+\Delta u, v+\Delta v)-f(u,v) \\ &= \frac{\partial z}{\partial u}\Delta u+\frac{\partial z}{\partial v}\Delta v+\alpha(\Delta u,\Delta v)\Delta u+\beta(\Delta u,\Delta v)\Delta v \qquad (1) \end{aligned}$$

式中,α,β 满足下述条件,$\alpha(0,0)=\beta(0,0)=0$,且当 $\Delta u\to 0,\Delta v\to 0$ 时,$\alpha\to 0,\beta\to 0$.因此,$\alpha(\Delta u,\Delta v),\beta(\Delta u,\Delta v)$都在$(0,0)$点连续,且 $\alpha(0,0)=0=\beta(0,0)$(上面用了 $f(u,v)$的可微性).

(1)式的两端遍除以 Δx.因为连续函数的复合函数是连续的,故当 $\Delta x\to 0$ 时,$\alpha\to 0,\beta\to 0$.因此

$$\frac{\mathrm{d}z}{\mathrm{d}x} = \frac{\partial z}{\partial u}\cdot\frac{\mathrm{d}u}{\mathrm{d}x}+\frac{\partial z}{\partial v}\cdot\frac{\mathrm{d}v}{\mathrm{d}x} \qquad (u=\varphi(x), v=\psi(x)),$$

或直接写为

$$\frac{\mathrm{d}z}{\mathrm{d}x} = \left.\frac{\partial z}{\partial u}\right|_{\substack{u=\varphi(x)\\ v=\psi(x)}}\cdot\frac{\mathrm{d}u}{\mathrm{d}x}+\left.\frac{\partial z}{\partial v}\right|_{\substack{u=\varphi(x)\\ v=\psi(x)}}\cdot\frac{\mathrm{d}v}{\mathrm{d}x}.$$

定理 A.5(求偏导数的链式法则)　设 $z=f(u,v)$是可微函数,$u=\varphi(x,y)$,$v=\psi(x,y)$满足函数复合的条件,又 $\varphi(x,y),\psi(x,y)$的一阶偏导数都存在,则

$$\frac{\partial z}{\partial x} = \frac{\partial z}{\partial u}\cdot\frac{\partial u}{\partial x}+\frac{\partial z}{\partial v}\frac{\partial v}{\partial x} \qquad (\text{其中 } u=\varphi(x,y), v=\psi(x,y)),$$

$$\frac{\partial z}{\partial y} = \frac{\partial z}{\partial u}\cdot\frac{\partial u}{\partial y}+\frac{\partial z}{\partial v}\frac{\partial v}{\partial y} \qquad (\text{其中 } u=\varphi(x,y), v=\psi(x,y)).$$

证　在 $z=f(\varphi(x,y),\psi(x,y))$中,分别视 x,y 为常数,利用定理 A.4 立即可证.

例 A.2　1° 设 $y=(\tan x)^{\sin x}$,求$\dfrac{\mathrm{d}y}{\mathrm{d}x}$.

解　我们可用例 3.1.3 中介绍过的取对数求导法求$\dfrac{\mathrm{d}y}{\mathrm{d}x}$.现我们用定理 A.4 链式法则求之.

令 $u=\tan x, v=\sin x$，则 $y=u^v$. 由链式法则

$$\frac{\mathrm{d}y}{\mathrm{d}x}=\frac{\partial y}{\partial u}\frac{\mathrm{d}u}{\mathrm{d}x}+\frac{\partial y}{\partial v}\frac{\mathrm{d}v}{\mathrm{d}x},$$

故

$$\begin{aligned}\frac{\mathrm{d}y}{\mathrm{d}x}&=vu^{v-1}\sec^2x+u^v\ln u\cos x\\&=\sin x(\tan x)^{\sin x-1}\sec^2x+(\tan x)^{\sin x}\ln(\tan x)\cos x.\end{aligned}$$

2° 设 $z=\mathrm{e}^{xy}\cos(x+y)$，求 $\frac{\partial z}{\partial x},\frac{\partial z}{\partial y}$.

解 令 $u=xy, v=x+y$，则 $z=\mathrm{e}^u\cos v$，

$$\begin{aligned}\frac{\partial z}{\partial x}&=\frac{\partial z}{\partial u}\cdot\frac{\partial u}{\partial x}+\frac{\partial z}{\partial v}\cdot\frac{\partial v}{\partial x}=y\mathrm{e}^u\cos v+\mathrm{e}^u(-\sin v)\\&=y\mathrm{e}^{xy}\cos(x+y)-\mathrm{e}^{xy}\sin(x+y),\\\frac{\partial z}{\partial y}&=\frac{\partial z}{\partial u}\cdot\frac{\partial u}{\partial y}+\frac{\partial z}{\partial v}\cdot\frac{\partial v}{\partial y}=x\mathrm{e}^u\cos v+\mathrm{e}^u(-\sin v)\\&=x\mathrm{e}^{xy}\cos(x+y)-\mathrm{e}^{xy}\sin(x+y)\end{aligned}$$

(注意，$\frac{\partial z}{\partial x},\frac{\partial z}{\partial y}$ 也可以直接在 $z=\mathrm{e}^{xy}\cos(x+y)$ 中分别对 x,y 求偏导数得到).

3° 设 $z=f\left(x^2,\frac{x}{y}\right)$，$f(u,v)$ 可微，求 $\frac{\partial z}{\partial x},\frac{\partial z}{\partial y}$.

解 令 $z=f(u,v), u=x^2, v=\frac{x}{y}$. 由链式法则得

$$\frac{\partial z}{\partial x}=f'_u\cdot\frac{\partial u}{\partial x}+f'_v\frac{\partial v}{\partial x}.$$

因

$$\frac{\partial u}{\partial x}=2x,\ \frac{\partial v}{\partial x}=\frac{1}{y},$$

故

$$\frac{\partial z}{\partial x}=f'_u\cdot 2x+f'_v\cdot\frac{1}{y}.$$

类似地，由 $\frac{\partial z}{\partial y}=f'_u\cdot\frac{\partial u}{\partial y}+f'_v\frac{\partial v}{\partial y}$ 及 $\frac{\partial u}{\partial y}=0,\ \frac{\partial v}{\partial y}=-\frac{x}{y^2}$ 得

$$\frac{\partial z}{\partial y}=f'_v\cdot\left(-\frac{x}{y^2}\right).$$

注意，在做题中，读者可以直接写出答案如下：

令 $z=f(u,v), u=x^2, v=\frac{x}{y}$. 则由链式法则可得

$$\frac{\partial z}{\partial x}=f'_u\cdot 2x+f'_v\cdot\frac{1}{y},$$

$$\frac{\partial z}{\partial y} = f'_v \cdot \left(-\frac{x}{y^2}\right).$$

4° 设 $z = xy + xf\left(\frac{y}{x}\right)$，$f(u)$可微，证明

$$x\frac{\partial z}{\partial x} + y\frac{\partial z}{\partial y} = z + xy.$$

证　令$\frac{y}{x} = u$，则 $z = xy + xf(u)$

$$\frac{\partial z}{\partial x} = y + f(u) + xf'(u)\left(-\frac{y}{x^2}\right)$$

$$= y + f(u) - \frac{y}{x}f'(u),$$

$$\frac{\partial z}{\partial y} = x + xf'(u) \cdot \frac{1}{x} = x + f'(u).$$

故

$$x\frac{\partial z}{\partial x} + y\frac{\partial z}{\partial y} = xy + xf(u) - yf'(u) + xy + yf'(u)$$

$$= z + xy.$$

附录 B　关于 Fuzzy 集论的基本概念

设 X 是一个基本集合，A 是 X 的子集，$\mu_A(x)$ 为集 A 的**特征函数**(characteristic function)，则 $\mu_A(x)$ 满足

$$\mu_A(x)=\begin{cases}1, & x\in A,\\ 0, & x\notin A.\end{cases}$$

显然，$A=\{x\in X:\mu_A(x)=1\}$ 或 $A=\{x\in X:\mu_A(x)\neq 0\}$. 因此，我们可以称 A 是函数 $\mu_A(x)$ 的支集.

易见，X 上只取值 0 或 1 的函数的全体与 X 的所有子集的全体一一对应. 如果 $\mu(x)$ 为 X 上的只取值 0 或 1 的函数，令 A 为其支集，则 $\mu(x)$ 为 A 的特征函数，从而我们可改记 $\mu(x)$ 为 $\mu_A(x)$.

下面我们以集合的特征函数为工具来刻画集合的运算.

设 A，B 为 X 的子集，$\mu_A(x)$，$\mu_B(x)$ 分别是 A，B 的特征函数，则容易验证

1° $A\subset B$ 的充要条件是 $\mu_A(x)\leqslant\mu_B(x)$，$x\in X$.

2° $\mu_{A\cup B}(x)=\max\{\mu_A(x),\mu_B(x)\}$，$x\in X$.

3° $\mu_{A\cap B}(x)=\min\{\mu_A(x),\mu_B(x)\}$，$x\in X$.

注意，基本集 X 的特征函数 $\mu_X(x)=1$，$x\in X$. 空集 $\varnothing$ 的特征函数 $\mu_\varnothing(x)=0$，$x\in X$.

4° 如 $\overline{A}$ 为 A 在 X 中的补集，则 $\mu_{\overline{A}}(x)=1-\mu_A(x)$，$x\in X$.

因为集合的特征函数只可能取 0 与 1 两个值，故在实际应用中特征函数只能表示具有是与非两种截然相反含义的那些现象. 但是显而易见，大量的实际问题并非都是具有如此确定性的问题. 我们有必要对特征函数进行推广，而代之以可取更多的值的函数加入集合的表示. 于是 Fuzzy 集理论逐渐应运形成. 这里我们将介绍其基本概念：Fuzzy 集，Fuzzy 集的运算，Fuzzy 关系及其合成. 并举一些例子说明 Fuzzy 集基本概念的应用.

B.1　Fuzzy 集

定义 B.1.1 (Fuzzy 集及其隶属函数)　设 X 是一基本集合，$\mu(x)$ 是 X 到某区间 $[a,b]$ $(a\geqslant 0, a<b)$ 中的一个函数，则 $\tilde{A}=\{(x,\mu(x)):x\in X\}$ 称为 X 上的

一个 **Fuzzy 集**，$\mu(x)$称为 Fuzzy 集 $\tilde{A}$的**隶属函数**(membership function). 因为 $\tilde{A}$必须由一个 $\mu(x)$确定，而每 $\mu(x)$又确定一个 $\tilde{A}$，故常把 $\mu(x)$写为 $\mu_{\tilde{A}}(x)$. 因此，$\tilde{A} = \{(x, \mu_{\tilde{A}}(x)) : x \in X\}$.

注 B.1.1 1° 当定义 B.1.1 中的 $b > 1$ 时，则我们可以用$\frac{1}{b}\mu(x)$代替 $\mu(x)$讨论. 因此文献中常把 Fuzzy 集定义中的$[a, b]$直接写为$[0, 1]$. 这样做也有其实际意义，此时的 $\mu_{\tilde{A}}(x)$更好地表示了 x 对 Fuzzy 集 $\tilde{A}$的隶属程度.

2° 在文献中或实际问题中，人们常根据 $\mu_{\tilde{A}}(x)$取值较大时的实际意义来给 $\tilde{A}$ 一个名称(见下面的一些例子).

3° 我们可称$\{x \in X : \mu_{\tilde{A}}(x) > 0\}$为 $\tilde{A}$的支集，可记为 supp $\tilde{A}$. 一般地，$\tilde{A}$的实际意义完全由其支集决定.

4° 当 X 为有限集时，如当 $X = \{x_1, x_2, \cdots, x_n\}$时，$X$ 上的 Fuzzy 集 $\tilde{A}$还可用其他方法表示. 如 $\tilde{A} = \mu_{\tilde{A}}(x_1)/x_1 + \mu_{\tilde{A}}(x_2)/x_2 + \cdots + \mu_{\tilde{A}}(x_n)/x_n$. 此处"/"只用来联系 x_i 与它的对$\tilde{A}$的隶属程度 $\mu_{\tilde{A}}(x_i)$，加号"+"无任何代数运算的含义，其实质是"并"的含义.

另外，$\tilde{A}$也可用列表法表示，当 X 是由实数组成的有限集时，$\tilde{A}$也可用图形表示.

5° 为了定义适当的 Fuzzy 集来研究一个实际问题，首先需要取定 X，然后选取一个合适的隶属函数. 需要指出的是，对同一个实际问题，不同的人或者同一个人可以给出若干个不同的隶属函数.

例 B.1.1 一般认为中国奴隶社会产生于原始社会之中，又逐渐为封建社会所替代，其过程是一个渐变的过程，有人提出用下面的 Fuzzy 集来表示奴隶社会的范围

[奴隶社会] = 1/夏 + 1/商 + 0.9/西周 + 0.7/春秋 + 0.5/战国 + 0.4/秦 + 0.3/西汉 + 0.1/魏晋.

例 B.1.2 许多大学为了计算学生的平均学分点(GPA)(例如，参看南京大学的学生手册，1999)以评价学生学习成绩的优秀程度，首先需要对每门课程的成绩规定点数，其实质是定义一个刻画该门课程成绩的优秀程度的 Fuzzy 集 $\tilde{A} = \{(x, \mu_{\tilde{A}}(x)) : x \in X\}$，其中 $X = \{0, 1, 2, \cdots, 100\}$代表百分制成绩的集合，或表为 $X = \{i\}_{i=1}^{100}$，即 X 是从 0 到 100 的全部整数的集合，一般地，定义

$$\mu_{\tilde{A}}(i)=\begin{cases}5, & 90\leqslant i\leqslant 100,\\ 4, & 80\leqslant i\leqslant 89,\\ 3, & 70\leqslant i\leqslant 79,\\ 2, & 60\leqslant i\leqslant 69,\\ 1, & 50\leqslant i\leqslant 59,\\ 0, & 0\leqslant i\leqslant 49.\end{cases}$$

其实也可定义

$$\mu_{\tilde{A}}(i)=\begin{cases}1, & 90\leqslant i\leqslant 100,\\ 0.8, & 80\leqslant i\leqslant 89,\\ 0.6, & 70\leqslant i\leqslant 79,\\ 0.4, & 60\leqslant i\leqslant 69,\\ 0.2, & 50\leqslant i\leqslant 59,\\ 0, & 0\leqslant i\leqslant 49.\end{cases}$$

显然也可直接定义 $\mu_{\tilde{A}}(i)=i$，但如采取此法定义，则计算 GPA 时，计算要复杂许多.

例 B.1.3 设 X 表示年龄的集合，$X=\{5,10,20,30,40,50,60,70,80,90\}$. 我们可以用下表来定义若干个 Fuzzy 集来刻画婴儿，成年人，年少的，年老的等情形.

X	$\mu_1(x)$(婴儿)	$\mu_2(x)$(成年人)	$\mu_3(x)$(年少的)	$\mu_4(x)$(年老的)
5	0	0	1	0
10	0	0	1	0
20	0	0.8	0.8	0.1
30	0	1	0.5	0.2
40	0	1	0.2	0.4
50	0	1	0.1	0.6
60	0	1	0	0.8
70	0	1	0	1
80	0	1	0	1
90	0	1	0	1

例 B.1.4 $\tilde{A}=$[接近 10 的实数]. 可令 $X=\mathbf{R}$, $\mu_{\tilde{A}}(x)=\dfrac{1}{1+(x-10)^2}$, $x\in X$.

B.2 Fuzzy 集的集合运算

类似于普通的集合运算⊂、∪、∩等，对同一 X 上的 Fuzzy 集，我们也可以定义⊂、∪、∩等运算.前面我们已经具体表明，可以借助集合的特征函数来刻画集合的运算.完全类似，我们可以借助 Fuzzy 集的隶属函数来刻画 Fuzzy 集的集合运算.

定义 B.2.1 (Fuzzy 集的包含、交、并、补) 设 $\tilde{A}$, $\tilde{B}$是 X 上的 Fuzzy 集，且令 $\tilde{C}=\tilde{A}\cap\tilde{B}$, $\tilde{D}=\tilde{A}\cup\tilde{B}$, $\mathrm{C}\tilde{A}$为 $\tilde{A}$的补集.

1° 当 $\mu_{\tilde{A}}(x)\leqslant\mu_{\tilde{B}}(x)$, $x\in X$，则说 $A\subset B$.

2° $\mu_{\tilde{C}}(x)=\min\{\mu_{\tilde{A}}(x),\mu_{\tilde{B}}(x)\}$, $x\in X$.

3° $\mu_{\tilde{D}}(x)=\max\{\mu_{\tilde{A}}(x),\mu_{\tilde{B}}(x)\}$, $x\in X$.

4° $\mu_{\mathrm{C}\tilde{A}}(x)=1-\mu_{\tilde{A}}(x)$, $x\in X$.

例 B.2.1 现我们用[婴儿]，[成年人]，[年少的]，[年老的]表示例 B.1.3 中的四个 Fuzzy 集，则易见

[年老的]的补集 $=1/5+1/10+0.9/20+0.8/30+0.6/40+0.4/50+0.2/60.$

[年少的]∪[年老的] $=1/5+1/10+0.8/20+0.5/30+0.4/40+0.6/50+0.8/60+1/70+1/80+1/90.$

[年少的]∩[年老的] $=0/5+0/10+0.1/20+0.2/30+0.2/40+0.1/50+0/60+0/70+0/80+0/90.$

注意

[年老的]的补集∪[年老的] $=1/5+1/10+0.9/20+0.8/30+0.6/40+0.6/50+0.8/60+1/70+1/80+1/90.$

这表明，在此点上 Fuzzy 集的运算与普通集的运算不同，后者 $A\cup\overline{A}=X$.

例 B.2.2 某大学有人提出用下述 Fuzzy 集的隶属函数评价某项科研成果的公式

$$\mu_{\tilde{E}}(x)=\left[1+\frac{1}{(a_1x_1+a_2x_2+\cdots+a_nx_n)^m}\right]^{-1}.$$

不妨规定当 x_i 均为 0 时，$\mu_{\tilde{E}}(x)=0$，其中基本变量 $x_1,x_2,\cdots,x_n$ 定义如下.

x_1:理论上的创造性，按程度从小到大赋值 0,1,2,3.

x_2:国际国内水平，赋值 0,1,2,3.

x_3:理论和方法上的学术意义，赋值 0,1,2,3.

x_4:逻辑严密性，赋值 0,1,2,3.

x_5:技术上的见识深度,赋值 0,1,2,3.

x_6:经济效益和实用价值,赋值 0,1,2,3.

x_7:研究周期率$\left(\frac{t_0}{t}\times 100\%\right)$,$x_7>1$ 或 $x_7\leqslant 1$(t_0 为完成该项目的规定时间,t 为实用时间).

x_8:经济利用率$\left(\frac{m_0}{m}\times 100\%\right)$,$x_8>1$ 或 $x_8\leqslant 1$(m_0 为对该项目的规定投资,m 为实用投资).

x_9:规模(组织规模、难度与复杂性),一般赋值 0.4,较大赋值 0.7,最大赋值 1.

a_i:加权系数,决定 x_i 起作用的大小.

规定 $\tilde{A}$=[学术水平高],$\tilde{B}$=[技术水平高],$\tilde{C}$=[规模大],$\tilde{D}$=[研究效率高]

$$\mu_{\tilde{A}}(x)=\left[1+\frac{1}{(0.2x_1+0.4x_2+0.3x_3+0.1x_4)^3}\right]^{-1},$$

$$\mu_{\tilde{B}}(x)=\left[1+\frac{1}{(0.1x_1+0.4x_2+0.1x_5+0.4x_6)^3}\right]^{-1},$$

$$\mu_{\tilde{C}}(x)=\left[1+\frac{0.05}{x_9^2}\right]^{-1},\quad \mu_{\tilde{D}}(x)=\left[1+\frac{0.1}{(0.4x_7+0.6x_8)^2}\right]^{-1}.$$

综合评价成绩应考虑学术水平或技术水平、规模与难度、时间经费利用率等方面,因此定义

$\tilde{M}=(\tilde{A}\cup\tilde{B})\cap\tilde{C}\cap\tilde{D}$,并以 $\mu_{\tilde{M}}(x)$作为综合评价指标.

例 B.2.3 对某些学科如数学学科,令 $\tilde{A}$,$\tilde{B}$如例 B.2.2,我们认为可用 $\mu_{\tilde{A}}\cup\tilde{B}(x)$ 作为综合评价指标.例如,令 $x=(1,1,1,1,1,1)$,$y=(3,3,3,3,3,3)$,则通过计算可得 $\mu_{\tilde{A}\cup\tilde{B}}(x)=\frac{1}{2}$, $\mu_{\tilde{A}\cup\tilde{B}}(y)=\frac{27}{28}$.后者远远大于前者,如换为百分制计算,则前者的成绩为 50 分,后者为 96 分.

注意,当 $x=(0,0,0,0,0,0)$时,则 $\mu_{\tilde{A}}(x)=0$,$\mu_{\tilde{B}}(x)=0$.

B.3 Fuzzy 关系

定义 B.3.1 (集合 X 与 Y 的乘积) 设 X,Y 是两个集合,则集合$\{(x,y):x\in X,y\in Y\}$称为 X 与 Y的乘积,记为 $X\times Y$.

例如,$\mathbf{R}^2$ 和矩形区域 $D=\{(x,y):a\leqslant x\leqslant b,c\leqslant y\leqslant d\}$都可表为两个集合的乘积,事实上,$\mathbf{R}^2=\mathbf{R}\times\mathbf{R}$,如果令 $A=[a,b]$,$B=[c,d]$,则 $D=A\times B$.

定义 B.3.2 (集 X 到集 Y 的关系与 Fuzzy 关系) 1° 集合 $X\times Y$ 上的一个子

集称为集 X 到集 Y 的一个关系，或称为 $X\times Y$ 上的一个关系.

2° 集合 $X\times Y$ 上的一个 Fuzzy 子集称为集 X 到集 Y 的一个 **Fuzzy 关系**或称为 $X\times Y$ 上的一个 Fuzzy 关系(relation). 即，如果定义的 Fuzzy 关系记为 $\tilde{R}$，则 $\tilde{R}=\{((x,y),\mu_{\tilde{R}}(x,y)):(x,y)\in X\times Y\}$，其中隶属函数 $\mu_{\tilde{R}}(x,y)$ 是 $X\times Y$ 到 $[0,1]$ 中的二元函数.

显然，当 $\mu_{\tilde{R}}(x,y)$ 只取值 0 或 1 时，则 Fuzzy 关系可化为 $X\times Y$ 上一个通常的关系.

例 B.3.1　1° 设 $X=R=Y$，则 $X\times Y$ 上的子集 $R=\{(x,y):x<y\}$ 确定一个 $x<y$ 的关系.

2° 令 $X=\{$美国，法国，英国，德国$\}$，$Y=\{$美元，英磅，法郎，马克$\}$，则表示国家到相应的国内通用的货币关系可表为

X \ Y	美元	英磅	法郎	马克
美国	1	0	0	0
法国	0	0	1	0
英国	0	1	0	0
德国	0	0	0	1

例 B.3.2　令 $X=\{$纽约，巴黎$\}$，$Y=\{$北京，纽约，伦敦$\}$，用 $\tilde{R}$ 表示 $X\times Y$ 上的"两个城市相距很远"的 Fuzzy 关系，则

$$\tilde{R}=1/\text{纽约，北京}+0/\text{纽约，纽约}+0.6/\text{纽约，伦敦}$$
$$+0.9/\text{巴黎，北京}+0.7/\text{巴黎，纽约}+0.3/\text{巴黎，伦敦}.$$

或可列表示之

X \ Y	北京	纽约	伦敦
纽约	1	0	0.6
巴黎	0.9	0.7	0.3

定义 B.3.3（两个 Fuzzy 关系的合成，composition）　设 $\tilde{P}$ 与 $\tilde{Q}$ 分别为 $X\times Y$，$Y\times Z$ 上的 Fuzzy 关系，则我们可以定义 $X\times Z$ 上的一个 Fuzzy 关系 $\tilde{R}=\{((x,$

$z)$, $\mu_{\tilde{R}}(x,z)): x\in X, z\in Z\}$，其中

$$\mu_{\tilde{R}}(x,z)=\max_{y}(\min[\mu_{\tilde{P}}(x,y),\mu_{\tilde{Q}}(y,z)]),\quad x\in X, y\in Y, z\in Z.$$

$\tilde{R}$称为 $\tilde{P}$与 $\tilde{Q}$两个关系的合成关系，简称为合成，有时记为 $\tilde{P}\circ\tilde{Q}$.

注 B.3.1 (关于 $\mu_{\tilde{R}}(x,z)$定义的直观理解) 我们现在把 $\tilde{R}$中 $\mu_{\tilde{R}}(x,z)$理解为 x 与 z 的关系的强度，且假设 x 到 z 有若干条通过 y 过渡的关系链相连. 为了求出定义 B.3.3 中的 $\mu_{\tilde{R}}(x,z)$，则需要先求出每条关系链的强度，然后再把 x 到 z 的所有关系链的强度相比较，最大者即为 $\mu_{\tilde{R}}(x,z)$. 而 x 到 z 中每条关系链的强度很自然地定义为这条关系链中各段强度中的最小者.

合成关系的上述定义在实际应用中理解起来是比较自然且比较合理的，也是 Fuzzy 集论的应用中常见的.

为了简便起见，下面举一些 X, Y, Z 均为有限集的例子.

例 B.3.3 为了刻画某家庭中子女与父母外貌的相似关系 $\tilde{R}_1$，令 $X=\{$子，女$\}$，$Y=\{$父，母$\}$. 设 $\tilde{R}_1$ 表示如下表

X \ Y	父	母
子	0.8	0.5
女	0.2	0.6

则 $\tilde{R}_1$ 也可表为矩阵 $\tilde{R}_1=\begin{pmatrix}0.8 & 0.5\\ 0.2 & 0.6\end{pmatrix}$. 这种矩阵常称为 **Fuzzy 矩阵.**

为了刻画父母与祖父祖母的外貌相似关系 $\tilde{R}_2$，令 $Z=\{$祖父，祖母$\}$.

设 $\tilde{R}_2$ 表示如下表

Y \ Z	祖父	祖母
父	0.7	0.6
母	0	0

相应有 Fuzzy 矩阵 $\tilde{R}_2=\begin{pmatrix}0.7 & 0.6\\ 0 & 0\end{pmatrix}$.

两个关系 $\tilde{R}_1$ 与 $\tilde{R}_2$ 的合成关系 $\tilde{R}_1\circ\tilde{R}_2$ 可刻画孙子、孙女与其祖父、祖母外貌

的相似关系,按定义 B.3.3,我们可得到 $\tilde{R}_1\circ\tilde{R}_2$ 的表示如下

X \ Z	祖父	祖母
孙子	0.7	0.6
孙女	0.2	0.2

即 $\tilde{R}_1\circ\tilde{R}_2$ 可表为$\begin{pmatrix}0.7 & 0.6\\ 0.2 & 0.2\end{pmatrix}$.

上面表中的

$$\begin{aligned}0.7 &= \mu_{\tilde{R}_1\circ\tilde{R}_2}(\text{孙子},\text{祖父})\\ &= \max_{\text{父},\text{母}}[\min(\mu_{\tilde{R}_1}(\text{子},\text{父}),\mu_{\tilde{R}_2}(\text{父},\text{祖父})),\min(\mu_{\tilde{R}_1}(\text{子},\text{母}),\mu_{\tilde{R}_2}(\text{母},\text{祖父}))]\\ &= \max[\min(0.8,0.7),\min(0.5,0)] = \max[0.7,0].\end{aligned}$$

上面表中的其他三个数 0.6,0.2,0.2 也易算得.由表可见,孙子与祖父母外貌较为相像,而孙女与祖父母则不很相像.

注 B.3.2 (Fuzzy 矩阵的合成)　例 B.3.3 中两个 Fuzzy 关系的合成 $\tilde{R}_1\circ\tilde{R}_2$ 可表为

$$\begin{pmatrix}0.8 & 0.5\\ 0.2 & 0.6\end{pmatrix}\circ\begin{pmatrix}0.7 & 0.6\\ 0 & 0\end{pmatrix}=\begin{pmatrix}0.7 & 0.6\\ 0.2 & 0.2\end{pmatrix},$$

我们可把右端的矩阵称为 Fuzzy 矩阵 $\tilde{R}_1$ 与 $\tilde{R}_2$ 的合成.其方法与普通矩阵的乘法不同.

事实上,只需把普通矩阵乘法计算过程中第一个矩阵中的行向量与第二个矩阵中相应的列向量的内积的表达式中两个元素的乘积项代之以"取两个元素的较小者",而把各个乘积项之和代之以"取各项之较大者",则可得到两个 Fuzzy 矩阵的合成 Fuzzy 矩阵,从而我们得到两个 Fuzzy 关系的合成的用 Fuzzy 矩阵的表示.

注意,Fuzzy 矩阵的定义中一般要求矩阵的每个元素为{0,1}中的数.

例 B.3.4　令 $X=\{x_1,x_2,x_3\}$, $Y=\{y_1,y_2,y_3,y_4,y_5\}$, $Z=\{z_1,z_2,z_3,z_4\}$.

设 $\tilde{R}_1$ 是从 X 到 Y 的一个 Fuzzy 关系,$\tilde{R}_2$ 是从 Y 到 Z 的一个 Fuzzy 关系,他们的 Fuzzy 矩阵表示分别为

$$\tilde{R}_1=\begin{pmatrix}0.1 & 0.2 & 0 & 1 & 0.7\\ 0.3 & 0.5 & 0 & 0.2 & 1\\ 0.8 & 0 & 1 & 0.4 & 0.3\end{pmatrix},$$

$$\tilde{R}_2=\begin{pmatrix}0.9 & 0 & 0.3 & 0.4\\ 0.2 & 1 & 0.8 & 0\\ 0.8 & 0 & 0.7 & 1\\ 0.4 & 0.2 & 0.3 & 0\\ 0 & 1 & 0 & 0.8\end{pmatrix}.$$

则由注 B.3.2,立即得到 $\tilde{R}_1\circ\tilde{R}_2=\begin{pmatrix}0.4 & 0.7 & 0.3 & 0.7\\ 0.3 & 1 & 0.5 & 0.8\\ 0.8 & 0.3 & 0.7 & 1\end{pmatrix}$,从而我们得到 Fuzzy 关系 $\tilde{R}_1$ 与 $\tilde{R}_2$ 的合成.

$\tilde{R}_1\circ\tilde{R}_2$ 可列表表示为

X \ Z	z_1	z_2	z_3	z_4
x_1	0.4	0.7	0.3	0.7
x_2	0.3	1	0.5	0.8
x_3	0.8	0.3	0.7	1

例 B.3.5 设 X 为 m 个体重数据组成,$X=\{x_1,x_2,\cdots,x_m\}$.

Y 为 n 个身高数据组成,$Y=\{y_1,y_2,\cdots,y_n\}$.

Z 为 k 个不同类型的运动员分类名称,如篮球运动员,羽毛球运动员,举重运动员等,$Z=\{z_1,z_2,\cdots,z_k\}$.

$\tilde{R}_1$ 为从 X 到 Y 的一个 Fuzzy 关系,$\tilde{R}_2$ 为从 Y 到 Z 的一个 Fuzzy 关系,$\tilde{R}_1$ 可列表表示为

X \ Y	y_1	y_2	$\cdots$	y_n
x_1	a_{11}	a_{12}	$\cdots$	a_{1n}
x_2	a_{21}	a_{22}	$\cdots$	a_{2n}
$\vdots$	$\vdots$	$\vdots$		$\vdots$
x_m	a_{m1}	a_{m2}	$\cdots$	a_{mn}

相应的 Fuzzy 矩阵为 $\tilde{R}_1=\begin{pmatrix}a_{11} & a_{12} & \cdots & a_{1n}\\ a_{21} & a_{22} & \cdots & a_{2n}\\ \vdots & \vdots & & \vdots\\ a_{m1} & a_{m2} & \cdots & a_{mn}\end{pmatrix}$.

$\tilde{R}_2$ 可列表表示为

Y \ Z	z_1	z_2	…	z_k
y_1	b_{11}	b_{12}	…	b_{1k}
y_2	b_{21}	b_{22}	…	b_{2k}
⋮	⋮	⋮		⋮
y_n	b_{n1}	b_{n2}	…	b_{nk}

相应的 Fuzzy 矩阵为 $\tilde{R}_2=\begin{pmatrix} b_{11} & b_{12} & \cdots & b_{1k} \\ b_{21} & b_{22} & \cdots & b_{2k} \\ \vdots & \vdots & & \vdots \\ b_{n1} & b_{n2} & \cdots & b_{nk} \end{pmatrix}$.

由注 B.3.2,我们可以得到 $\tilde{R}_1\circ\tilde{R}_2$,设

$$\tilde{R}_1\circ\tilde{R}_2=\begin{bmatrix} c_{11} & c_{12} & \cdots & c_{1k} \\ c_{21} & c_{22} & \cdots & c_{2k} \\ \vdots & \vdots & & \vdots \\ c_{m1} & c_{m2} & \cdots & c_{mk} \end{bmatrix},$$

合成关系 $\tilde{R}_1\circ\tilde{R}_2$ 可列表表示为

X \ Z	z_1	z_2	…	z_k
x_1	c_{11}	c_{12}	…	c_{1k}
x_2	c_{21}	c_{22}	…	c_{2k}
⋮	⋮	⋮		⋮
x_m	c_{m1}	c_{m2}	…	c_{mk}

参 考 文 献

1　H J Zimmermann. Fuzzy set theory and Its Applications. Boston: Kluwer-Nijhoff,1985

2　George J Klir,Tina A Folger. Fuzzy sets, Uucertainty, and Information. New Jersey: Prentice Hall, Englewood cliffs,1988

3　青义学.模糊数学入门.上海:知识出版社,1987

附录C 习题参考答案

习 题 1

(A)

1.(1) $\{1,3\}$, (2) $(-\infty,1)\cup(3,+\infty)$, (3) $(1,3)$.

2.(1) $\{1\}$, (2) $(1,+\infty)$, (3) $(0,1)$, (4) $(\mathrm{e},+\infty)$.

3.(1) $\varnothing$, (2) $\{x : x=n\pi, n\in\mathbf{Z}\}$, (3) $\{x : \mathrm{e}^{-3}<x<\mathrm{e}^{3}\}$.

4. (1) $\bigcup\limits_{n=2}^{\infty}A_n=(2,4)$, $\bigcap\limits_{n=2}^{\infty}A_n=\left(\dfrac{5}{2},\dfrac{7}{2}\right)$;

(2) $\bigcup\limits_{n=1}^{\infty}D_n=(2,5]$, $\bigcap\limits_{n=1}^{\infty}D_n=[3,5]$.

6. (1) 不同,定义域不同,f 的定义域为 $x\neq1$, g 的定义域为 $\mathbf{R}$;

(2) 不同,定义域不同,f 的定义域为 $x\neq0$, g 的定义域为 $x>0$;

(3) 不同,法则 f 与 g 不同, $f(x)=\sin x$, $g(x)=|\sin x|$;

(4) 不同,法则 f 与 g 不同, $f(x)=x$, $g(x)=|x|$.

7. (1) $\mathbf{R}$;

(2) $\{x : 2+x-x^2\geqslant0\}=\{x : -1\leqslant x\leqslant2\}$;

(3) $\left\{x : 3x+2\geqslant0 \text{ 且 } -1\leqslant\dfrac{x-1}{2}\leqslant1\right\}=\left[-\dfrac{2}{3},3\right]$;

(4) $\left\{x : \dfrac{x}{2x+3}>0\right\}=\left\{x : x<-\dfrac{3}{2} \text{ 或 } x>0\right\}$;

(5) $\{x : x>0\}$;

(6) $\{x : x^2-9>0 \text{ 且 } \sin x-\cos x\neq0\}=\left\{x : x>3 \text{ 且 } x\neq n\pi+\dfrac{\pi}{4},\right.$

$\left.n=1,2,3,\cdots\right\}\cup\left\{x : x<-3 \text{ 且 } x\neq n\pi+\dfrac{\pi}{4},\ n=-2,-3,\cdots\right\}$.

8. $f(-1)=1$, $f(0)=0$, $f\left(\dfrac{1}{2}\right)=\dfrac{1}{2}$, $f(1)=1$, $f(2)=0$, f 的定义域为$(-\infty,4)$,值域为$[0,+\infty)$

9. (1) $R(x)=(900+4.5x)(200-x)$,

(2) $D=[0,200]$中的全体整数,

(3) $R(0)=180000$, $R(5)=179887.5$, $R(10)=179550$, $R(100)=135000$.

(B)

2. (1) 35, (2) 5, (3) 15, (4) 95, (5) 65.

3. $2^5-C_5^0-C_5^1-C_5^2, 2^9-C_9^0-C_9^1-C_9^2-C_9^3-C_9^4$.

5. 设 $f(x)=\begin{cases}0 & x\leqslant 800,\\ 0.05(x-800), & 800<x\leqslant 1300,\\ 0.05(1300-800)+0.10(x-1300), & 1300<x\leqslant 2800,\\ 0.05(1300-800)+0.10(2800-1300)+0.15(x-2800), & 2800<x\leqslant 5800.\end{cases}$

$f(4000)=355$.

习　题　2

(A)

1. (1) 1, (2) 0, (3) $\frac{5}{4}$, (4) $\frac{2}{5}$, (5) $+\infty$, (6) $-\infty$,

(7) 0(当 $0<a<1$ 时), $\frac{1}{4}$(当 $a=1$ 时), $\frac{1}{3}$(当 $a>1$ 时), (8) $\frac{1}{4}$.

2. (1) 1, (2) 0, (3) 0.

3. (1) $f(x)=(x-2)^3+1$, $D:\mathbf{R}$;　(2) $f(x)=\sqrt{1-x^2}$, $D:|x|\leqslant\frac{\sqrt{2}}{2}$;

(3) $f(x)=x^2-2$, $D:|x|\geqslant 2$;　(4) $f(x)=2-2x^2$, $D:|x|\leqslant 1$;

(5) $f(x)=(x-1)^2+1$, $D:x\geqslant 1$; (6) $f(x)=(x-1)^2+3(x-1)+5$, $D:\mathbf{R}$.

4. (1) 反函数 $y=\frac{5x+4}{4x-3}$ $D:x\neq\frac{3}{4}$;

(2) 反函数 $y=\log_3(x-1)$, $D:x>1$;

(3) 反函数 $y=\begin{cases}\sqrt{x}, 0\leqslant x\leqslant 1,\\ x^2, x>1,\end{cases}$ $D:[0,+\infty)$.

5. (1) $y=\sin u$, $u=v^{\frac{1}{2}}$, $v=1+x^2$;　(2) $y=\ln u$, $u=\sin v$, $v=\sqrt{x}$;

(3) $y=u^{20}$, $u=2+3x$;　(4) $y=u^3$, $u=\cos v$, $v=x^2$.

6. (1) $g(f(x))=\sqrt{x^2+1}$, $D:\mathbf{R}$; $f(g(x))=x+1$, $D:x\geqslant -1$;

(2) $g(f(x))=f(g(x))=\sqrt{1+\sqrt{1+x}}$, $D:x\geqslant -1$.

7. (1) $D:(-1,1)$, 奇函数, 无界;　(2) $D:\mathbf{R}$, 奇函数, 无界;

(3) $D:\mathbf{R}$, 非奇非偶, 有界;　(4) $D:\mathbf{R}$, 偶函数, 无界;

(5) $D:\mathbf{R}$, 偶函数, 无界;　(6) $D:\mathbf{R}$, 奇函数, 有界.

8. (1) 单调上升(严格上升);　(2) 单调上升(严格上升);

(3) 在 $\left(-\infty,\frac{1}{2}\right]$ 上严格上升, 在 $\left[\frac{1}{2},+\infty\right)$ 上严格下降.

9．(1) π,(2) 2,(3) 1,(4) 40π.

10．$C(0)=-\dfrac{160}{9}$，$C(32)=0$，$C(98.6)=37$. 人体正常温度是华氏 98.6 度.

$C(F)=\dfrac{5}{9}(F-32)$是严格单调上升的.

11．$C(x)=\begin{cases}300000+450x, & 0\leqslant x\leqslant 5000,\\ 300000+450\times 5000+400(x-5000), & 5000<x\leqslant 15000,\end{cases}$

即 $C(x)=\begin{cases}3\times 10^5+450x, & 0\leqslant x\leqslant 5000,\\ 55\times 10^4+400x, & 5000<x\leqslant 15000.\end{cases}$

12．$R(x)=-\dfrac{5}{3}\left(x-\dfrac{33}{10}\right)^2+\dfrac{529}{60}$,当 $x=3.3$ 时,收益最大.

13．$D=\dfrac{132}{I+0.02}$,当 $I=0.04$ 时,$D=2200$.

16．(1) $a_0+a_1+a_2+a_3$,(2) $\sin 5x_0$,(3) $\dfrac{(e^2+3)\sin 2}{2}$,(4) $e^{3\cos 3}$.

17．(1) $l=f(0)=1$，$a=1$;(2) $l=f(0)=1$，$a=0$，$b=1$;

(3) $l=f(-1)=1$，$a=0$,$b=e$.

18．(1) $\dfrac{1}{4}$,(2) 2^{10},(3) $\dfrac{5}{4}$,(4) 1,(5) $-\dfrac{1}{2}$,(6) -1.

19．(1) $\dfrac{p}{q}$，　(2) 1，　(3) $\dfrac{3}{4}$，　(4) 1，　(5) $\dfrac{1}{2}$，　(6) $\cos x_0$，

(7) e，　(8) e^2，　(9) e^2，　(10) $e^{-\frac{1}{2}}$，(11) e^{-1}，　(12) $\dfrac{3}{2}$，

(13) $\dfrac{1}{2}$，　(14) 0，　(15) e，　(16) 1，　(17) 81，　(18) 2.

20．3.

21．(1) 都不是，(2) 是无穷小量，(3) 是无穷小量，(4) 是无穷大量.

22．(1) 当 $x\to 1$ 时,$1-x$,$1-\sqrt[3]{x}$,$1-\sqrt{x}$是同阶无穷小;

(2) 当 $x\to 0$ 时,x^3+x^2 是比 x 高阶的无穷小,$x\sin x$ 也是比 x 高阶的无穷小.

23．(1) $a=1$，$b=-1$，(2) $a=4$，$b=-5$.

24．(1) 间断点有 $x=-1$,$x=3$,都是第二类间断点;

(2) 间断点有 $x=0$,$x=\dfrac{1}{2}$,$x=0$ 是可去间断点(第一类),$x=\dfrac{1}{2}$是第二类间断点;

(3) 间断点有 $x=0$，$x=n\pi$,$n=\pm 1,\pm 2,\cdots$,$x=0$ 是可去间断点(第一类),$x=n\pi$,$n=\pm 1,\pm 2,\cdots$是第二类间断点;

(4) 间断点为 $x=0$,是跳跃间断点(第一类);

(5) 间断点为 $x=0$,是可去间断点(第一类).

25. $a=\frac{1}{e^2}-1$，$f(0)=\frac{1}{e^2}$.

26. $f(0)=12.5$，$f(4)=7.5$，$f(10)=0$.

$f(0)$是该种商品的市场最大容量，$f(10)=0$ 表示 $p=10$ 是市场可能价格的最高限.

(B)

2. (1) $g(f(x))=\begin{cases}(2x)^2, & 0\leqslant x\leqslant \frac{1}{2},\\ 0, & \frac{1}{2}<x\leqslant 1,\\ 1 & \text{其他},\end{cases}$ D:**R**,

$f(g(x))=\begin{cases}2x^2, & 0\leqslant x\leqslant 1,\\ 0, & \text{其他},\end{cases}$ D:**R**;

(2) 由

x	2	0	−3	4	1
$f(x)$	−1	4	2	0	−3
$g(f(x))$	2	−3	1	0	4

故 $g(f(x))$可表为

x	2	0	−3	4	1
$g(f(x))$	2	−3	1	0	4

由

x	4	1	0	−1	2	−3
$g(x)$	−3	2	0	2	1	4
$f(g(x))$	2	−1	4	−1	−3	0

故 $f(g(x))$可表为

x	4	1	0	−1	2	−3
$f(g(x))$	2	−1	4	−1	−3	0

3. (1) 有界，(2) 无界，(3) 无界，(4) 有界，(5) 有界.

5. (1) 1, (2) $\frac{1}{2}$, (3) $1(0\leqslant x\leqslant 1)$, (4) e^2.

6. 任一正有理数都是周期,无最小周期. **R** 中任一点都是第二类间断点.

7. $f(3)=2.5$, $f(9)=7.5$,均衡价格为6,商品供求的均衡数量为5.

习 题 3

(A)

1. (1) $-x^{-2}-\frac{2}{3}x^{-\frac{5}{3}}$, (2) $6x^2(x^3+2)$,

(3) $\frac{2x\cos x^2\sin^2 x-\sin x^2\sin 2x}{\sin^4 x}$, (4) $\frac{1-\cos x-\sin x}{(1-\cos x)^2}$,

(5) $a^x x^{a-1}(x\ln a+a)$, (6) $4(\ln x)^3\frac{1}{x}$,

(7) $a^{\tan x}(\ln a)(\sec^2 x)$, (8) $\ln x+1$,

(9) $\frac{2}{1-x^2}$, (10) $\cos(\sin x)\cdot\cos x$,

(11) $\frac{2}{(\arcsin x)\sqrt{1-x^2}}$, (12) $\frac{2}{1+\sin 2x}$,

(13) $\frac{1}{a+b\cos x}$,

(14) $x+\frac{1}{2}\sqrt{x^2+1}+\frac{x^2}{2\sqrt{x^2+1}}+\frac{1}{2\sqrt{x^2+1}}$,

(15) $-\frac{x}{\sqrt{1-x^2}}$, (16) $x^{x^a}(ax^{a-1}\ln x+x^{a-1})$,

(17) $x^{a^x}\left[(\ln a)(\ln x)a^x+\frac{a^x}{x}\right]$, (18) $a^{x^x}(x^x\ln a)(\ln x+1)$,

(19) $-(\sin x)^{(\cos x+1)}\cdot\ln\sin x+(\sin x)^{(\cos x-1)}\cdot\cos^2 x$,

(20) $\frac{1}{\cos x}\sqrt{\frac{1+\sin x}{1-\sin x}}$,

(21) $(x-1)(x-2)\cdots(x-100)\left(\frac{1}{x-1}+\frac{1}{x-2}+\cdots+\frac{1}{x-100}\right)$.

2. (1) $f'_-(0)=0$, $f'_+(0)=1$, $f'(0)$不存在, $f'(x)=\begin{cases}1, & x>0,\\ 0, & x<0;\end{cases}$

(2) $f'_-(0)=0=f'_+(0)$, $f'(0)=0$, $f'(x)=\begin{cases}2x, & x>0,\\ 0, & x=0,\\ -2x, & x<0;\end{cases}$

(3) $f'_-(0)=-1$, $f'_+(0)=1$, $f'(0)$不存在, $f'(x)=\begin{cases}e^x, & x>0,\\ -e^{-x}, & x<0.\end{cases}$

3. (1) ① (1,0), ② $\left(\frac{1}{2},-\ln 2\right)$;

(2) 两个交点:$x=\frac{\pi}{2}$,$x=\frac{3\pi}{2}$,在 $x=\frac{\pi}{2}$处所求夹角为$\frac{3}{4}\pi$,在 $x=\frac{3\pi}{2}$处所求夹角为$\frac{\pi}{4}$.

4. (1) 切线 $y=2x-2$, 法线 $y=-\frac{1}{2}x+\frac{1}{2}$;

(2) 切线 $y=1$,法线 $x=\frac{\pi}{2}$;

(3) 切线 $y=-\frac{1}{2}x+1$,法线 $y=2x-\frac{3}{2}$.

5. (1) $y^{(8)}=(8!)x^{-9}$, (2) $y''=2e^{x}\cos x$,

(3) $y'''=\frac{3}{8}(1+x)^{-\frac{5}{2}}$, (4) $y''=(2+8x+4x^{2})e^{2x}$.

6. (1) 所求 $dy=dx=x-1$,

(2) 所求 $dy=\frac{\sqrt{2}}{4a}dx=\frac{\sqrt{2}}{4a}(x-a)$,

(3) 所求微分的值 $dy=0.24$.

7. (1) $3x^{4}-2x^{2}+1$, (2) $-\cot x$.

8. (1) 1.16, (2) $\frac{1}{2}-\frac{\sqrt{3}\pi}{360}$, (3) $\frac{25}{12}$, (4) 0.01.

12. (1) 注意, D:**R**

x	$\left(-\infty,\frac{1}{3}\right)$	$\frac{1}{3}$	$\left(\frac{1}{3},1\right)$	1	$(1,+\infty)$
$f'(x)$	+	0	−	0	+
$f(x)$	↗		↘		↗

因此,$f(x)$在$\left(-\infty,\frac{1}{3}\right]$上严格上升,在$\left[\frac{1}{3},1\right]$上严格下降,在$[1,+\infty)$上严格上升;

(2) 注意 D:$x\neq 0$

x	$(-\infty,0)$	0	$(0,1)$	1	$(1,+\infty)$
$f'(x)$	−		−	0	+
$f(x)$	↘	不定义	↘		↗

因此，$f(x)$在$(-\infty,0)$上严格下降，在$(0,1]$上严格下降，在$[1,+\infty)$上严格上升；

(3) 注意 D:**R**

x	$(-\infty,-1)$	-1	$(-1,1)$	1	$(1,+\infty)$
$f'(x)$	$-$	0	$+$	0	$-$
$f(x)$	↘		↗		↘

因此，$f(x)$在$(-\infty,-1]$上严格下降，在$[-1,1]$上严格上升，在$[1,+\infty)$上严格下降；

(4) 注意 D:**R**，因为 $y'=1+3x^2>0$，故 y 在$(-\infty,+\infty)$上严格上升；

(5) 注意 D:**R**

x	$\left(-\infty,\frac{1}{2}\right)$	$\frac{1}{2}$	$\left(\frac{1}{2},+\infty\right)$
$f'(x)$	$+$	0	$-$
$f(x)$	↗		↘

故 $f(x)$在$\left[-\infty,\frac{1}{2}\right]$上严格上升，在$\left[\frac{1}{2},+\infty\right)$上严格下降.

13. (1) $f'(x)=\begin{cases}-1, & -\infty<x<1,\\ -3+2x, & 1<x<2,\\ 1, & 2<x<+\infty,\end{cases}$ 另外，$f'(1)=-1$，$f'(2)=1$；

(2) $f'(x)=\begin{cases}1, & x<0,\\ \dfrac{1}{1+x}, & x>0,\end{cases}$ 另外，$f'(0)=1$.

14. (注意，此题中每小题如用一阶导数判别法，也可列表回答)

(1) D:**R**. $x=1$ 是极大值点，$f(1)=3$ 是极大值；$x=3$ 是极小值点，$f(3)=-1$ 是极小值.

(2) D:**R**. $x=-1$ 是极小值点，$f(-1)=0$ 是极小值；$x=1$ 是极大值点，$f(1)=4e^{-1}$是极大值.

(3) D:$x>0$. $x=1$ 是极小值点，$f(1)=0$ 是极小值；$x=e^2$ 是极大值点，$f(e^2)=\frac{4}{e^2}$是极大值.

(4) D:**R**. $x=2k\pi+\frac{\pi}{4}$ $(k=0,\pm1,\cdots)$是极大值点，$f\left(2k\pi+\frac{\pi}{4}\right)=\sqrt{2}$是极大值；$x=2k\pi+\frac{5\pi}{4}$ $(k=0,\pm1,\cdots)$是极小值点，$f\left(2k\pi+\frac{5\pi}{4}\right)=-\sqrt{2}$是极小值.

(5) D:$x>0$. $x=1$ 是极小值点，$f(1)=\frac{1}{2}$是极小值.

(6) $D: x \neq \pm\sqrt{3}$.　$x=-3$ 是极小值点，$f(-3)=\frac{9}{2}$ 是极小值；$x=3$ 是极大值点，$f(3)=-\frac{9}{2}$ 是极大值.

15. (1) 最小值 $f(1)=1$，最大值 $f(-1)=3$；

(2) 最小值 $f(0)=0$，最大值 $f\left(\frac{\pi}{4}\right)=1$；

(3) 最小值 $f(0)=0$，最大值 $f(-1)=e$；

(4) 最小值 $f(-2)=f(2)=-25$，最大值 $f(1)=f(-1)=2$.

16. 人数为 100 时旅游船主收益最多. 最多收益为 $f(100)=10000$ 元.

17. $x=7$ 时获利最大.

18. 水厂应设在河边离甲城 $50-50\sqrt{\frac{2}{3}}$ 公里且离乙城到岸的垂足 $50\sqrt{\frac{2}{3}}$ 公里处，才能使水管费用最省.

19. (1) $\ln\frac{a}{b}$，(2) $\ln\frac{a}{b}$，(3) 2，(4) 2，(5) $a^a(\ln a-1)$，(6) 0，

(7) 3，(8) 1，(9) $\frac{1}{3}$，(10) $\frac{1}{2}$，(11) 1，(12) e，

(13) $\frac{1}{e}$，(14) 0，(15) 1，(16) e，(17) 1，(18) 1.

20. (1) $D: x \neq \pm\sqrt{3}$

x	$(-\infty,-\sqrt{3})$	$-\sqrt{3}$	$(-\sqrt{3},0)$	0	$(0,\sqrt{3})$	$\sqrt{3}$	$(\sqrt{3},+\infty)$
y''	+		−	0	+		−
$y=f(x)$凹向	向上凹 $\cup$	不定义	向下凹 $\cap$	拐点	向上凹 $\cup$	不定义	向下凹 $\cap$

拐点为 $(0,0)$.

(2) $D: x>0$. 因 $y''=1+\frac{1}{x^2}>0$，故 $x>0$ 时，曲线向上凹，无拐点.

(3) $D: \mathbf{R}$

x	$(-\infty,1)$	1	$(1,+\infty)$
y''	−	0	+
$y=f(x)$凹向	向下凹 $\cap$	拐点	向上凹 $\cup$

拐点为 $(1,-2)$.

(4) D:**R**

x	$(-\infty,-1)$	-1	$(-1,1)$	1	$(1,+\infty)$
y''	$-$	0	$+$	0	$-$
$y=f(x)$凹向	向下凹 $\cap$	拐点	向上凹 $\cup$	拐点	向下凹 $\cap$

拐点为$(-1,\ln2)$，$(1,\ln2)$.

(5) $D:x\neq0$

x	$(-\infty,-1)$	-1	$(-1,0)$	0	$(0,+\infty)$
y''	$+$	0	$-$		$+$
$y=f(x)$凹向	向上凹 $\cup$	拐点	向下凹 $\cap$	不定义	向上凹 $\cup$

拐点为$(-1,0)$.

(6) D:**R**

x	$(-\infty,3)$	3	$(3,+\infty)$
y''	$-$	?	$+$
$y=f(x)$凹向	向下凹 $\cap$	拐点	向上凹 $\cup$

拐点为$(3,1)$.

21. (1) $D:x\neq\pm\sqrt{3}$. $x=-\sqrt{3}$, $x=\sqrt{3}$为铅直渐近线，$y=-x$ 为斜渐近线；
(2) $x=0$ 为铅直渐近线.

22. $P(S)$在$[0,15]$上严格上升；$S=15$ 时，利润获得最大值.

23. $x=\sqrt{6}$小时，药物浓度最大；最大浓度为$\frac{\sqrt{6}}{240}$.

25. (1) $f(1)=2$,　(2) $\frac{1}{2}$,　(3) $2^{2x}\ln2$,　(4) -1,　(5) A,B,D.

26. 当 $M=15$ 时，$P_0=1.1$，则 $E_d=-1.88$；$P_0=1.2$，则 $E_d=-2.48$；
当 $M=20$ 时，$P_0=1.1$，则 $E_d=-1.56$；$P_0=1.2$，则 $E_d=-1.98$.

(B)

1. (1) $3f'(a)$, (2) $5f'(a)$, (3) $af'(a)-f(a)$, (4) $-a^2f'(a)+2af(a)$.

2. (1) $\dfrac{f(x)f'(x)+g(x)g'(x)}{\sqrt{f^2(x)+g^2(x)}}$；

(2) $\dfrac{f'(x)g(x)-f(x)g'(x)}{f^2(x)+g^2(x)}$;

(3) $\sin 2x(f'(u)-g'(v))$,其中 $u=\sin^2 x$, $v=\cos^2 x$;

(4) $f'(u)f'(x)$,其中 $u=f(x)$.

3. (1) $-\dfrac{y}{x+e^y}$,(2) $\dfrac{y}{y-x}$,(3) $-\dfrac{e^y}{1+xe^y}$,(4) $\dfrac{e^{x+y}-y}{x-e^{x+y}}$.

4. 切线方程为 $y-\dfrac{3\sqrt{3}}{2}=-\dfrac{\sqrt{3}}{4}(x-2)$,

法线方程为 $y-\dfrac{3}{2}\sqrt{3}=\dfrac{4}{\sqrt{3}}(x-2)$.

5. (1) $dy=\dfrac{f(x)f'(x)+g(x)g'(x)}{\sqrt{f^2(x)+g^2(x)}}dx$,

(3) $dy=\sin 2x(f'(u)-g'(v))dx$,其中 $u=\sin^2 x$, $v=\cos^2 x$.

6. $dy=-dx=-(x-0)$.

9. $a=f'_-(x_0)$, $b=f(x_0)-f'_-(x_0)x_0$.

10. $x=-1$ 为极大值点,$f(-1)=e^{-2}$为极大值;$x=0$ 为极小值点,$f(0)=0$ 为极小值;$x=1$ 为极大值点,$f(1)=1$ 为极大值.

11. 桔农在第6周末采摘将获得最大收益,每棵树桔子可卖得39.2元.

12. (1) x 是 xe^x 的一个等价无穷小(当 $x\to 0$ 时),

(2) $\dfrac{1}{6}x^3$ 是 $x-\sin x$ 的一个等价无穷小(当 $x\to 0$ 时),

(3) $\dfrac{1}{6}x^3$ 是 $e^x-1-x-\dfrac{x^2}{2}$的一个等价无穷小(当 $x\to 0$ 时).

14. D:**R**

x	$(-\infty,0)$	0	$(0,1)$	1	$(1,+\infty)$
$f'(x)$	+	?	−	0	+
$y=f(x)$	↗	极大	↘	极小	↗

故在$(-\infty,0]$上严格上升,在$[0,1]$上严格下降,在$[1,+\infty)$上严格上升. $x=0$ 是极大值点,$f(0)=0$ 是极大值,$x=1$ 是极小值点,$f(1)=-\dfrac{1}{2}$是极小值.

17. (1) $f'(4)=-8$, $P=4$ 时 $E_d=-0.54$,

(2) 增加0.46%,$P=5$ 时总收益最大.

习 题 4

(A)

1\. (1) $-2x^{-\frac{1}{2}}-6x^{\frac{1}{2}}+2x^{\frac{3}{2}}-\frac{2}{5}x^{\frac{5}{2}}+C$,

(2) $\arctan x+4\arcsin x+2\ln|x|+C$,

(3) $\frac{1}{2}(x-\sin x)+C$, (4) $x+\arctan x+C$,

(5) $\frac{3^x}{\ln 3}+\frac{x^4}{4}+C$, (6) $\sin x+\cos x+C$,

(7) $\frac{8}{3}x^3+7x^2-15x+C$, (8) $\frac{2}{3}x^6-x^3-\frac{1}{2}x^{-2}+x^{-3}+C$.

2\. (1) $\frac{1}{6}(2x^2-1)^{\frac{3}{2}}+C$, (2) $-\frac{2}{5}\left(\frac{x}{2}+1\right)^{-5}+C$,

(3) $2\arctan\sqrt{x}+C$, (4) $\ln\left|\frac{x-2}{x-1}\right|+C$,

(5) $2\sqrt{1+\ln x}+C$, (6) $\frac{1}{2}(\arctan x)^2+C$,

(7) $\sin x-\frac{1}{3}\sin^3 x+C$, (8) $\frac{x}{4}-\frac{1}{4}\sin 2x+\frac{1}{8}x+\frac{\sin 4x}{32}+C$,

(9) $-\frac{1}{16}\sin 8x+\frac{1}{4}\sin 2x+C$, (10) $-e^{-\sin x}+C$,

(11) $\frac{1}{4\sqrt{2}}\ln\left|\frac{\sqrt{2}+x^2}{\sqrt{2}-x^2}\right|+C$, (12) $\frac{1}{\cos x-e^x}+C$,

(13) $-\frac{2}{3}(5-x)^{\frac{3}{2}}+C$, (14) $\frac{1}{3(5-3x)}+C$,

(15) $\frac{4}{45}(3+5x^3)^{\frac{3}{2}}+C$, (16) $\frac{1}{\sqrt{2}}\arcsin\left(\sqrt{\frac{2}{3}}\sin x\right)+C$,

(17) $x-\tan x+\frac{1}{\cos x}+C$, (18) $\frac{1}{4}\arctan\left(\frac{x^2+1}{2}\right)+C$.

3\. (1) $3\left[\frac{1}{2}\sqrt[3]{x^2}-\sqrt[3]{x}+\ln|\sqrt[3]{x}+1|\right]+C$,

(2) $\frac{12}{5}\left[\frac{1}{2}u^2+u+\ln|u-1|\right]+C$,其中 $u=x^{\frac{5}{12}}$,

(3) $-\frac{1}{2}\ln\left|\frac{1+\sqrt{1+x^2}}{1-\sqrt{1+x^2}}\right|+C$,

(4) $-\frac{1}{a^2}\frac{\sqrt{a^2-x^2}}{x}+C$.

4\. (1) $\frac{2}{5}(1+x)^{\frac{5}{2}}-\frac{2}{3}(1+x)^{\frac{3}{2}}+C$, (2) $6x(1+x)^{\frac{1}{2}}-4(1+x)^{\frac{3}{2}}+C$,

(3) $-\frac{2\ln x}{x}-\frac{2}{x}+C$,　(4) $8\left[\frac{u^7}{7}-\frac{2}{5}u^5+\frac{u^3}{3}\right]+C$,其中 $u=\sqrt{1+x}$,

(5) $\frac{1}{2}\left[x^2\ln(1+x)-\frac{x^2}{2}+x-\ln|1+x|\right]+C$,

(6) $x(\ln x)^2-2x\ln x+2x+C$,

(7) $\frac{x^2}{4}-\frac{x\sin x}{2}-\frac{1}{2}\cos x+C$,

(8) $\frac{1}{3}(ue^u-e^u)+C$,其中 $u=x^3$,

(9) $\frac{1}{2}(x^2+1)\arctan x-\frac{x}{2}+C$.

5. (1) $\frac{1}{\ln 2}\arcsin(2^x)+C$,　(2) $\arctan(e^x)+C$,

(3) $(\arctan\sqrt{x})^2+C$,　(4) $-\frac{4}{3}\sqrt{1-x^{\frac{3}{2}}}+C$,

(5) $-2(\sqrt{x}\cos\sqrt{x}-\sin\sqrt{x})+C$,

(6) $\frac{1}{3}u^3-\frac{2}{5}u^5+\frac{u^7}{7}+C$,其中 $u=\sin x$.

6. (1) $\int_0^1 x\mathrm{d}x>\int_0^1 x^2\mathrm{d}x$, (2) $\int_0^1 e^{-x}\mathrm{d}x<\int_0^1 e^{-x^2}\mathrm{d}x$.

8. 最小值 $\Phi(0)=0$,最大值 $\Phi(1)=\frac{5}{9}\sqrt{3}\pi$.

9. (1) $2x\sin|x|$,　(2) $-e^{-x^2}$,　(3) 0.

10. (1) $\frac{1}{2}$,　(2) $\frac{1}{2}$,　(3) 1,　(4) 2,　(5) $\frac{1}{2e}$.

11. (1) $\frac{4}{5}\times(2^{\frac{5}{4}}-1)$,　(2) $1-\frac{\pi}{2}$,　(3) $\frac{2}{3}$,　(4) $\frac{17}{3}$,

(5) $\frac{2}{3}$,　(6) $\ln 2$,　(7) $2\times(\sqrt{3}-1)$,　(8) π^2.

12. (1) $\frac{1}{10}$,　(2) $\frac{14}{3}$,　(3) $\frac{a^4\pi}{16}$,　(4) $4-2\arctan 2$,

(5) $2-\frac{\pi}{2}$, (6) $4-2\ln 3$,　(7) $\frac{22}{3}$,　(8) $\frac{4}{5}$.

13. (1) $\frac{125}{48}$,　(2) 1,　(3) $\frac{1}{3ab}$,　(4) $2\ln 2-1$.

14. 成本函数 $C(x)=0.1x^2+50x+200$,总利润函数 $L(x)=-0.1x^2+100x-200$,产量 $x=500$ 时获得最大利润 24800 元.

15. (1) $f(x)=3x^2-\frac{2}{3}x$,　(2) e,　(3) 2,

(4) 单调区间与极值列表如下

x	$(-\infty,0)$	0	$(0,+\infty)$
y'	$-$	0	$+$
y	↘	极小值	↗

注意,定义域为$\mathbf{R}$,$y'=xe^{-x}$,极小值$f(0)=0$.

该函数的凹向与拐点可列表如下

x	$(-\infty,1)$	1	$(1,+\infty)$
y''	$+$	0	$-$
y	向上凹 $\cup$	拐点	向下凹 $\cap$

注意,$y''=e^{-x}(1-x)$,拐点坐标为$\left(1,\int_0^1 te^{-t}dt\right)$,即$\left(1,1-\dfrac{2}{e}\right)$.

(5) $2x-x^2+C$.

16. (1) 2, (2) $\sqrt{2}$, (3) $\dfrac{1}{2}$, (4) $\dfrac{1}{2}$, (5) $\dfrac{1}{10}$, (6) $\dfrac{1}{3}$.

17. (1) $x^2+y^2=C^2$, (2) $y=\dfrac{1+Ce^t}{1-Ce^t}$.

(3) $y=\sin(x+C)$.另,$y=\pm 1$也是解.

(4) $\ln|x|-\dfrac{1}{2}\ln(1+x^2)-\dfrac{1}{2}\ln(1+y^2)=C$.

(B)

1. (1) $-\dfrac{\sqrt{x^2+a^2}}{a^2x}+C$, (2) $-\dfrac{1}{3a^2}\left(\dfrac{a^2}{x^2}-1\right)^{\frac{3}{2}}+C$,

(3) $-\dfrac{1}{2}[x\cot^2x+x+\cot x]+C$, (4) $-x\cot\dfrac{x}{2}+2\ln\left|\sin\dfrac{x}{2}\right|+C$,

(5) $\dfrac{1}{2}(\ln\tan x)^2+C$, (6) $-\ln|x|+3\ln|x+1|-2\ln|x+2|+C$,

(7) $(x+1)\arctan\sqrt{x}-\sqrt{x}+C$.

2. (1) $\dfrac{\cos x}{2\sqrt{x}}-\cos(x^2)$, (2) $\dfrac{3x^2}{\sqrt{1+x^{12}}}-\dfrac{2x}{\sqrt{1+x^8}}$, (3) $\dfrac{2x-\cos(x^2)}{e^{y^2}}$.

3. $\dfrac{9}{4}$.

4. 1364(千桶),16250(千桶).

5. $dy=\dfrac{2xy}{\sqrt{1+y^2-x^2}}dx$.

6. (1) $\frac{3}{2}$， (2) $+\infty$， (3) -1， (4) $\frac{3}{2}(e^2-1)^{\frac{2}{3}}$.

7. (1) $y=x(C-\ln|x|)$， (2) $\frac{1}{1+x^2}(\sin x+C)$， (3) $y=Cx^3+3x^4$.

习　题　5

(A)

1. (1) $\{(x,y):(x,y)\neq(0,0)\}$，　(2) $\mathbf{R}^2$，
(3) $\{(x,y):3x+2y>0\}$，　(4) $\{(x,y):x>0\}$，
(5) $\{(x,y):2x+3y>0\}$，　(6) $\mathbf{R}^2$，
(7) $\{(x,y):x>\sqrt{y}$ 且 $y\geqslant 0\}$，　(8) $\left\{(x,y):\left|\frac{y}{x}\right|\leqslant 1 \text{ 且 } x\neq 0\right\}$.

2. (1) $\frac{\partial z}{\partial x}=2$, $\frac{\partial z}{\partial y}=0$, $dz=2dx+0\cdot dy$, $f'_x(3,2)=2$, $f'_y(3,2)=0$;

(2) $\frac{\partial z}{\partial x}=3$, $\frac{\partial z}{\partial y}=-2$, $f'_x(3,2)=3$, $f'_y(3,2)=-2$, $df(3,2)=3dx-2dy$;

(3) $\frac{\partial z}{\partial x}=-6x-2y$, $\frac{\partial z}{\partial y}=-2x+3y^2$, $dz=(-6x-2y)dx+(-2x+3y^2)$ dy,
$f'_x(3,2)=-22$, $f'_y(3,2)=6$;

(4) $\frac{\partial z}{\partial x}=3e^x$, $\frac{\partial z}{\partial y}=-2e^y$, $f'_x(3,2)=3e^3$, $f'_y(3,2)=-2e^2$, $df(3,2)=3e^3dx-$ $2e^2dy$;

(5) $\frac{\partial z}{\partial x}=\frac{3}{x}+2x$, $\frac{\partial z}{\partial y}=\frac{3}{y}$, $dz=\left(\frac{3}{x}+2x\right)dx+\frac{3}{y}dy$, $f'_x(3,2)=7$, $f'_y(3,2)$ $=\frac{3}{2}$;

(6) $\frac{\partial z}{\partial x}=-\frac{y}{x^2+y^2}$, $\frac{\partial z}{\partial y}=\frac{x}{x^2+y^2}$, $f'_x(3,2)=-\frac{2}{13}$, $f'_y(3,2)=\frac{3}{13}$,
$df(3,2)=-\frac{2}{13}dx+\frac{3}{13}dy$.

(注意,以上(2)(4)(6)各小题 $df(3,2)$ 中 $dx=x-3$, $dy=y-2$.)

3. (1) $\frac{\partial^2 z}{\partial x^2}=0$, $\frac{\partial^2 z}{\partial y^2}=0$, $f''_{xy}(1,3)=0$;

(2) $\frac{\partial^2 z}{\partial x^2}=20y^3$, $\frac{\partial^2 z}{\partial y^2}=60x^2y$, $f''_{xy}(1,3)=540$;

(3) $\frac{\partial^2 z}{\partial x^2}=10y$, $\frac{\partial^2 z}{\partial y^2}=-18xy$, $f''_{xy}(1,3)=-71$;

(4) $\frac{\partial^2 z}{\partial x^2}=3e^x$, $\frac{\partial^2 z}{\partial y^2}=-2e^y$, $f''_{xy}(1,3)=0$;

(5) $\frac{\partial^2 z}{\partial x^2}=3y^2e^{xy},\frac{\partial^2 z}{\partial y^2}=3x^2e^{xy}$，$f''_{xy}(1,3)=12e^3$；

(6) $\frac{\partial^2 z}{\partial x^2}=-y^4\sin(xy^2),\frac{\partial^2 z}{\partial y^2}=2x[\cos(xy^2)-2xy^2\sin(xy^2)],f''_{xy}(1,3)=$ $6\cos9-54\sin9$.

4．(1) $\frac{20}{49}$，(2) 0，(3) $\frac{4}{27}e$，(4) e^3，(5) $\frac{9}{2}\times 11^{-\frac{5}{2}}$.

5．$T'_v(65,30)=\frac{6}{11}$，$T'_d(65,30)=-\frac{65}{121}$.

6．$L'_w(3000,55)=0.04235$，$L'_s(3000,55)=4.62$.

7．(1) $\frac{\partial z}{\partial x}=\frac{1}{1+x^2},\frac{\partial z}{\partial y}=\frac{1}{1+y^2}$；

(2) $f'_x=2xy\sin\frac{y}{x}-\left(y^2+\frac{y^4}{x^2}\right)\cos\frac{y}{x},f'_y=(x^2+3y^2)\sin\frac{y}{x}+\left(xy+\frac{y^3}{x}\right)\cos\frac{y}{x}$；

(3) $\frac{\partial z}{\partial x}=\frac{y}{x^2+y^2},\frac{\partial z}{\partial y}=-\frac{x}{x^2+y^2}$；

(4) $f'_x=\frac{(ad-bc)y}{(cx+dy)^2}$，$f'_y=\frac{(bc-ad)x}{(cx+dy)^2}$.

8．(1) $(2,-1)$是极小值点，极小值 $f(2,-1)=-2$； (2) $(3,2)$是极大值点，极大值 $f(3,2)=13$；

(3) 无极值点； (4) $(0,-1)$是极大值点，极大值 $f(0,-1)=5$，$(4,3)$是极小值点，极小值 $f(4,3)=-59$.

9．(1) $x=0.75$(万元)，$y=1.25$(万元)；(2) $x=0$，$y=1.5$(万元).

10．$p=80$，$q=120$，最大总利润为 605.

11．(1) $\frac{16}{3}$，(2) 22，(3) e^3-e^2-e+1，(4) $\frac{16}{3}$.

12．(1) $9e-9$，(2) $\frac{1}{3}\ln5$，(3) $\frac{9}{4}$，(4) $\frac{1}{2}(1-\cos1)$.

13．约 38.2 万人.

(B)

1．3e, 0,1,0.

2．$f(x,y)=xy+\frac{x}{y},\lim\limits_{\substack{x\to2\\y\to1}}f(x,y)=4$.

3．(1) a，(2) 3，(3) $\frac{1}{2}$，(4) 0.

5．$dz=2xy^3dx+3x^2y^2dy$，在已知条件下，dz 的值为 -0.2.

6．$\left(\frac{1}{2},-1\right)$是极小值点，极小值 $f\left(\frac{1}{2},-1\right)=-\frac{e}{2}$.

7．(1) $\left(\dfrac{ab^2}{a^2+b^2},\dfrac{a^2b}{a^2+b^2}\right)$为极小值点，极小值为$\dfrac{a^2b^2}{a^2+b^2}$；

(2) $\left(5,\dfrac{5}{2},\dfrac{5}{2}\right)$为极大值点，极大值为$\dfrac{625}{4}$.

8．$x=\dfrac{100000}{3}$元，$y=\dfrac{200000}{3}$元.

9．(1) $\dfrac{1}{15}$，　(2) $\dfrac{16}{45}r^5$，　(3) $1-\sin 1$.

10．(1) $\dfrac{1}{2}$，　(2) $\dfrac{1}{2}$，　(3) $\dfrac{e}{2}-1$，

(4) $\int_{-1}^{0}dy\int_{-2\sqrt{y+1}}^{2\sqrt{y+1}}f(x,y)dx+\int_{0}^{8}dy\int_{-2\sqrt{y+1}}^{2-y}f(x,y)dx$.

习　题　6

(A)

1．(1) $\dfrac{7}{55}$，　(2) $\dfrac{9}{110}$，　(3) $\dfrac{27}{55}$，　(4) $\dfrac{1}{55}$，　(5) $\dfrac{7}{22}$，　(6) $\dfrac{37}{110}$.

2．$\dfrac{2}{15}$.

3．$\dfrac{5}{18}$.

4．$C_{96}^3\cdot C_4^2/C_{100}^5$.

5．(1) $\dfrac{P_{10}^7}{10^7}$，　(2) $\dfrac{8^7}{10^7}$，　(3) $\dfrac{C_7^3\cdot 9^4}{10^7}$，　(4) $\dfrac{9}{10}$.

6．$1-P_{365}^{35}/365^{35}$

7．$5!\cdot 5!\cdot 2/10!$.

8．$C_5^2\cdot 2^3/3^5$.

9．$\dfrac{2}{3},\dfrac{2}{5},\dfrac{3}{5},\dfrac{2}{3},\dfrac{1}{3}$.

10．$\dfrac{1}{3}$.

11．(1) $\dfrac{79}{114}$，　(2) $\dfrac{79}{111}$.

12．0.465.

13．0.872.

14．(1) 0.62，　(2) $\dfrac{16}{19}$.

15．(1) $\dfrac{1}{6}$，　(2) $\dfrac{2}{3}$，　(3) $\dfrac{1}{3}$，　(4) $\dfrac{1}{3}$.

16．$1-(2p-p^2)^3$.

17. $F(x)=\begin{cases}0, & x<0,\\ 0.2, & 0\leqslant x<1,\\ 0.8, & 1\leqslant x<2,\\ 1, & 2\leqslant x,\end{cases}$ 0.2, 0.8.

18. $F(x)=\begin{cases}0, & x<0,\\ 0.1, & 0\leqslant x<1,\\ 0.8, & 1\leqslant x<2,\\ 1, & x\geqslant 2.\end{cases}$

19. $X\sim\begin{pmatrix}0 & 2 & 3\\ \frac{1}{3} & \frac{1}{3} & \frac{1}{3}\end{pmatrix}$.

20. 0.8891.

21. (1) $\frac{2}{\pi}$, (2) $\frac{1}{6}$, (3) $\frac{2}{\pi}\arctan(\mathrm{e}^x)$.

22. (1) $A=\frac{1}{2}$, $B=\frac{1}{\pi}$; (2) $\frac{1}{3}$;

(3) $p(x)=\begin{cases}0, & x\leqslant -a,\\ \frac{1}{\pi\sqrt{a^2-x^2}}, & -a<x<a.\\ 0, & x\geqslant a.\end{cases}$

23. (1) $F(x)=\begin{cases}0, & x<0,\\ \frac{x^2}{2}, & 0\leqslant x\leqslant 1,\\ 2x-\frac{x^2}{2}-1, & 1<x\leqslant 2,\\ 1, & x>2,\end{cases}$

(2) $\frac{7}{8}$, (3) 0.83, (4) 0.92.

24. $p(x)=\begin{cases}1, & 0\leqslant x<1,\\ 0, & \text{其他}.\end{cases}$

25. (1) 0.4821, (2) 0.1105, (3) $a=2.05$, $b=1.75$, $c=1.75$.

26. (1) 0.9886, (2) 57.495, (3) 105.48.

27. 91.6 分以上可获一等奖,56.8 分以下没有任何奖励.

28. (1) $Y\sim\begin{pmatrix}3 & 6 & 11\\ 0.1 & 0.7 & 0.2\end{pmatrix}$, $Z\sim\begin{pmatrix}1 & \frac{1}{2} & \frac{1}{3}\\ 0.1 & 0.7 & 0.2\end{pmatrix}$.

(2) 2.1, 6.7, 0.52, 0.289, 5.41.

29. (1) $-\frac{2}{38}$(元), (2) $-\frac{200}{38}$(元).

30. $EX=0$, $DX=\frac{1}{6}$.

31. $a=\frac{3}{5}$, $b=\frac{6}{5}$.

32. (1) $p(z)=\frac{1}{\sqrt{10\pi}}\mathrm{e}^{-\frac{(z+2)^2}{10}}$, $-\infty<z<+\infty$;　(2) 0.5144.

33. 0.8165.

34. (1) 25,　(2) 0.9989.

(B)

1. (1) $\frac{25}{91}$,　(2) $\frac{6}{91}$.

2. $\frac{(n-1)^{k-1}}{n^k}$, $\frac{1}{n}$.

3. (1) $\frac{5}{11}$,　(2) $\frac{1}{2}$.

4. (1) $\frac{6}{36}$,　(2) $\frac{2}{11}$.

5. (1) $\sum_{k=0}^{3}C_{10}^{k}0.35^{k}0.65^{10-k}$,　(2) $\sum_{k=4}^{10}C_{10}^{k}0.25^{k}0.75^{10-k}$.

6. 0.6.

7. 0.9533.

8. (1) 0.368,　(2) 0.368.

9. 33.84.

10. 0.9.

11. (5.608, 6.392).

12. 拒绝原假设.即,在新工艺条件下,期望值 $\mu_0=5$ 有了改变.

习　题　7

(A)

1. (1) $x=y=z=\frac{1}{5}$;　(2) $x_1=3$, $x_2=-2$, $x_3=-1$;
   (3) $x_1=2, x_2=-1, x_3=3$;　(4) $x_1=x_2=x_3=x_4=0$.

2. (1) $\begin{pmatrix}5 & 2 & -2\\ 4 & -1 & 3\\ -4 & 3 & 0\end{pmatrix}$;　(2) $\begin{pmatrix}1 & 4 & 2\\ 0 & 4 & 3\\ 0 & -2 & 2\end{pmatrix}$.

3. (1) $\begin{pmatrix}-1 & 6 & 2\\ 1 & 6 & 1\\ 4 & 8 & -1\end{pmatrix}$;

(2) $\boldsymbol{AB}=\begin{pmatrix}12 & 10 & 2\\ 0 & 2 & 1\\ 8 & 10 & 3\end{pmatrix}$， $(\boldsymbol{AB})\boldsymbol{C}=\begin{pmatrix}62 & 2 & 18\\ 7 & -2 & -3\\ 53 & -2 & 7\end{pmatrix}$，

$\boldsymbol{BC}=\begin{pmatrix}15 & -1 & 1\\ 8 & 1 & 4\end{pmatrix}$， $\boldsymbol{A}(\boldsymbol{BC})=\begin{pmatrix}62 & 2 & 18\\ 7 & -2 & -3\\ 53 & -2 & 7\end{pmatrix}$.

4. (1) a. $(1,2,9)$， b. 不定义， c. $\begin{pmatrix}23 & 31 & 30\\ -6 & -7 & 5\end{pmatrix}$，

d. $\begin{pmatrix}11\\ 13\end{pmatrix}$， e. $\begin{pmatrix}1 & 7 & 6\\ 2 & 8 & 10\\ 3 & 7 & -2\end{pmatrix}$ f. 不定义；

(2) a，不定义， b，不定义， c. 23，$\langle\boldsymbol{\alpha},\boldsymbol{\beta}\rangle=\boldsymbol{\alpha\beta}^{\mathrm{T}}$.

5. (1) $x=-3$； (2) $x=-4$，$y=8$，$z=20$； (3) $x=4, y=6$ ；

(4) $\boldsymbol{X}=\begin{pmatrix}2\\ -3\end{pmatrix}$； (5) $\boldsymbol{X}=\begin{pmatrix}-4 & -4 & 0 & -4\\ -4 & 3 & 1 & 1\end{pmatrix}$.

6. (1) a. $\begin{pmatrix}-3 & 0\\ -2 & 4\end{pmatrix}$与$\begin{pmatrix}3 & 2\\ 3 & -2\end{pmatrix}$；

b. $\begin{pmatrix}3 & -6\\ 10 & 0\end{pmatrix}$，$\begin{pmatrix}5 & 0\\ 1 & 3\end{pmatrix}$，$\begin{pmatrix}3 & -6\\ 10 & 0\end{pmatrix}$；

c. $\begin{pmatrix}-3 & -2\\ 2 & -4\end{pmatrix}$，$\begin{pmatrix}3 & 0\\ 0 & 3\end{pmatrix}$，$\begin{pmatrix}-7 & 6\\ -6 & -4\end{pmatrix}$；

d. $\begin{pmatrix}0 & 0\\ 3 & 1\end{pmatrix}$与$\begin{pmatrix}0 & 0\\ 7 & -13\end{pmatrix}$.

7. $\boldsymbol{M}^2=\begin{pmatrix}3 & 0 & 1 & 1 & 3\\ 0 & 2 & 2 & 2 & 0\\ 1 & 2 & 3 & 2 & 1\\ 1 & 2 & 2 & 3 & 1\\ 3 & 0 & 1 & 1 & 3\end{pmatrix}$.

8. (1) $x=1-z$，$y=3+2z, z$ 为自由未知量；

(2) $x=\frac{1}{3}(z+10)$，$y=\frac{2}{3}(2z-1), z$ 为自由未知量.

9. (1) 基础解系：$(3,-1,1)$. 通解为 $k(3,-1,1)$，k 为任意实数.

(2) 基础解系：$(0,1,2,1)$. 通解为 $k(0,1,2,1)$，k 为任意实数.

(3) 基础解系：$\boldsymbol{\alpha}_1=(-1,1,0,0,0)$，$\boldsymbol{\alpha}_2=(-1,0,1,0,0)$，$\boldsymbol{\alpha}_3=(-1,0,0,1,0)$，$\boldsymbol{\alpha}_4=(-1,0,0,0,1)$. 通解为 $k_1\boldsymbol{\alpha}_1+k_2\boldsymbol{\alpha}_2+k_3\boldsymbol{\alpha}_3+k_4\boldsymbol{\alpha}_4$，$\boldsymbol{\alpha}_1,\boldsymbol{\alpha}_2,\boldsymbol{\alpha}_3,\boldsymbol{\alpha}_4$ 如上，k_1,k_2,k_3,k_4 为任意实数.

(4) 基础解系：$\boldsymbol{\alpha}_1=(1,-2,1,0,0)$，$\boldsymbol{\alpha}_2=(1,-2,0,1,0)$，$\boldsymbol{\alpha}_3=(5,-6,0,0,1)$.

通解为:$k_1\boldsymbol{\alpha}_1+k_2\boldsymbol{\alpha}_2+k_3\boldsymbol{\alpha}_3$,$\boldsymbol{\alpha}_1,\boldsymbol{\alpha}_2,\boldsymbol{\alpha}_3$ 如上,k_1,k_2,k_3 为任意实数

10. (1) 基础解系:$(2,1,0),(3,0,1)$.

通解为 $k_1(2,1,0)+k_2(3,0,1)+(-3,0,0)$,$k_1,k_2$ 为任意实数.

(2) 基础解系:$(3,-3,1,2)$.

通解为 $k(3,-3,1,2)+(-2,3,0,2)$,k 为任意实数.

(3) 基础解系:$\boldsymbol{\alpha}_1=(-2,1,0,0,0)$,$\boldsymbol{\alpha}_2=(-3,0,1,0,0)$,$\boldsymbol{\alpha}_3=(-4,0,0,1,0)$,$\boldsymbol{\alpha}_4=(-5,0,0,0,1)$,通解为 $k_1\boldsymbol{\alpha}_1+k_2\boldsymbol{\alpha}_2+k_3\boldsymbol{\alpha}_3+k_4\boldsymbol{\alpha}_4+(1,0,0,0,0)$,$k_1,k_2,k_3,k_4$ 为任意实数.

11. $p=1,q=-1$,此时,方程组全部解为:$k_1(1,1,-2,0)+k_2(2,0,-3,1)+(2,0,-1,0)$,$k_1,k_2$ 为任意实数.

12. 3000 元,5400 元,4000 元.

13. 需求曲线为 $D=\frac{1}{4}p^2-\frac{7}{4}p+\frac{7}{2}$,$p=4$ 时,$D=\frac{1}{2}$.

15. (1) $\begin{pmatrix}0&0&1\\0&1&0\\1&0&0\end{pmatrix}$, (2) $\begin{pmatrix}0&0&1\\0&1&0\\1&0&-1\end{pmatrix}$,

(3) 不存在, (4) $\begin{pmatrix}\frac{1}{18}&\frac{7}{18}&-\frac{1}{9}\\-\frac{1}{6}&-\frac{1}{6}&\frac{1}{3}\\\frac{7}{18}&\frac{5}{18}&\frac{2}{9}\end{pmatrix}$.

16. (1) $(3,-2,1)$, (2) $\left(-\frac{1}{2}a+\frac{7}{6}b-\frac{5}{6}c,\ -\frac{1}{3}b+\frac{2}{3}c,\frac{1}{2}a-\frac{1}{2}b+\frac{1}{2}c\right)$,

(3) $(1,-1,2)$.

17. $\boldsymbol{X}=\begin{pmatrix}11&5&-50\\10&0&-40\\-4&-2&19\end{pmatrix}$.

(B)

3. $\boldsymbol{A}=\begin{pmatrix}-1&2&1\\5&-8&-6\\-3&5&4\end{pmatrix}$.

4. $\boldsymbol{X}=\begin{pmatrix}2&0&1\\0&3&0\\1&0&2\end{pmatrix}$.

5. (1) +, (2) −, (3) −.

6. (1) $a_1a_2a_3a_4a_5$，　(2) $(-1)^{n-1}\cdot n!$.

7. (1) 33，　(2) 0，　(3) -7，　(4) $-\frac{39}{4}$.

8. $x_1=1, x_2=2, x_3=3$.

9. $x_1=1, x_2=1, x_3=0, x_4=-1$.

11. $k_1(-9,1,7,0)+k_2(1,-1,0,2)+(1,-2,0,0)$，$k_1, k_2$ 为任意实数.

12. (1) 不存在，　(2) $\begin{pmatrix} \frac{1}{3} & \frac{4}{3} & \frac{5}{3} & -\frac{7}{3} \\ -\frac{1}{6} & \frac{1}{3} & -\frac{5}{6} & \frac{2}{3} \\ -\frac{1}{2} & 0 & -\frac{1}{2} & 1 \\ \frac{1}{6} & -\frac{1}{3} & -\frac{1}{6} & \frac{1}{3} \end{pmatrix}$.

附录 D　正态分布单侧临界值表

$$\Phi(u)=\frac{1}{\sqrt{2\pi}}\int_{-\infty}^{u}\mathrm{e}^{-\frac{x^2}{2}}\mathrm{d}x \quad (u \geqslant 0)$$

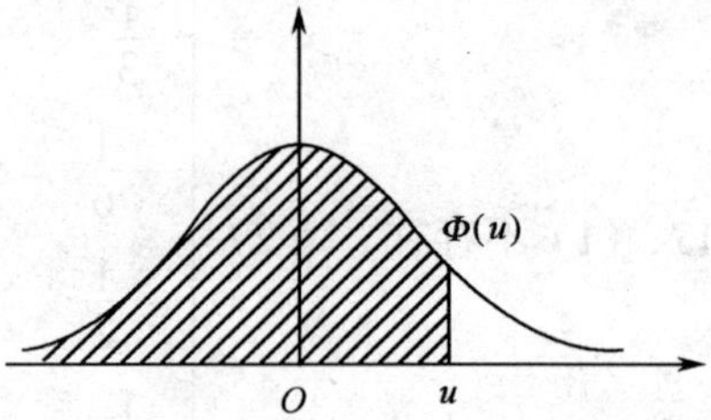

u	0.00	0.01	0.02	0.03	0.04	0.05	0.06	0.07	0.08	0.09	u
0.0	0.5000	0.5040	0.5080	0.5120	0.5160	0.5199	0.5239	0.5279	0.5319	0.5359	0.0
0.1	5398	5438	5478	5517	5557	5596	5636	5675	5714	5753	0.1
0.2	5793	5832	5871	5910	5948	5987	6026	6064	6103	6141	0.2
0.3	6179	6217	6255	6293	6331	6368	6406	6443	6480	6517	0.3
0.4	6554	6591	6628	6664	6700	6736	6772	6808	6844	6879	0.4
0.5	6915	6950	6985	7019	7054	7088	7123	7157	7190	7224	0.5
0.6	7257	7291	7324	7357	7389	7422	7454	7486	7517	7549	0.6
0.7	7580	7611	7642	7673	7703	7734	7764	7794	7823	7852	0.7
0.8	7881	7910	7939	7967	7995	8023	8051	8078	8106	8133	0.8
0.9	8159	8186	8212	8238	8264	8289	8315	8340	8365	8389	0.9
1.0	8413	8438	8461	8485	8508	8531	8554	8577	8599	8621	1.0
1.1	8643	8665	8636	8708	8729	8749	8770	8790	8810	8830	1.1
1.2	8849	8869	8888	8907	8925	8944	8962	8980	8997	90147	1.2
1.3	90320	90490	90658	90824	90988	91149	91309	91466	91621	91774	1.3
1.4	91924	92073	92220	92364	92507	92647	92785	92922	93056	93189	1.4
1.5	93319	93448	93574	93699	93822	93943	94062	94179	94295	94408	1.5
1.6	94520	94630	94738	94845	94950	95053	95154	95254	95352	95449	1.6
1.7	95543	95637	95728	95818	95907	95994	96080	96164	96246	96327	1.7
1.8	96407	96485	96562	96638	96712	96784	96856	96926	96995	97062	1.8
1.9	97178	97193	97257	97320	97381	97441	97500	97558	97615	97670	1.9
2.0	97725	97778	97831	97882	97932	97982	98030	98077	98124	98169	2.0

续表

u	0.00	0.01	0.02	0.03	0.04	0.05	0.06	0.07	0.08	0.09	u
2.1	98214	98257	98300	98341	98382	98422	98461	98500	98537	98574	2.1
2.2	98610	98645	98679	98731	98745	98778	98809	98840	98870	98899	2.2
2.3	98928	98956	98983	$9^{2}0097$	$9^{2}0358$	$9^{2}0631$	$9^{2}0863$	$9^{2}1100$	$9^{2}1344$	$9^{2}1576$	2.3
2.4	$9^{2}1802$	$9^{2}2024$	$9^{2}2240$	$9^{2}2451$	$9^{2}2656$	$9^{2}2857$	$9^{2}3953$	$9^{2}3244$	$9^{2}3431$	$9^{2}3613$	2.4
2.5	$9^{2}3790$	$9^{2}3963$	$9^{2}4132$	$9^{2}4297$	$9^{2}4457$	$9^{2}4614$	$9^{2}4766$	$9^{2}4915$	$9^{2}5060$	$9^{2}5201$	2.5
2.6	$9^{2}5339$	$9^{2}5473$	$9^{2}5604$	$9^{2}5731$	$9^{2}5855$	$9^{2}5975$	$9^{2}6093$	$9^{2}6207$	$9^{2}6319$	$9^{2}6427$	2.6
2.7	$9^{2}6533$	$9^{2}6636$	$9^{2}6736$	$9^{2}6833$	$9^{2}6928$	$9^{2}7020$	$9^{2}7110$	$9^{2}7197$	$9^{2}7282$	$9^{2}7365$	2.7
2.8	$9^{2}7445$	$9^{2}7523$	$9^{2}7599$	$9^{2}7673$	$9^{2}7744$	$9^{2}7814$	$9^{2}7882$	$9^{2}7949$	$9^{2}8012$	$9^{2}8074$	2.8
2.9	$9^{2}8134$	$9^{2}8193$	$9^{2}8250$	$9^{2}8305$	$9^{2}8359$	$9^{2}8411$	$9^{2}8462$	$9^{2}8511$	$9^{2}8559$	$9^{2}8605$	2.9
3.0	$9^{2}8650$	$9^{2}8694$	$9^{2}8736$	$9^{2}8777$	$9^{2}8817$	$9^{2}8856$	$9^{2}8893$	$9^{2}8930$	$9^{2}8965$	$9^{2}8999$	3.0
3.1	$9^{3}0324$	$9^{3}0646$	$9^{3}0957$	$9^{3}1260$	$9^{3}1553$	$9^{3}1836$	$9^{3}2112$	$9^{3}2378$	$9^{3}2636$	$9^{3}2886$	3.1
3.2	$9^{3}3129$	$9^{3}3363$	$9^{3}3590$	$9^{3}3810$	$9^{3}4024$	$9^{3}4230$	$9^{3}4429$	$9^{3}4623$	$9^{3}4810$	$9^{3}4991$	3.2
3.3	$9^{3}5166$	$9^{3}5335$	$9^{3}5499$	$9^{3}5658$	$9^{3}5811$	$9^{3}5959$	$9^{3}6103$	$9^{3}6242$	$9^{3}6376$	$9^{3}6505$	3.3
3.4	$9^{3}6631$	$9^{3}6752$	$9^{3}6869$	$9^{3}6982$	$9^{3}7091$	$9^{3}7197$	$9^{3}7299$	$9^{3}7398$	$9^{3}7493$	$9^{3}7585$	3.4
3.5	$0.9^{3}7674$	$0.9^{3}7759$	$0.9^{3}7842$	$0.9^{3}7922$	$0.9^{3}7999$	$0.9^{3}8074$	$0.9^{3}8146$	$0.9^{3}8215$	$0.9^{3}8282$	$0.9^{3}8347$	3.5
3.6	$9^{3}8409$	$9^{3}8469$	$9^{3}8527$	$9^{3}8583$	$9^{3}8637$	$9^{3}8689$	$9^{3}8739$	$9^{3}8787$	$9^{3}8834$	$9^{3}8879$	3.6
3.7	$9^{3}8922$	$9^{3}8964$	$9^{4}0039$	$9^{4}0426$	$9^{4}0799$	$9^{4}1158$	$9^{4}1504$	$9^{4}1838$	$9^{4}2159$	$9^{4}2468$	3.7
3.8	$9^{4}2768$	$9^{4}3052$	$9^{4}3327$	$9^{4}3593$	$9^{4}3848$	$9^{4}4094$	$9^{4}4331$	$9^{4}4558$	$9^{4}4777$	$9^{4}4988$	3.8
3.9	$9^{4}5910$	$9^{4}5385$	$9^{4}5573$	$9^{4}5753$	$9^{4}5926$	$9^{4}6092$	$9^{4}6253$	$9^{4}6406$	$9^{4}6554$	$9^{4}6996$	3.9